U0791829

国家骨干高职院校工学结合创新成果系列教材

建筑装饰施工技术

主编　韦清权　吴美琼
主审　凌卫宁

中国水利水电出版社
www.waterpub.com.cn

内 容 提 要

本教材是根据新颁布的国家标准、工程质量验收规范及其他相关技术法规而编写的。本教材共分6个项目，内容包括抹灰工程、门窗安装、隔墙施工、顶棚吊顶施工、墙柱面装饰施工和地面装饰施工等，每个项目中又包含了若干个子项目或相关技术知识。

本教材可作为高职院校建筑装饰工程技术专业的教材使用，也可作为建筑装饰行业的施工技术人员与管理人员参考。

图书在版编目（CIP）数据

建筑装饰施工技术 / 韦清权，吴美琼主编. -- 北京：中国水利水电出版社，2015.6(2023.8重印)
国家骨干高职院校工学结合创新成果系列教材
ISBN 978-7-5170-3187-1

Ⅰ. ①建… Ⅱ. ①韦… ②吴… Ⅲ. ①建筑装饰－工程施工－高等职业教育－教材 Ⅳ. ①TU767

中国版本图书馆CIP数据核字(2015)第109031号

书　　名	国家骨干高职院校工学结合创新成果系列教材 **建筑装饰施工技术**
作　　者	主编　韦清权　吴美琼　　主审　凌卫宁
出版发行	中国水利水电出版社 （北京市海淀区玉渊潭南路1号D座　100038） 网址：www.waterpub.com.cn E-mail：sales@mwr.gov.cn 电话：(010) 68545888（营销中心）
经　　售	北京科水图书销售有限公司 电话：(010) 68545874、63202643 全国各地新华书店和相关出版物销售网点
排　　版	中国水利水电出版社微机排版中心
印　　刷	天津嘉恒印务有限公司
规　　格	184mm×260mm　16开本　14.5印张　344千字
版　　次	2015年6月第1版　2023年8月第2次印刷
印　　数	2001—3500册
定　　价	**45.00**元

前言

本教材顺应职业教育的需要，结合较强的教学研究与大量实践经验，用实际项目为案例进行编写的。本教材既可作为高职高专类专业教学用书，也可作为建筑装饰施工技术的培训教材，还可供装饰装修工程施工技术人员参考。

教材注重实际应用，罗列了项目中主要装饰工种的技术知识，在结合实践经验和丰富的教学研究基础上，编著而成，从而突出了以“能力为本位”、以“岗位驱动”的高职教育原则。本教材是按新规范、新标准编写的，内容上既重理论，也重技能，具有可操作性、实用性、实践性强的特点，强调了新技术的应用。在内容的编排上采用重点、难点知识图文对照的形式，新颖直观，通俗易懂，流程清晰，便于自学。

本教材由广西水利电力职业技术学院建筑装饰教学团队编写，韦清权任第一主编，吴美琼任第二主编，凌卫宁任主审，具体编写分工为：王虹编写项目1，李文娟编写项目2，王璐编写项目3，韦清权编写实例工程项目概述、项目4、项目5、附录一和附录二，吴美琼编写项目6；韦清权负责整本教材的内容设计和最后的文字整理及校对。

本教材在编写过程中参考了许多教材和文献资料，在此谨向相关作者表示诚挚的感谢。

本教材的编写也得到了深圳市宝鹰建设集团股份有限公司的大力支持，在此表示衷心感谢。

本教材主要介绍建筑装饰施工相关工种的基础训练和装饰工程实践的施工操作，限于编者水平，书中难免有不足之处，恳请读者批评指正。

编者

2015年5月

目　录

实例工程项目概述

【知识目标】 了解工程项目设计意图和说明，为工程施工所需要的施工机具、装饰材料以及施工组织设计做好准备工作。

0.1 工程概况

工程名称：南宁市×××办公楼项目室内装饰工程。

工程地点：南宁市×××区×××路×××号。

结构类型：框架结构。

建筑面积：1563m^2。

装饰工程施工范围：董事长办公室、贵宾接待室、会议室、员工餐厅、走廊、电梯间。

本书以此装饰工程项目为例，对上述部分工程项目所涉及的施工准备、工艺流程、技术运用、质量验收等进行介绍，据此可以作为初涉装饰工程的人士的参考资料。

0.2 装饰设计说明

0.2.1 设计依据

(1) 原土建设计图纸。

(2) 国家现行建筑设计规范：《民用建筑设计通则》(JGJ 37—87)、《建筑设计防火规范》(GBJ 16—87)、《建筑内部装修设计防火规范》(GB 50222—95) 等相关设计规范。

(3) 建筑防火设计：本工程建筑防火分类为Ⅰ类，耐火等级为一级。

(4) 经甲方确认方案设计图纸。

0.2.2 设计概述

力求功能合理布局，简洁大方，美观实用，用创新手法、节能环保新材料体现现代办公的氛围。

0.2.3 设计及施工总则

(1) 本工程全部按（国家）标准设计。以美观、大方、适用、控制造价为原则，在装饰材料选择上采用同类优质品，装饰工艺精细考究，装饰工程质量等级达优。

(2) 设计中采用标准图、通用图或重复利用图的，均按各图纸要求配合施工。

(3) 所有与工艺、水、电、风、动力等工种有关的预埋件、预留孔洞，施工时与相关的图纸密切配合施工。

(4) 专业音响系统及智能化系统由专业公司提供设计、安装。

(5) 本说明和设计图纸具有同样效力，两者均应遵守。若两者有矛盾时，甲方及施工单位应及时提出，并以设计单位解释为准。

(6) 严格按中华人民共和国有关消防规范《建筑内部装修设计防火规范》(GB 50222—95)，所有木制品的天花、隔墙、墙裙，都要进行严格防火处理。

(7) 施工工艺除特殊做法图中详尽表示外，一般常规做法均按中华人民共和国《建筑装饰工程施工及验收规范》(GB 5021—2001) 及有关规定执行。

(8) 施工验收应严格按照《建筑工程施工质量验收统一评定标准 (GB 50300—2001)》有关规定执行。

(9) 空调与排风。室内设计对于空调与排风的考虑通常是在满足正常设备要求的前提下，考虑与室内天花造型有配合，不仅不影响美观，甚至利用风口做装饰材料，将技术与艺术完美地结合起来。

(10) 建筑防火设计：

1) 设计总原则：

a. 内部装修选材，设计符合《建筑内部装修设计防火规范》(GB 50222—95) 中的各项规定。

b. 各个部分装修用材燃烧性均匀，所有装修用材的耐火等级不低于 B1 级。本工程耐火等级为一级。

2) 内部装修施工注意事项：

a. 当照明灯具的高温部位靠近非 A 级材料时已采用隔热散热等防火保护措施，灯饰使用材料的燃烧性能不低于 B1 级。

b. 有装饰面的防火门必须执行规范《建筑内部装修设计防火规范》(GB 5022—95)。

c. 吊顶材料应选用非燃烧体，其耐火极限应为 0.25h 以上。

d. 跨越防火区分的墙体和楼板的变形缝要用不燃材料（如岩棉）填实。玻璃幕墙、玻璃门窗等与楼板和墙体之间的跨越防火区分的缝隙应用不燃材料填实。管道井的缝隙应用不燃材料填实。应根据管道布置的要求，在管道安装完毕后每隔 2～3 层在楼板处用相当于楼板耐火极限的与房间、走道等相连通的孔洞其空隙应采用不燃烧材料填塞密实，并执行规范《建筑内部装修设计防火规范》(GB 50222—95)。

e. 地面如采用地毯、木地板，必须经防火处理，达 B1 级，墙面木饰面基层板材要求涂刷两遍的防火涂料，墙面织物软包采用不低于 B1 级装饰材料。

(11) 本工程在施工过程中，施工单位应严格按照施工图尺寸进行施工，施工过程中采用先放样，后施工的原则。遇到现场尺寸与图纸尺寸不符处，应针对现场尺寸与施工图纸进行调整，并及时与设计单位取得联系，提出相应解决措施，并在设计单位同意的情况下，作相应的调整，不得以丈量图纸为依据取得数据。

(12) 施工过程中，如遇到现场实际困难无法按设计施工图纸施工的情况，由施工单位上报业主、监理和设计单位，设计单位发图纸更改通知函，设计单位组织专业项目组进行图纸更改，并以修改后版本或者工程联系单交付业主及施工单位进行施工。

（13）施工过程中，业主如因工程造价或其他原因欲对设计施工图纸进行更改，应召集设计单位工程师共同协商，达成一致意见后由设计单位对相关图纸进行调整，并以修改图纸和工程联系单的形式交付业主和施工单位进行施工，施工单位不能擅自更改装修材料或装修造型。

（14）各专业施工过程中应相互配合，避免相互干扰。遇到现场施工情况与设计图纸相冲突的地方，应及时上报甲方和监理单位，并联系设计单位相关专业设计人员进行现场协商，就施工现场进行调整，无法按图纸施工时，由设计单位就相关部分以工程联系单和修改后的图纸方式交付甲方和施工单位。

（15）本套图纸的设计或说明如有与国家相关法律规范相抵触的部分应按国家法规执行。

（16）凡本套图纸未说明的部分，按国家颁布的相应规范执行。

0.2.4 各工种的施工配合说明

1. 电气照明与装修的配合

（1）所有电气照明的灯具底座、插座、开关、配电箱等的饰面颜色应与相邻装修饰面一致或相近。

（2）所有电气照明的灯具、插座、开关、配电箱等的位置按整齐、理性的原则进行布置，以所有灯具安装装修施工图所定的位置为准，如有不符或遗漏，应及时通知设计单位，由设计单位确定具体位置后才能施工。平板电视机后面的插座板需根据电视的规格来确定具体位置。电气照明的管线敷设及需隐藏的灯具挂件，应做好配合工作，其他各专业系统的各种暗装管线应尽早联系相关单位，在施工过程中做好各项隐蔽工程工作，以免造成不必要的返工。

（3）有些特殊灯具及相关的配套设施应及早进行垂询订货，以免延误工期。

（4）地面线槽、地插座应做好防潮、防漏电处理。

（5）安装在吊顶上的灯具，安装在隔墙上的线盒由装饰施工单位负责开孔、加固。

2. 主体结构与装修的配合

（1）施工单位应把墙体定位图结合装饰施工图拉立面图做法，结合考虑是否需要预埋相应埋件、构件、洞口等，如已完成的主体砌体或预留洞口与装修图纸有矛盾的地方，应以装修施工图为准，如有疑问应通知设计单位，由设计单位确定才能进行施工。

（2）预埋件为装修与主体结构的连接物，现场如未出现预埋件，则应以符合《建筑结构荷载规范》（GB 50009—2002）为准。

3. 给排水与装修的配合

（1）给排水口的定位应按照招标洁具安装的要求，结合给排水施工图施工。

（2）所有后施工的排水沟及地漏的走水坡度必须严格按照施工规范进行施工。

4. 空调与装修的配合

（1）空调系统为专业单位设计，施工单位必须积极配合空调系统的施工单位，对各种送、回、排风口的规格要有所了解，以便安装时与装饰面相协调。

（2）所有空调的出风口、回风口、排风口等由施工单位负责部分的饰面材料的颜色应与相邻装修材料的颜色一致。如有不符或遗漏，应及时通知专业设计单位，施工单位必须及早了解现场情况。

（3）空调器的风口、排风口的定位应按整齐、理性的原则，以其专业施工图及装修施工图所定的由设计单位确定具体位置后才能施工。排气扇管道详见排气施工图、系统图。

（4）空调风管及风机盘宽度超过该吊顶吊杆规范规定时，在其底部必须增加相应的符合规范的加固件，避免施工时增项。安装在吊顶上的空调送风口、回风口由装饰施工单位负责开孔，加固。

5. 消防与装修的配合

（1）消防系统以专业单位设计的施工图纸为准，装修施工单位必须给予积极配合。

（2）所有消防专业的喷淋、烟感等的饰面板表面颜色应与相邻装修饰面颜色一致，提醒相关专业施工单位注意。

（3）消防专业的喷淋器、烟感器等的定位应按整齐、理性的原则，以其专业施工图及装修施工图的定位为准，如有不符或遗漏，应及时通知专用设备业设计单位，由设计单位确定其体位置才能施工。

（4）安装在吊顶上的烟感器、喷淋器、广播器材由装饰施工单位负责开孔、加固。

6. 综合布线系统与装修的配合

（1）系统图以各专业单位设计的施工图为准，各种布线管道及终端面板及信息点的数量、位置等，均与装饰面有关系，装饰施工单位必须给予积极配合，做好放线、定位、开孔工作。

（2）所有能见的信息点面板，其表面颜色应与相邻装修饰面颜色一致。

0.2.5　施工做法说明

1. 设备安装

（1）重型灯具、水管及有震动的电扇、风道等，需另行吊挂在顶板和转换层上，不能与吊顶龙骨相连。

（2）轻型灯具、风口等可吊挂在原有或附加大、中龙骨上，应做加固处理。

（3）装饰工程施工中做好与设备工种协调配合工作，在保证装饰效果的前提下，空调风口、消防喷淋等位置做到均衡布置，个别设备在影响整体效果时应作适当调整。

2. 吊顶工程

（1）吊顶基底：

1）吊顶所用龙骨、吊杆、连接件需符合产品组合要求，安装位置、造型尺寸准确，龙骨构架排列整齐顺直，表面平整（所有龙骨采用60系列上人龙骨）。

2）龙骨架构连接牢固，拼缝严密无松动，安全可靠。

3）个别特殊造型局部采用木结构基底，木结构需按防火规范进行防火处理。

4）吊顶用轻钢龙骨除本施工图中已注明以外，均采用系列石膏板轻钢龙骨及配件，$\phi 8$ 钢筋吊杆，承载龙骨间距 900～1100mm，覆面龙骨间距 300～600mm。石膏板采用

9mm×1220mm×2440mm，专用螺钉固定，专用纸带（所有阳角处使用专用铝角纸带），底层表面处理嵌缝腻子。

（2）吊顶面层：

1）纸面石膏板面层：

a. 所有纸面石膏板天花超过200m或长度超过20m范围的，应考虑伸缩缝。板接缝、阴阳角均需用80～120mm宽的确良布封贴两层，以防开裂，嵌缝采用专用腻子。

b. 罩面板的材质、品种、规格、及吊顶造型的基层构造、固定方法，需全部符合设计要求和国家现行有关标准规定。

c. 纸面石膏板接缝均匀、顺直位于龙骨上，自攻钉间距符合有关标准规定。

d. 所有石膏板天花均采用双层纸面石膏板错缝安装。

2）洞口处理。设备口、灯具的位置按板块、图案、分格对称、布局合理。开口边缘整齐、护口严密、不露缝、排列横竖均匀、顺直、整齐、协调美观。受风压的吊顶板需做固定处理。吊顶板与墙面、窗帘盒、灯具等交接处应严密，不得有漏缝现象。

3. 墙面工程

（1）墙体材料：

1）消防泵房、污水泵房、废水泵房、冷冻站等有水房间和需挂重物的电缆间、配电室采用非黏土烧结实心砖［强度等级不小于M10，砌筑砂浆强度等级不小于M75，构造做法建筑设计参见《建筑物抗震构造详图》11G329－6（2005）图集］。

2）除特殊注明外，原建筑墙体、风道井、其余新加分隔墙，均采用轻钢龙骨石膏板隔断墙。

3）除特殊注明外，所有房间隔墙均砌至结构梁底或结构板底。

4）轻钢龙骨隔断墙：

a. 轻钢龙骨安装位置必须正确，连接牢固，无松动，正确选用龙骨系列并符合产品要求。卫生间装修隔墙龙骨用5mm×50mm×50mm镀锌方通，焊接点均做防锈处理，基层板用2440mm×1220mm×9mm埃特板或水泥板，并按规范做防水处理。

b. 罩面板板面平整、洁净、光滑、不露钉帽，套割电器盒位置准确，套割平整。

c. 罩面板接缝：纸面石膏板接缝均匀、顺直位于龙骨上，自攻钉间距符合产品标准规定。

（2）块材饰面：

1）以块材为饰面的基底坚实干净，粘贴用料、干挂配件需符合施工规范和设计要求。

2）饰面板（砖）的品种、级别、规格、形状、平整度、几何尺寸、光洁度、颜色和图案需符合设计要求。

3）面层与基层镶贴牢固，粘接强度需符合国家现行有关标准规定，以水泥为主要粘接材料时应没有空鼓、没有歪斜、缺棱掉角和裂缝等缺陷。

4）饰面板（砖）接缝填嵌密实、宽窄一致、纵横向无明显错位。

（3）木制护墙。木材的品种、等级、质量、骨架含水率符合《木结构工程施工质量验收规范》（GB 50206—2012）。

（4）墙面吸音、隔音及防潮处理：

1）所有轻钢龙骨隔墙部分均需填充吸音棉（厚度不小于50mm），并符合国家防火要求。

2）所有空调机房均需作吸音处理，做法参阅相关大样图。

4. 地面工程

（1）基底表面平整、四角方正，有地漏和供排除液体的基底，其坡度应满足排液体要求。

（2）基底构造层（保温层、防潮层、找平层、结合层）的材质、强度、密度符合设计要求和施工规范的规定。

（3）铺设地毯或其他粘贴面层的基底表面平整、光滑、干燥、密实、洁净，不得有裂纹、脱皮和起沙。

（4）铺设木制地板面层的基底所选用的木龙骨、毛地板和垫木安装牢固、平直，铺设方式和固定方法必须符合设计要求和施工规范的规定。

5. 门窗及细木工程

（1）门窗：

1）门窗框、扇安装位置、开扇方向、使用功能需符合设计要求。

2）门窗框必须安装牢固，隔音、防火及密封做法正确，需符合设计要求和施工规范的规定。

3）门窗扇安装应裁口顺直、刨面平整、光滑、无锤印、开关灵活、严密、无回弹、翘弯和变形。

4）门窗五金安装牢固、位置适宜、边缘整齐、小五金件齐全、规格符合要求、插销关启灵活。

5）门窗披水、盖口条、压缝条、密封条的安装尺寸一致，与门窗结合牢固，木盖口条、压缝条割向正确、拼缝严密、顺直，与清水木门窗表面颜色一致。

6）安全玻璃应用范围应按《建筑安全玻璃管理规定》（发改运行［2003］2116号）第六条说明执行。

（2）细木工程：

1）木制作与安装所用材料的材质和规格、木材的阻燃性能和所含水率、人造木板的甲醛含量应符合设计要求及国家现行标准的有关规定。

2）木制作安装预埋件或后置埋件的数量、规格、位置应符合设计要求。

3）木制作的造型、尺寸、安装位置、制作和固定方法应符合设计要求。配件需齐全、安装应牢固。

4）木作表面应平整、洁净、色泽一致，不得有裂纹、翘曲及损坏。

5）木作裁口应顺直、拼缝应严密。

6）其他工种作业时，要适当加以掩盖，防止对饰面板碰撞。

7）施工现场内严禁吸烟，明火作业要有动火证，并设置看火人员。

8）对各种木方、夹板饰面板分类堆放整齐，保持施工现场整洁。

6. 涂饰工程

（1）墙面基底：

1）基底工程表面平整、立面垂直、接缝顺平、边角方正、尺寸精确。

2）钢、木龙骨（格栅立筋）线槽安装位置正确、连接牢固、安全可靠、没有弯曲、变形、木件无劈裂、符合安全使用要求。

3）以涂料、裱糊为饰面的和以抹灰面为基底的质量要求：抹灰面达到高级抹灰面标准，灰表面色泽一致，当使用遮盖力不强的面料时，灰面应为纯白色。

4）以涂料、裱糊为饰面的和以胶合板和纸面石膏板为基底的应用耐水板面，表面干净、光滑、割面整齐、接缝严密，接缝的阳角处采用专用封边胶带，应无挂胶、无外钉帽、与骨架结合紧密牢固。裱糊、涂料工程要求基底含水率全部符合下列规定：混凝土面、抹灰面不大于8%，木板面不大于8%。

（2）涂料饰面：

1）工程涂料饰面所用涂料和半成品的品名、等级、种类、颜色、性能等符合设计或选定样品要求（应附有使用说明书）。

2）喷涂的涂膜厚度均匀，颜色一致，喷点、喷花的突出点要手感适宜，不掉粒。喷涂接茬应留在分格缝处且无明显色差，无分格缝时接茬不得有搭接痕迹，喷涂表面清洁无污染。

（3）裱糊饰面：

1）各类壁纸和辅助材料的品种、级别、性能、规格、花色符合设计要求和产品技术标准与现行验收规范的要求，并符合建筑内装修设计防火规范有关规定。

2）面层裱贴必须牢固，没有空鼓、翘边、皱折。

3）裱糊饰面表面质量：色泽一致、无斑污、无胶痕。

4）各幅拼接横平竖直，图案端正，拼缝处图案花纹吻合，阳角处无接缝。距离1.5m正视不显拼接，边缘整齐，无毛边。

5）裱糊与挂镜线、贴面板、踢脚板、电器槽盒等交接处应交接严密，无漏贴、补贴，不覆盖需拆卸的活动件。

（4）油漆工程：

1）油漆工程在地面工程、水暖电器安装工程完工后进行。施工时环境温度不低于10℃，相对湿度不大于60%。

2）油漆涂刷时，基层表面充分干燥，木基层含水率控制在12%抹灰表面不大于6%，每遍油漆施工时，全部待前一遍油漆干燥后进行，涂刷最后一遍油漆时，不得随意加入催化剂。

0.2.6 施工注意事项

（1）在施工前应对设计图纸进行必要的校对，发现的问题应及时通知设计，由设计单位解决。

（2）墙体施工时，先校对各专业图纸，施工单位各专业间密切配合、严格检查，发现的问题应及时通知设计单位协商解决，不要擅自按单方图纸施工。

（3）所有管道及施工洞待设备安装完毕后均以不燃材料封严堵实。

（4）填充墙、轻隔墙均应做至结构顶板顶部并封严。墙体在吊顶以上的部分在设备管道安装完成后再进行施工。

(5) 砌块墙体应按规定设置构造柱及圈梁，构造柱及圈梁与砌块墙体间有可靠拉结，构造柱及圈梁的布置及规格必须符合规范。

(6) 凡靠墙木构件、木门樘等材料均需事先涂刷防腐剂或氟化钠两遍。

(7) 所有木装修均需事先在背板及龙骨上按规范要求涂刷防火涂料三遍。

(8) 所有露明吊挂、支撑钢杆件、预埋件等铁件均镀锌或刷防锈漆三遍。

(9) 铝合金窗所用连接件及固定件，除不锈钢外，均经防腐处理。连接时应在与铝材接触处加设塑料或橡胶垫片。

(10) 凡需做防水层的楼、屋面，在防水层施工完成后应进行 48h 闭水试验，并检验合格后方可进行下一道工序的施工。

(11) 如施工中发现材料做法厚度与设计不一致时，须在设计单位认可的条件下，对其中垫层或混凝土找坡层厚度作适当增减。

(12) 本工程所采用的材料其性能指标均需达到或超过国家标准中优等品的标准。

(13) 施工中严格执行国家现行的有关施工及验收规范。

(14) 洗手间等多水房间的地面和墙面以及外墙内侧的墙面在做装饰面层之前，做好基层的防水处理，每道厚度不超过 8mm。淋浴间墙面防水层高度到天花顶，有明水的房间墙面防水高度不低于 1.8m，无明水房间墙面防水不低于 300mm。

(15) 卫生间等多水房间，门口处完成面要比室内建筑楼层完成面降低不小于 10mm 高度，地面向地漏做出不小于 0.5%的坡度。

(16) 石材总面积大于 200m² 时，应对不同石材产品分别进行放射性指标的复检。没有注明的石材密封接缝均采用密缝处理。

花岗石、大理石墙面及地面平整度、公差应符合安装验收规范《建筑装饰工程质量验收规范》(GB 50210—2001)。

(17) 凡是异形造型的天花板，采用石膏板面时基层采用木龙骨、夹板制作，详见图纸。木作大芯板未注明的均为 18mm 厚，未注明处按此说明。

(18) 作为乳胶漆的基层腻子，需有足够的强度，自配的腻子需掺入适量的白乳胶和白水泥，刮腻子层厚度适中，不能出现开裂，木作基层均需做防潮处理。

(19) 所有钢结构隐蔽工程均应为镀锌钢件或做防锈处理，不锈钢除外。防锈漆需选用配套的防锈底漆，防锈底漆应当在彻底除锈之后再刷。

(20) 所有花岗石、大理石在铺贴以前需用防污防潮剂作防污及防渗透处理。地面砖在施工前均需做面层打蜡处理；内墙面和柱面的石材施工需干挂或胶粘法施工。

(21) 图中石材饰面施工工艺除另说明的特殊部位需采用 1：2 水泥砂浆湿作业外，其余均为胶粘施工。墙面柱面抹灰，及砌筑砂浆均采用 1：2.5 水泥砂浆。

(22) 墙面和天花乳胶漆施工均为底漆和面漆配套使用，在天花的重要部位要采用进口高弹性乳胶漆。

(23) 施工前和施工过程中需做好防白蚁处理。

(24) 防火门、防火卷帘、防火墙、消火栓等位置及材料制作。除注明者外，均同原建筑设计。暗装消防箱，表面做法均按施工图施工，各管井内均按原建筑设计，设备管道外露部分需作装饰处理。

(25) 涉及土建结构设计变更的地方，需经建筑设计研究院认可后施工。

(26) 强弱电系统：开关、插座、烟感器、报警器、天花喇叭等外露的式样、颜色和接口处理与室内装修统一协调，并符合国家规范。

(27) 灯光音响系统：由专业公司设计，配合装修相关天花造型及尺寸要求。

(28) 所有石材、轻钢龙骨、石膏板、木夹板、涂料、油漆等装修材料必须满足环保要求，并有国家有关部门的环保检验报告。宜采用E1类人造板及饰面人造木板；当采用E2类人造木板时，直接暴露于空气的部位应进行表面涂覆密封处理，符合《民用建筑工程室内环境污染控制规范》(GB 50325—2001) 的要求。

(29) 灯饰、家私及五金配件等的加工及购置，其样式、质量及档次要符合本工程的要求，并需经业主及设计单位认可后方能采购。

(30) 检修口的位置根据现场的实际需要提出设置位置情况，由设计单位确定后才能施工。

(31) 若图中有关材料名称与材料样板不符的，以样板为准，如需代替品应通知业主及设计院确认后施工单位方可定购。特殊材料或半成品材料应按设计师理念选择确认。

(32) 所有属于独立招标的装修配套项目应以生产厂家提供的详细安装图为准。

(33) 墙面和天花乳胶漆施工均为底漆和面漆配套使用，在天花的重要部位要采用进口高弹性乳胶漆。

(34) 本工程使用预拌砂浆（含干拌砂浆和湿拌砂浆），禁止现场搅拌砂浆。

0.2.7 项目部分效果图（图0.1～图0.5）

图0.1 董事长办公室效果图

图 0.2　员工餐厅效果图

图 0.3　会议室效果图

图 0.4　电梯间效果图

图 0.5 接待室效果图

0.3 施 工 安 排

0.3.1 组建项目班子，确定职责

0.3.1.1 组建项目班子

根据工程的具体情况，现场管理组织机构设置：项目经理 1 名（由老师担任），副经理 1～3 名（班干部或团干部），技术员 2～4 名，质检员 2 名，安全员、材料员、保管员各 1 名。在施工现场，以上人员对工程的施工进度、质量、安全进行全面管理。木工队、泥工队、油工队（由副班长担任，并负责分小组，每小组 4 人，每组配 1 名工人技师）负责承担各分项工程的施工任务。学生在教师、工人技师的指导下进行工作。

0.3.1.2 主要管理人员的职责

1. 项目经理、副经理

(1) 对所施工的工程质量负全面责任，建立施工项目的质量保证体系，明确内部质量职能分工。

(2) 组织实施质量管理体系文件，落实技术质量奖惩规定，组织工程质量的检查、评议、整改及质量评定。

2. 技术员

(1) 负责工程项目技术领导和指导工作，编制施工方案，进行技术质量交底和技术复测。

(2) 协助项目经理对工程质量进行控制、管理和监督，主持对工程质量的检查、评定、整改。

(3) 协助项目经理建立健全项目部质量保证体系，监督各类人员履行质量职责。

(4) 主持单位工程的质量评定、竣工验收。

3. 质检员

(1) 负责本工程施工质量的监督、检查、指导工作。

(2) 督促施工人员执行自检、交接检，按规定处理不合格品。

(3) 负责分项工程（或专业）质量检验核定，参加工程隐检、预检和竣工验收。

4. 材料员

负责材料的进场、验收、验证以及材料的发放等工作。

5. 保管员

负责材料、机具、工具的保管。

0.3.2 技术准备

施工前，技术人员（学生）熟悉建筑装饰施工图，做好图纸会审与图纸的修订完善工作，明确各种细部节点做法；对一些特殊要求的施工部位、细部节点应进一步做好施工节点大样图，使学生对工程情况和技术操作方法做到心中有数，并根据装饰做法及时编制工艺作业指导书。

0.3.3 材料、机具准备

(1) 根据施工进度计划和设计施工图，落实货源，提前做好订货加工、采购及材料进场计划，并按计划及时送货到现场。

(2) 该工程所有机具在工程施工准备阶段，由相关专业人员按照施工要求，编制进场计划（其中应包括：机械、机具进场时间，数量、技术参数及性能，基本操作及保养要求，退场时间，退场手续等）。做到“进场及时，使用正常，动态调整，保证施工”。

注：材料、工具均由学生在教师和工人技师的指导下进行选择。

0.3.4 确定施工顺序或工艺流程

根据该工程的特点，本工程施工顺序大体如下：

(1) 按照“自上而下、先湿后干、先基层后罩面、先墙后顶再地面、先粗装后精装”的原则进行平行流水施工。所有罩面板的封闭，须待水、电安装工程确认合格后方可进行。

(2) 具体从施工平面及立面空间来说，其施工顺序如下：

1) 平面安排上：先房间，后走廊、过道，最后楼梯出入口。

2) 局部安排上：先施工工序多、施工复杂的部位，后施工工序少、施工简单的部位。

3) 吊顶部分：从专业角度划分，先专业管线的安装，后吊顶骨架，最后饰面板的安装。

4) 墙面部分：先专业管线的安装，后墙体骨架，最后封饰面板。

5) 地面部分：先管线预埋，后垫层，最后面层。

6) 从空间上：墙体的骨架及管线与吊顶内管线平行施工，顶棚饰面板在安装前，要求墙面饰面板的安装及吊顶内的管线安装、保温及隐蔽验收完。

0.3.5 实例工程项目施工过程分解表（表 0.1）

表 0.1　　实例工程项目施工过程分解表

装饰工艺过程			施工场所					
			质量互检、交接检、验收/相关知识					
项次	工序	工艺/相关知识	董事长办公室	会议室	接待室	餐厅	卫生间	电梯厅
1	抹灰工程	混合砂浆抹灰	√	√	√	√	√	√
2	门窗安装	铝合金和塑钢门窗安装	√	√			√	
3	隔墙施工	轻钢龙骨石膏板隔墙安装	√	√				
		轻钢龙骨泰柏板隔墙安装			√			
4	顶棚吊顶施工	安装轻钢龙骨配木龙骨造型顶棚			√			
		安装轻钢龙骨矿棉板顶棚				√		
		安装轻钢龙骨石膏板顶棚	√	√				
		安装铝扣板吊顶					√	
5	墙柱面装饰施工	木龙骨装饰板施工	√	√				
		安装墙面软包	√					
		墙面贴壁纸	√	√	√			
		墙面木饰面硝基木器油漆	√	√	√			
		墙面顶棚乳胶漆施工	√	√	√			√
		墙面饰面砖施工					√	
		墙面贴陶瓷锦砖					√	
		墙面干挂大理石施工			√	√		√
6	地面装饰施工	地面铺贴玻化砖						√
		地面铺设大理石			√			√
		地面铺设拼花实木地板	√					
		地面铺设强化复合木地板				√		
		地面铺设地毯	√	√	√			

项目1 抹 灰 工 程

【学习目标】 通过本项目的施工操作过程，掌握抹灰工程所需要的材料质量要求、工艺流程、施工要点，对施工与质量验收规范熟悉，能进行基本的质量验收及通病防治。

【项目导航】

1. 工作任务

完成董事长办公室、总经理办公室、会议室、走道、卫生间、电梯间等的室内墙面抹灰工程。

2. 对施工人员（学员）的要求

（1）熟练使用抹灰工具的技能。

（2）掌握室内墙面抹灰的流程和施工操作。

（3）掌握质量标准和质量验收的方法。

3. 实训步骤

（1）首先正确地掌握使用托灰板和铁抹子的方法，然后进行拾灰练习。

（2）练习做标志块。

（3）进行冲筋和吊线坠练习。

（4）找方正练习。

（5）抹灰练习。

（6）按照施工要求按部位做找方正、吊垂直、冲筋、抹灰练习。

（7）施工各部位按质量要求达到标准。

4. 实训要点

（1）墙面找方正、贴灰饼、冲筋要仔细正确。

（2）仔细认真地观察教师的示范动作，包括铁抹子的握法和托灰板的握法，怎样拾灰、抹灰，以及加强熟练程度，做到心中有数，才能在实际操作时，做得规范、符合要求。

（3）观察贴灰饼的厚度，观察教师是怎样先检查墙体平整与垂直，怎样确定灰饼的厚度的。

（4）冲筋时，要求控制抹灰灰饼厚度高出约 0.5～1cm，不能过高，以免损坏灰饼，失去其之后施工的标准，这也是初学抹灰常见的问题，一定要在施工中注意。

（5）装档时，观察教师抹灰起始的位置、具体分层抹灰的厚度及冲筋的软硬程度，以免刮杠时损坏冲筋。

任务1.1 施 工 准 备

【任务导航】 学习抹灰工程的相关知识，正确认识和准备施工材料和施工机具，掌握施工操作前的准备条件。

1.1.1 认识抹灰工程的组成及其作用

抹灰一般分为三层，即底层、中层和面层，如图1.1所示。底层主要起与基层粘结和初步找平的作用；中层起找平的作用；面层起装饰的作用。

1.1.2 认识抹灰的分类

抹灰工程按使用的材料和装饰效果分为一般抹灰、装饰抹灰和特殊抹灰。

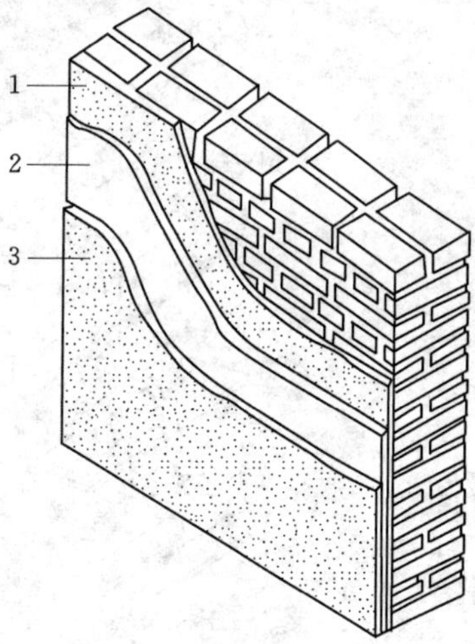

图1.1 抹灰组成
1—底层；2—中层；3—面层

一般抹灰所用的材料有：水泥砂浆、水泥混合砂浆、聚合物水泥砂浆、膨胀珍珠岩水泥砂浆、石灰砂浆、麻刀灰、纸筋灰、石膏灰等。一般抹灰的装饰效果主要体现在其表面平整光洁、有均匀的色泽、轮廓与线条美观、清晰、挺拔等。

装饰抹灰的底层和中层与一般抹灰相同，但其面层材料往往有较大区别，装饰抹灰的面层材料主要有：水泥石子浆、水泥色浆、聚合物水泥砂浆等。装饰抹灰施工时常常需要采用较特殊的施工工艺，如水刷石、斩假石、干粘石、假面砖、喷涂、滚涂、弹涂等。装饰抹灰的装饰效果主要体现在较充分地利用所用材料的质感、色泽等获得美感，能形成较多的形状、纹路和轮廓。

特殊抹灰是指为了满足某些特殊的要求（如保温、耐酸、防水等）而采用保温砂浆、耐酸砂浆、防水砂浆等进行的抹灰。

1.1.3 材料准备及要求

抹灰工程所用材料的品种和性能应符合设计要求。

（1）水泥：一般采用强度等级为32.5或42.5的普通硅酸盐水泥或矿渣硅酸盐水泥。水泥应有出厂合格证及性能检测报告。水泥进场需核查其品种、规格、强度等级、出厂日期等。并进行外观检查，做好进场验收记录。

（2）砂：采用中砂，平均粒径为0.35～0.5mm，要求颗粒坚硬洁净，不得含有草根、树叶等其他杂质。砂在使用前应根据使用要求用不同孔径的筛子过筛。

（3）石灰膏：应用块状生石灰淋制，淋制时使用的筛子其孔径不大于3mm×3mm，并储存在沉淀池中。熟化时间常温一般不少于15d，但不多于30d。石灰膏内不应含有未熟化颗粒和杂质。

（4）生石灰粉：使用前一周用水焖透，不含未熟化颗粒。

（5）小豆石：粒径5～8mm，用前冲洗，含泥量不大于1%。

（6）颜料：选用耐碱性及耐光性好的矿物质颜料。

（7）其他材料：107胶、YJ302界面处理剂、粉煤灰等。

1.1.4 常用工具准备

一般抹灰常用的工具如图 1.2 所示。

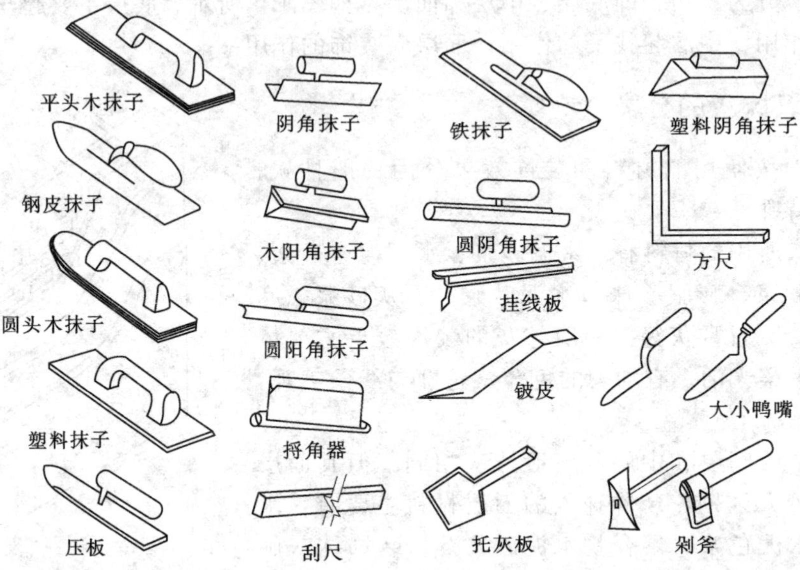

图 1.2 常用抹灰工具

木抹子：其作用是抹平压实灰层，木抹子有圆头、方头两种。

塑料抹子：是用硬质聚乙烯塑料做成的抹灰器具。其用途是压光纸筋灰等面层，有圆头、方头两种。

铁抹子：用于抹底子灰层，有圆头、方头两种。

钢抹子：因其较薄，弹性好，适用于抹平抹光水泥砂浆面层。

压板：适用于压光水泥砂浆面层和纸筋灰罩面等。

阴角抹子：适用于压光阴角，分小圆角及尖角两种。

阳角抹子：适用于压光阳角，分小圆角及尖角两种。

捋角器：用来捋水泥抱角的素水泥浆。

托灰板：用于作业时承托砂浆。

挂线板：主要用来挂垂直线，板上附有带线锤的标准线。

方尺：用来测量阴阳角方正。

八字靠尺及钢筋卡子：用来做棱角。钢筋卡子用来卡八字靠尺，常用直径 ϕ8mm 的钢筋加工而成。

刮尺：即木杠，有长杠、中杠、短杠三种。一般长杠长为 250～350mm，适用于冲筋；中杠长为 200～250mm，短杠长为 150mm，用来刮平墙面和地面。

剁斧：用来剁砖石和清理混凝土基层。

筛子：用来筛分砂子，去除块状杂物。常用筛孔直径有 10mm、8mm、5mm、3mm、1.5mm、1mm 六种。

尼龙线：用来拉直线。

其他工具准备如图 1.3 所示。

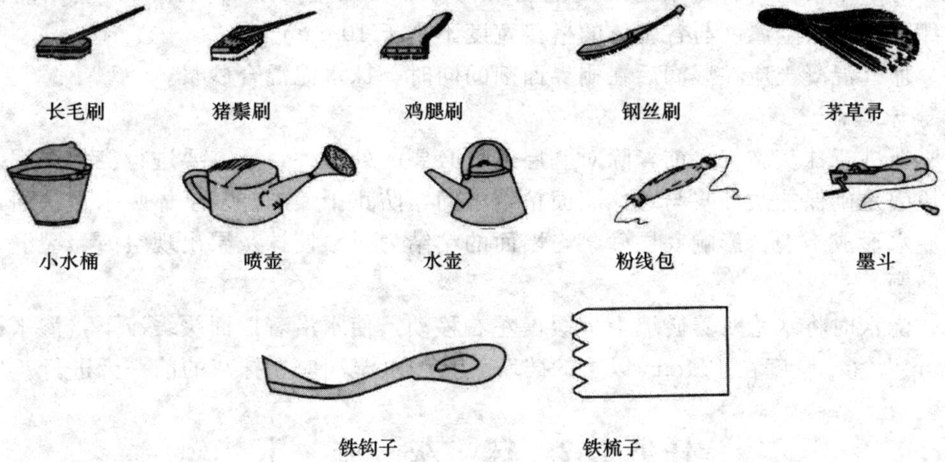

图 1.3 其他抹灰工具

1.1.5 施工条件准备

1. 抹灰工程必须具备的施工条件

(1) 结构工程已经检查验收，并达到了相应的质量标准要求。

(2) 屋面防水工程已经完工，确保无渗漏问题。

(3) 门窗框安装位置正确，与墙体连接牢固。

(4) 连接处缝隙用 1∶3 的水泥砂浆或 1∶1∶6 的水泥混合砂浆分层嵌塞密实，较大缝隙在砂浆中掺入少量麻刀嵌塞，将其填塞密实。

(5) 用塑料贴膜或薄钢板将门窗框加以保护。

(6) 将过梁、梁垫、圈梁及组合柱表面凸出部分混凝土剔平。

(7) 对蜂窝、麻面、露筋等应剔到实处。

(8) 刷素水泥浆一道（内掺比重 10%的 108 胶），紧跟着用 1∶3 的水泥砂浆分层补平。

(9) 脚手眼应堵严，外露钢筋头、镀锌钢丝头等要剔除，窗台砖应补齐。

(10) 内隔墙与楼板、梁底等交接处应用斜砖砌严。

(11) 接线盒、电箱、管线、管道套管安装完毕，并检查验收合格。

(12) 施工环境温度不宜低于 5℃。

2. 做好基层处理

抹灰工程的基层处理工作主要包括以下几个方面：

(1) 清除基层的灰尘、污垢、碱膜、砂浆块等附属物，并浇水湿润。

(2) 混凝土表面应凿毛或在表面洒水润湿后涂刷 1∶1 的水泥砂浆（加适量胶粘剂）。

(3) 对于平整光滑的混凝土表面，如果设计要求抹灰时，应进行凿毛处理后，才能进行抹灰施工；也可采用甩浆法，将素水泥浆甩到混凝土面上，凝固后形成一个个水泥疙瘩；还可刷界面处理剂，以增强基层与抹灰层的粘结力。

(4) 对于木结构、砖石结构及混凝土结构等相接处基层表面的抹灰，应先铺钉金属网，并绷紧钉牢，金属网与各基体的搭接宽度不小于100mm。

(5) 加气混凝土应在湿润后在刷界面剂的同时，抹水泥混合砂浆。

3. 浇水湿润

(1) 在进行抹灰施工之前，除对基层进行必要的处理外，还需要进行浇水湿润。浇水湿润的原因是确保抹灰砂浆与基体表面粘结牢固，防止干燥的抹灰基体吸水过快而造成抹灰砂浆脱水形成干裂，影响底层砂浆与墙面的粘结力，致使抹灰层出现空鼓、裂缝、脱落等质量问题。

(2) 浇水时将水管对着砖墙上部缓慢左右移动，使水沿着墙面缓缓流下，渗水深度以8～10mm为宜。厚度在120mm以上的砖墙，其浇水湿润应在抹灰的前一天进行。

任务1.2　抹　灰　施　工

【任务导航】 熟悉抹灰的工艺流程、施工方法，正确进行抹灰操作。

1.2.1　工艺流程

内墙一般抹灰的工艺流程为：找规矩→做灰饼→做标筋→做阴阳角找方→做门窗护角→底、中层抹灰→面层抹灰。

1.2.2　施工操作

1. 找规矩

找规矩即四角规方、横线找平、竖线吊直，弹出顶棚、墙裙及踢脚板。地面找方后将线弹于地面上，然后根据墙面的实际平整度、垂直度及抹灰总厚度规定，与找方线对比，确定出抹灰厚度，从而找到抹灰的一个假想平面，将此假想平面与相邻墙面的交线弹于相邻墙面上，作为此墙面的抹灰基准线，同时也是做灰饼和标筋厚度标准。

2. 做灰饼

做灰饼即做抹灰标志块。在2m左右高度、距离墙两边阴角10～20cm处，用底层抹灰砂浆各做一个标准标志块，厚度为抹灰层厚度，大小5cm见方。以这两个标准标志块为依据，再用托线板靠、吊垂直确定墙下部对应的两个标志块厚度，其位置在踢脚板上口，使上、下两个标志块在一条垂直线上。标准块做好后，再在标志块附近墙面上钉钉子，拴上小线拉水平通线，小线应该离开标志块1mm，然后以间距1.2～1.5m左右加做若干标志块，如图1.4所示。

注意凡窗口、垛角处必须做标志块。

3. 做标筋

标筋也叫冲筋或出柱头，就是在上下两个标志块之间先抹出一条长梯形灰埂，宽度为10cm左右，厚度与标志块相平，作为墙面抹底子灰填平的标准。其做法是在两个标志块

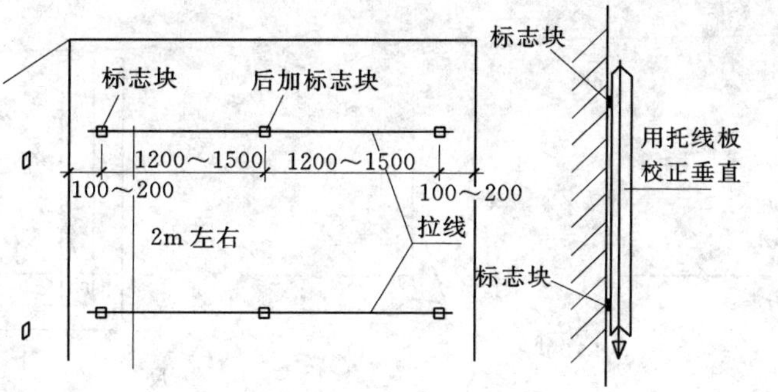

图 1.4 找规矩做标志块

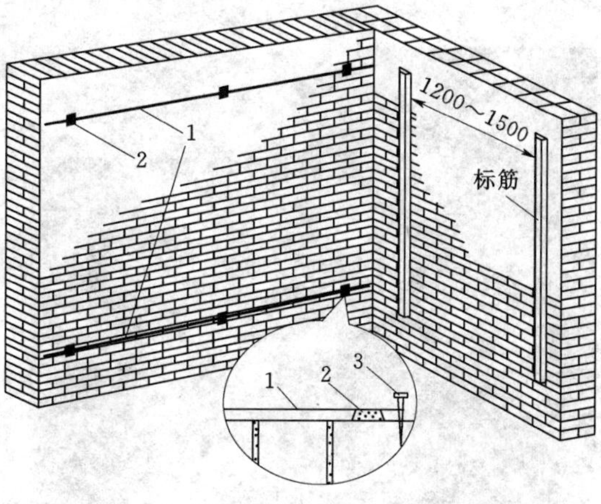

图 1.5 做标志块及标筋结果（单位：mm）
1—引线；2—标志块；3—钉子

中间先抹一层，再抹第二遍凸出成八字形，比灰饼凸出 1cm 左右，然后用木杠紧贴灰饼左上右下来回搓，直至把标筋搓得与标志块一样平为止。同时要将标筋的两边用刮尺修成斜面，使其与抹灰层接槎顺平。标筋样式如图 1.5 所示。

做标筋用的砂浆应与抹灰底层砂浆相同，做完标筋后应检查标筋的垂直度和平整度，若误差在 0.5mm 以上，必须重新进行修整。当层高大于 3.2m 时，需要两人分别在架子的上下两端协调操作。

4. 做阴阳角找方

中级抹灰要求做阳角找方，方法是先在阳角一侧墙做基线，用方尺将阳角先规方，然后在墙角弹出抹灰准线，并在准线上下两端挂通线做标志快。高级抹灰要求阴阳角都要找方，阴阳角两边都要弹基线，为了便于做角和保证阴阳角方正垂直，必须在阴阳角两边都做标志块、做标筋。

5. 做门窗护角

室内墙面、柱面的阳角和门窗洞口的阳角抹灰要求线条清晰、挺直，并防止碰坏。因此，无论设计有无规定，都需要做护角。护角做好后也能起到标筋的作用（图 1.6）。如没特殊要求，护角高度一般不低于 2m，宽度不小于 5cm。

抹护角时以墙面标志块为依据，首先要将阳角用方尺规方，靠门框一边以门框离墙面的间隙为准，另一边以标志块厚度为准。最好在地面上画好准线，按准线粘好靠尺板，并用托线吊直，方尺找方。然后在靠尺板的另一边墙角面分层抹 1：2 的水泥砂浆，护角线的外角与靠尺板外口平齐，一边抹好后，再把靠尺板移到已抹好护角的一边，并用钢筋卡子卡住，用线垂吊直靠尺板，把护角的另一边分层抹好。然后轻轻地将靠尺板拿下，等护角的棱角稍干时，用阳角抹子和水泥浆捋出小圆角。最后在墙面用靠尺板按要求尺寸沿角留出 5cm，将多余砂浆以 40°斜面切掉，注意墙面和门框等落地灰应清理干净，如图 1.7

和图 1.8 所示。

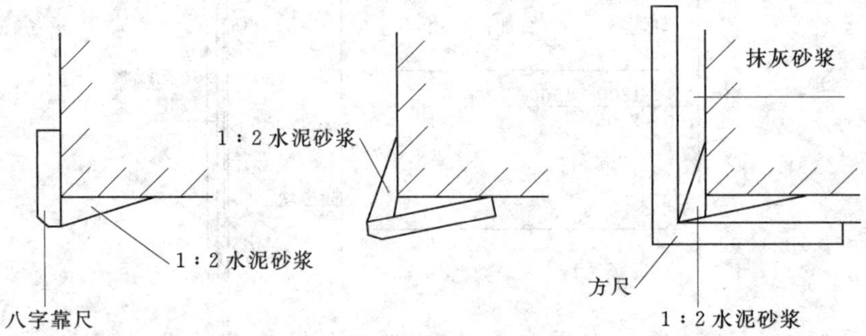

图 1.6　门窗洞口做护角

图 1.7　抹阳角

图 1.8　捋出小圆角

6. 底、中层抹灰

在标志块、标筋及门窗洞口做好护角后，底层与中层抹灰即可进行。这道工序也叫装档或刮糙。其方法是将砂浆抹于墙面两标筋之间，底层要低于标筋，由上而下抹灰，操作时将灰板靠近墙面，铁抹子横向将砂浆抹在墙面上。注意灰板时刻接在铁抹子的下边，以便托住抹灰时掉落的灰。

待收水后再进行中层抹灰，其厚度以垫平标筋为准，并使其略高于标筋。中层砂浆抹好后，用中、短木杠按标筋刮平。对于凹陷处应补填砂浆，然后再刮，直至刮平为止。紧接着用木抹子搓磨一遍，使表面平整密实。

墙体的阴角处，先用方尺上下核对方正，然后用阴角器上下拍动扯平，使室内四角方正，如图 1.9 所示。

抹底子灰的时间应掌握好，不能过早，也不能过迟。一般情况下，标筋抹完就可以装档刮平。但要注意，如果标筋较软，则容易将标筋刮坏产生凹凸现象：如果标筋有强度时再装档刮平，待墙面砂浆收缩后，会出现标筋高于墙面的现象，因此产生抹灰面不平等质量通病。抹底层灰及中层灰如图1.10～图1.13所示。

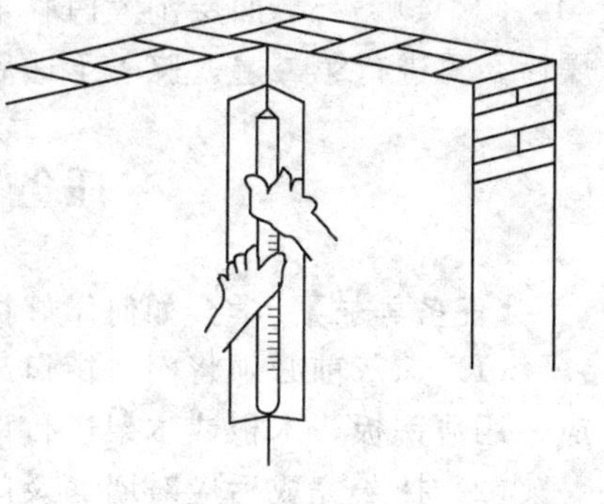

图1.9 阴角扯平找直

7. 面层抹灰

面层抹灰在工程上俗称“罩面”。它应在底层灰稍干后进行，底层灰太湿会影响抹灰面的平整度，还可能产生“咬色”现象；底层灰太干则容易使面层脱水太快而影响粘结，造成面层空鼓。内墙面层抹灰通常采用纸筋石灰、石灰砂浆、麻刀石灰、石膏、水泥砂浆和大白腻子等材料。

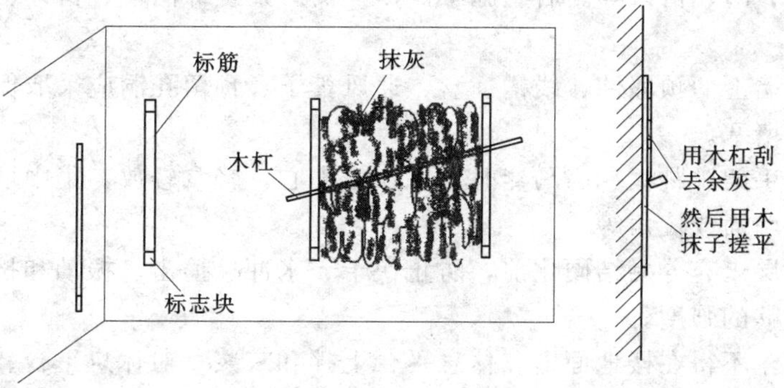

图1.10 抹底层及中层灰

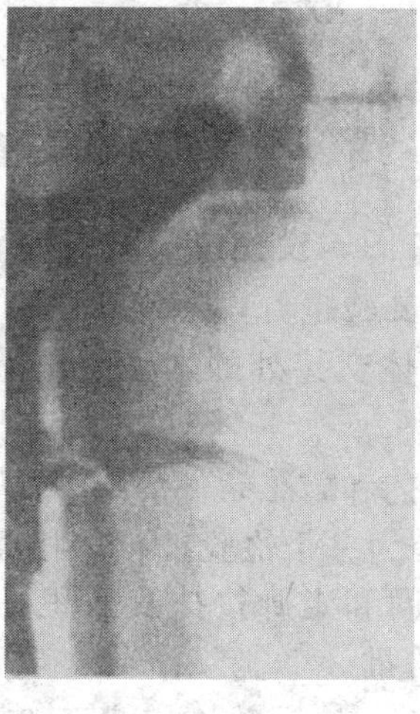

图1.11 抹底灰

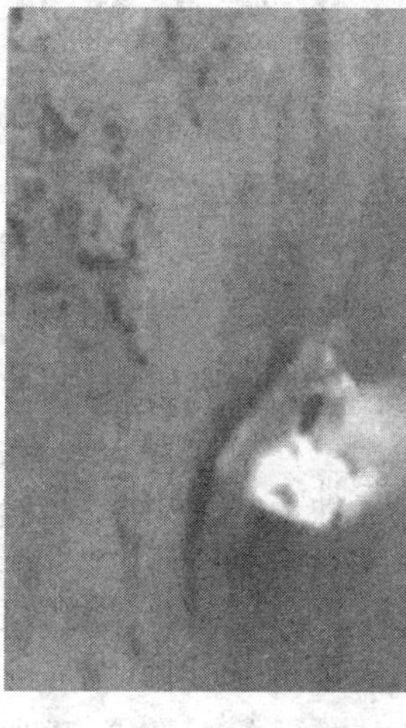

图1.12 抹中层灰

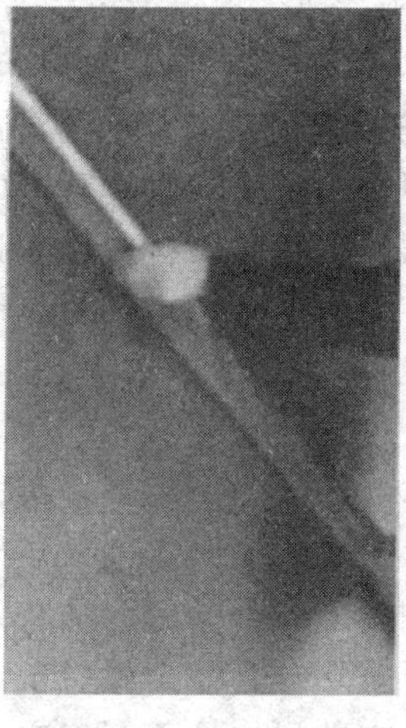

图1.13 用木杠按标筋刮平

本项目为刮大白腻子。刮大白腻子一般应在中层砂浆干透，表面坚硬呈灰白色，没有水迹及潮湿痕迹，用铲刀刻划显白印时进行。操作之前应先调配大白腻子，大白腻子的配合质量比为：大白粉：滑石粉：聚醋酸乙烯乳液：羧甲基纤维素溶液（含量5%）=60：

40：(2～4)：75。面层刮大白腻子一般不得少于两遍，总厚度在1mm左右。头道腻子干燥后，再进行第二遍。腻子干透后用0号砂纸磨平，并扫净浮灰。

任务1.3 成品保护

【任务导航】 学会如何做好抹灰前、抹灰中和抹灰后的各项保护工作。

(1) 抹灰前必须将门、窗口与墙间的缝隙按工艺要求将其嵌塞密实，对木制门、窗口应采用薄钢板、木板或木架进行保护，对塑钢或金属门、窗口应采用贴膜保护。

(2) 抹灰完成后应对墙面及门、窗口加以清洁保护，门、窗口原有保护层如有损坏的应及时修补，确保完整，直到竣工交验。

(3) 在施工过程中，搬运材料、机具以及使用小手推车时，要特别小心，防止碰、撞、磕、划墙面、门、窗口等。后期施工操作人员严禁蹬踩门口、窗口、窗台，以防损坏棱角。

(4) 抹灰时墙上的预埋件、线槽、盒、通风箅子、预留孔洞应采取保护措施，防止施工时灰浆漏入或堵塞。

(5) 拆除脚手架、跳板、高马凳时，要加倍小心，轻拿轻放，集中堆放整齐，以免撞坏门口、窗口、墙面或棱角等。

(6) 当抹灰层未充分凝结硬化前，防止快干、水冲、撞击、振动和挤压，以保证灰层不受损伤和有足够的强度。

(7) 施工时，不得在楼地面上和休息平台上拌和灰浆。对休息平台、地面和楼梯踏步要采取保护措施，以免搬运材料或运输过程中造成损坏。

任务1.4 抹灰工程质量验收

【任务导航】 懂得做好各项施工记录，学会划分检验批，能对检验批进行主控项目和一般项目的质量验收，对于质量问题能正确分析原因。

抹灰工程验收时应检查以下文件和记录：抹灰工程施工图、设计说明及其他设计文件；材料的产品合格证书、性能检测报告、进场验收记录和复验报告；隐蔽工程验收记录(包括抹灰总厚度不小于35mm时的加强措施，不同材料基体交接处的加强措施)；施工记录。

各分项工程的检验批按下列规定划分：①相同材料、工艺和施工条件的室外抹灰工程每500～1000m^2应划分为一个检验批，不足500m^2也应划分为一个检验批；②相同材料、工艺和施工条件的室内抹灰工程每50个自然间(大面积房间和走廊按抹灰面积30m^2为一间)应划分为一个检验批，不足50间也应划分为一个检验批。

检查数量应按下列规定：①室内每个检验批应至少抽查10%，并不得少于3间；不足3间应全数检查；②室外每个检验批每100m^2应至少抽查一处，每处不得少于10m^2。

1.4.1 一般抹灰工程

一般抹灰工程分普通抹灰和高级抹灰，当设计无要求时，按普通抹灰验收。

1. 主控项目

(1) 抹灰前基层表面的尘土、污垢、油渍等应清除干净，并应洒水润湿。

检验方法：检查施工记录。

(2) 一般抹灰所用材料的品种和性能应符合设计要求。水泥的凝结时间和安定性复验合格，砂浆的配合比应符合设计要求。

检验方法：检查产品合格证书、进场验收记录、复验报告和施工记录。

(3) 抹灰工程应分层进行。当抹灰总厚度不小于35mm时，应采取加强措施。不同材料基体交接处表面的抹灰，应采取防止开裂的加强措施，当采用加强网时，加强网与各基体的搭接宽度不应小于100mm。

检验方法：检查隐蔽工程验收记录和施工记录。

(4) 抹灰层与基层之间及各抹灰层之间必须粘结牢固，抹灰层应无脱落、空鼓，面层应无爆灰和裂缝。

检验方法：观察；用小锤敲击检查；检查施工记录。

2. 一般项目

(1) 一般抹灰工程的表面质量应符合下列规定：

普通抹灰表面应光滑、洁净、接槎平整，分格缝应清晰。

高级抹灰表面应光滑、洁净、颜色均匀、无抹纹，分格缝和灰线应清晰美观。

检验方法：观察；手摸检查。

(2) 护角、孔洞、槽、盒周围的抹灰表面应整齐、光滑，管道后面的抹灰表面应平整。

检验方法：观察。

(3) 抹灰层的总厚度应符合设计要求；水泥砂浆不得抹在石灰砂浆上；罩面石膏灰不得抹在水泥砂浆上。

检验方法：检查施工记录。

(4) 抹灰分格缝的设置应符合设计要求，宽度和深度应均匀，表面应光滑，棱角应整齐。

检验方法：观察；尺量检查。

(5) 有排水要求的部位应做滴水线（槽）。滴水线（槽）应整齐顺直，滴水线应内高外低，滴水槽的宽度和深度均不应小于10mm。

检验方法：观察；尺量检查。

(6) 一般抹灰工程质量的允许偏差和检验方法应符合表1.1的规定。

表1.1　　一般抹灰的允许偏差和检验方法

项次	项　目	允许偏差/mm		检　验　方　法
		普通抹灰	高级抹灰	
1	立面垂直度	4	3	用2m垂直检测尺检查
2	表面平整度	4	3	用2m靠尺和塞尺检查
3	阴阳角方正	4	3	用2m直角检测尺检查

续表

项次	项　目	允许偏差/mm		检验方法
		普通抹灰	高级抹灰	
4	分隔条（缝）直线度	4	3	拉5m线，不足5m拉通线，用钢直尺检查
5	墙裙、勒脚上口直线度	4	3	拉5m线，不足5m拉通线，用钢直尺检查

注 1. 普通抹灰，本表第三项阴角方正可不检查。
2. 顶棚抹灰，本表第二项表面平整度可不检查，但应平顺。

1.4.2 装饰抹灰工程

1. 主控项目

同一般抹灰工程。

2. 一般项目

（1）装饰抹灰工程的表面质量应符合下列规定：

1）水刷石表面应石粒清晰、分布均匀、紧密平整、色泽一致，应无掉粒和接槎痕迹。

2）斩假石表面剁纹应均匀顺直、深浅一致，应无漏剁处；阳角处应横剁并留出宽窄一致的不剁边条，棱角应元损坏。

3）干粘石表面应色泽一致、不漏浆、不漏粘，石粒应粘结牢固、分布均匀，阳角处应无明显黑边。

4）假面砖表面应平整、沟纹清晰、留缝整齐、色泽一致，应无掉角、脱皮、起砂等缺陷。

检验方法：观察；手摸检查。

（2）装饰抹灰分格条（缝）的设置应符合设计要求，宽度和深度应均匀，表面应平整光滑，棱角应整齐。

检验方法：观察。

（3）有排水要求的部位应做成滴水线（槽），滴水线（槽）应整齐顺直，滴水线应内高外低，滴水槽的宽度和深度均不应小于10mm。

检验方法：观察；尺量检查。

（4）装饰抹灰工程质量的允许偏差和检验方法应符合表1.2的规定。

表1.2　装饰抹灰工程质量的允许偏差和检验方法

项次	项　目	允许偏差/mm				检验方法
		水刷石	斩假石	干粘石	假面砖	
1	立面垂直度	5	4	5	5	用2m垂直检测尺检查
2	表面平整度	3	3	5	4	用2m靠尺和塞尺检查
3	阴阳角方正	3	3	4	4	用2m直角检测尺检查
4	分隔条（缝）直线度	3	3	3	3	拉5m线，不足5m拉通线，用钢直尺检查
5	墙裙、勒脚上口直线度	3	3	—	—	拉5m线，不足5m拉通线，用钢直尺检查

1.4.3 质量问题与预防措施

1. 墙面空鼓、裂缝

(1) 主要原因：

1) 基层处理不好，清扫不净，浇水不匀、不足。

2) 不同材料交接处未设加强网或加强网搭接宽度过小。

3) 原材料质量不符合要求，砂浆配合比不当。

4) 墙面脚手架眼填塞不当。

5) 一层抹灰过厚，各层之间间隔时间太短。

6) 养护不到位，尤其在夏季施工时。

(2) 预防措施：

1) 基层应按规定处理好，浇水应充分、均匀。

2) 按要求设置并固定好加强网。

3) 严格控制原材料质量，严格按配合比配合和搅拌砂浆。

4) 认真填塞墙面脚手架眼。

5) 严格分层操作并控制好各层厚度，各层之间的时间间隔应充足。

6) 加强对抹灰层的养护工作。

2. 窗台、阳台、雨篷等处抹灰的水平与垂直方向不一致

(1) 主要原因：

1) 结构施工时，现浇混凝土或构件安装的偏差过大，抹灰时不易纠正。

2) 抹灰前上下左右未拉水平和垂直通线，施工误差较大。

(2) 预防措施：

1) 在结构施工阶段应尽量保证结构或构件的形状位置正确，减少偏差。

2) 安装窗框时应找出各自的中心线以及拉好水平通线，保证安装位置的正确。

3) 抹灰前应在窗台、阳台、雨篷、柱垛等处拉水平和垂直方向的通线找平找正，每步均要起灰饼。

任务1.5 安 全 环 保 措 施

【任务导航】 养成安全生产与安全管理的意识，注意生产过程采取的各种保护环境措施。

1.5.1 安全措施

(1) 室内抹灰采用高凳上铺脚手板时，宽度不得少于两块（50cm）脚手板，间距不得大于2m，移动高凳时上面不得站人，作业人员最多不得超过2人。高度超过2m时，应由架子工搭设脚手架。

(2) 室内施工使用手推车时，拐弯时不得猛拐。

(3) 作业过程中遇有脚手架与建筑物之间拉接，未经专业技术负责人同意，严禁拆

除。必要时由架子工负责采取加固措施后，方可拆除。

(4) 采用井子架、龙门架、外用电梯垂直运输材料时，卸料平台通道的两侧边安全防护必须齐全、牢固，吊盘（笼）内小推车必须加挡车掩，不得向井内探头张望。

(5) 脚手板不得搭设在门窗、暖气片、洗脸池等承重的物器上。

(6) 夜间或阴暗作业时，应用36V以下安全电压照明。

1.5.2 环保措施

(1) 使用现场搅拌站时，应设置施工污水处理设施。施工污水未经处理不得随意排放，需要向施工区外排放时必须经相关部门批准方可排放。

(2) 施工垃圾要集中堆放，严禁将垃圾随意堆放或抛撒。施工垃圾应由合格消纳单位组织消纳，严禁随意消纳。

(3) 大风天严禁筛制砂料、石灰等材料。

(4) 砂子、石灰、散装水泥要封闭或苫盖集中存放，不得露天存放。

(5) 清理现场时，严禁将垃圾杂物从窗口、洞口、阳台等处采用抛撒运输方式，以防造成粉尘污染。

(6) 施工现场应设立合格的卫生环保设施，严禁随处大小便。

(7) 施工现场使用或维修机械时，应有防滴漏油措施，严禁将机油滴漏于地表，造成土壤污染。清修机械时，废弃的棉丝（布）等应集中回收，严禁随意丢弃或燃烧处理。

练　习　题

(1) 抹灰工程的种类分为哪几类？各有什么特点？

(2) 抹灰层的组成是怎样的？各层次的作用是什么？

(3) 一般抹灰的施工工艺及流程是怎样的？

项目2 门 窗 安 装

【学习目标】 通过本项目的操作，掌握铝合金门窗和塑钢门窗安装所需要的条件、工艺流程、施工要点，熟悉安装施工与质量验收规范，能进行基本的质量验收及通病防治。

【项目导航】

1. 工作任务

完成董事长办公室、总经理办公室、会议室等的铝合金门窗的安装工程，并学习塑钢门窗的施工流程和施工要点。

2. 对施工人员（学员）的要求

（1）熟练掌握铝合金门窗和塑钢门窗安装工具的操作技能。

（2）掌握铝合金门窗和塑钢门窗安装工程的工艺流程和施工操作。

（3）掌握质量标准和质量验收的方法。

3. 实训步骤

（1）熟练掌握弹线定位的方法。

（2）熟练掌握门窗框的安装方法，做到准确到位。

（3）熟练掌握门窗玻璃的安装方法。

（4）进行门窗玻璃的安装练习。

4. 实训要点

（1）铝合金门窗采用多组组合时，应注意拼装质量，接缝应平整，拼樘框扇不劈棱，不窜角。

（2）应在安装前检查预留孔眼尺寸是否正确，以防地弹簧及拉手安装不规矩、尺寸不准。

（3）施工时应注意成品保护，及时进行清理，防止面层污染咬色。

（4）应严防用硬物清理铝合金表面的污物，防止表面有划痕。

（5）外窗按设计要求装披水，避免漏装披水影响使用。

子项目2.1 铝合金门窗安装

任务2.1.1 施工准备

【任务导航】 熟悉铝合金门窗安装前应具备的条件，正确认识和准备施工材料和施工机具，掌握施工操作前的准备条件。

2.1.1.1 施工条件

（1）结构质量经验收后达到合格标准，工种之间办理了交接手续。

（2）按图示尺寸弹好窗中线，并弹好＋50cm水平线，校正门窗洞口位置尺寸及标高是否符合设计图纸要求，如有问题应提前剔凿处理。

（3）检查铝合金门窗两侧连接铁脚的位置与墙体预留孔洞位置是否吻合，若有问题应提前处理，并将预留孔洞内的杂物清理干净。

（4）铝合金门窗的拆包检查，将窗框周围的包扎布拆去，按图纸要求核对型号，检查外观质量和表面的平整度。如发现有劈棱、窜角和翘曲不平、严重超标、严重损伤、外观色差大等缺陷时，应找有关人员协商解决，经修整鉴定合格后才可安装。

（5）认真检查铝合金门窗保护膜的完整性，如有破损的，应补粘后再安装。

（6）玻璃安装前应对安装的框、扇几何尺寸，表面平整度，拼接节点等是否牢固进行认真的检查。

（7）根据安装需要将玻璃运到指定地点，并按安装顺序码放于安全处备用。

（8）安装所需的垫片、橡胶条、密封胶等应提前准备，运到现场备用。

（9）安装玻璃所用的脚手架及高凳等提前准备好。

2.1.1.2　施工材料准备

（1）铝合金门窗：规格、型号应符合设计要求，且应有出厂合格证。

（2）铝合金门窗所用的五金配件应与门窗型号相匹配。所用的零件、附件及固定件最好采用不锈钢件，若用其他材质，必须进行防腐处理。

（3）防腐材料及保温材料均应符合图纸要求，且应有产品的出厂合格证。

（4）发泡剂、强度等级32.5以上水泥；中砂按要求备齐。

（5）与结构固定的连接铁脚、连接铁板，应按图纸要求的规格备好，并做好防锈处理。

（6）焊条的规格、型号应与焊件相符，且应有出厂合格证。

（7）尼龙毛条嵌缝材料、密封膏的品种、型号应符合设计要求。

（8）防锈漆、铁纱（或铝纱）、压纱条等均应符合设计要求，且有产品的出厂合格证。

（9）密封条的规格、型号应符合设计要求，胶粘剂应与密封条的材质相匹配，且具有产品的出厂合格证。

（10）玻璃胶的选用应与铝合金相匹配，并应有出厂合格证。

（11）玻璃：平板玻璃、磨砂玻璃、彩色玻璃、压花玻璃等品种或已加工好的（按门窗扇的尺寸加工）中空玻璃。规格按设计要求选用，进场的玻璃必须有产品合格证、出厂合格证。

（12）橡胶压条，规格应符合设计要求。

（13）氯丁橡胶垫片及铝合金垫片，根据需要准备。

2.1.1.3　施工机具准备

（1）门窗框安装施工机具准备：铝合金切割机、手电钻、圆锉刀、半圆锉刀、十字螺钉旋具、划针、铁脚、圆规、钢尺、钢直尺、钢板尺、钻子、锤子、铁锹、抹子、水桶、灌浆器、水刷子、电焊机、焊把线、面罩、焊条等。主要机具如图2.1所示。

（2）玻璃安装的施工机具准备：工作台、玻璃刀、直尺、钢丝钳、毛笔、手动吸盘、电动真空吸盘、电动吊篮（安装玻璃幕墙）、运玻璃小车、钢卷尺、工具袋、抹布或棉丝、安全带、玻璃胶枪等。主要机具如图 2.2 所示。

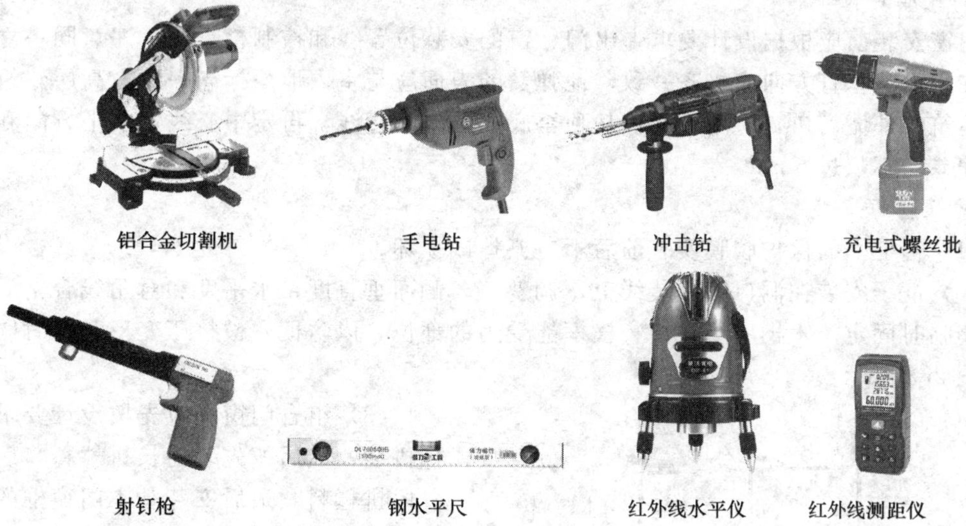

图 2.1 铝合金门窗框安装主要机具

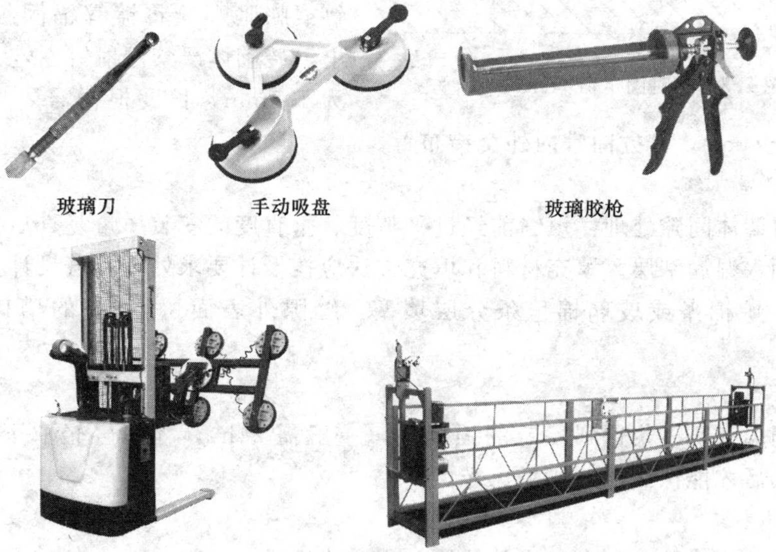

图 2.2 铝合金门窗玻璃安装主要机具

任务 2.1.2 施工操作

【任务导航】 掌握门窗框、门窗扇和固定玻璃的安装工艺流程、安装方法。

2.1.2.1 施工流程

弹线定位→门窗框安装→洞口四周嵌缝→柱面→门窗扇安装→安装玻璃→清理。

2.1.2.2 施工方法

1. 弹线定位

门窗安装前应根据设计要求弹出门、窗的安装位置线和控制检查线。注意同一立面的门窗在水平和垂直方向应整齐一致，地弹簧的表面应与室内地面标高一致。高层建筑或超高层建筑的外墙窗口，应用经纬仪从顶至底逐层施测边线，再定中心线，水平方向和垂直方向偏差均不超过5mm。

2. 门窗框安装

（1）铝框上的保护胶膜安装前后不应撕掉或损坏。

（2）框子安装在洞口的安装线上，调整正、侧面垂直度，水平度和对角线合格后，用对木楔临时固定。木楔应垫在边、横框能受力的部位，以防框子被挤压变形。临时固定方式如图2.3所示。

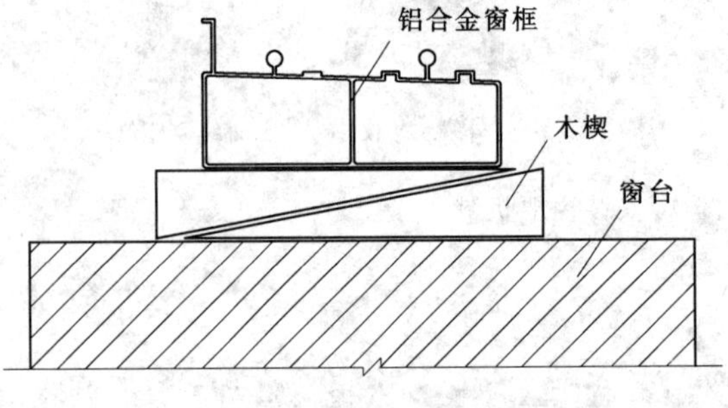

图2.3　临时固定窗框方式

（3）组合门窗框应先按设计要求进行预拼装，然后按先装通长拼樘料，后安装分段拼樘料，最后安装基本门窗框的顺序进行。

（4）门窗框固定。待立面垂直、左右间隙、上下位置均符合要求以后，再用射钉或膨胀螺栓将镀锌锚固板固定在结构上，砖砌体严禁用射钉固定。锚固板厚度为1.5mm，长度根据需要加工。锚固板间距应不大于40cm，其方向宜内外交错布置。

3. 洞口四周嵌缝

门窗框与墙体间隙处理：填缝前经过平整度、垂直度的安装质量复查后，再将框四周清扫干净，洒水湿润基层。填充材料和填充方法应按设计要求处理，若设计无要求时，应采用发泡剂、矿棉条或玻璃棉毡条分层填塞，缝隙外表面留5mm的槽口，嵌填密封材料。

4. 抹面

铝框四周的塞灰砂浆达到一定的强度后（一般需24h），才能轻轻取下框旁的木楔，继续补灰，然后才能抹面层，压平抹光。

5. 门窗扇安装

铝合金门窗扇安装，应在室内外装饰基本完成后进行。

（1）推拉门窗扇的安装。门窗扇分内扇和外扇，先将外扇插入上滑道的外槽内，自然下落于对应的下滑道的外滑道内，然后再用同样的方法安装内扇。

（2）对于可调导向轮，应在门窗扇安装之后调整导向轮，调节门窗扇在滑道上的高度，并使门窗扇与边框间平行。

（3）平开门窗扇安装。应先把铰链按要求位置固定在铝合金门窗框上，然后将门窗扇嵌入框内临时固定，调整合适后，再将门窗扇固定在铰链上。必须保证上、下两转动部分在同一个轴线上。

（4）地弹簧门扇安装。应先将地弹簧主机埋设在地面上，并浇筑混凝土使其固定。主机轴应与中横档上的顶轴在同一垂线上，主机表面与地面齐平。待混凝土达到设计强度后，调节上门顶轴将门扇装上，最后调整门扇间隙及门扇开启速度。

6. 玻璃安装

玻璃安装是门、窗安装的最后一道工序，其内容包括玻璃裁割、玻璃就位、玻璃密封与固定。

玻璃就位后，应及时用胶条固定。型材镶嵌玻璃的凹槽内，一般有三种做法：一种是橡胶条挤紧，然后再在胶条上面注入硅酮系列密封胶。另一种是用10mm左右长的橡胶块，将玻璃挤住，然后再注入硅酮系列密封胶。注胶使用胶枪，要注得均匀、光滑，注入的深度不宜小于5mm。第三种是用橡胶压条封缝、挤紧，表面不再注胶。

玻璃应该摆在凹槽的中间，内、外两侧的间隙应不少于2mm，否则会造成密封困难。但也不宜大于5mm，否则胶条起不到挤紧、固定的目的。玻璃的下部不能直接坐落在金属面上，而应用氯丁橡胶垫块将玻璃垫起。氯丁橡胶垫块厚3mm左右。玻璃的两侧及上部，都应脱开金属面一段距离，避免玻璃胀缩发生变形。

7. 清理

铝合金门、窗交工前，应将型材表面的塑料胶纸撕掉。如果发现塑料胶纸在型材表面留有胶痕，宜用香蕉水清理干净。玻璃应进行擦洗，对浮灰或其他杂物，应全部清理干净。待定位销孔与销对上后，再将定位销完全调出，并插入定位销孔中。最后，用双头螺杆将门拉手固定在门扇边框两侧。至此，铝合金门的安装操作基本完成。

任务2.1.3 成品保护

【任务导航】 熟练掌握铝合金门窗安装前后的成品、半成品的保护措施，保证门窗框、门窗扇和玻璃安装前后的质量。

（1）铝合金门窗应入库存放，下边应垫起、垫平，码放整齐。对已装好披水的窗，注意存放时支垫好，防止损坏披水。

（2）门窗保护膜应检查完整无损后再进行安装，安装后应及时将门框两侧用木板条捆绑好，并禁止从窗口运送任何材料，防止碰撞损坏。

（3）若采用低碱性水泥或豆石混凝土堵缝时，堵后应及时将水泥浮浆刷净，防止水泥固化后不好清理并损坏表面的氧化膜。铝合金门窗在堵缝前，对于水泥砂浆接触面应涂刷防腐剂进行防腐处理。

（4）抹灰前应将铝合金门窗用塑料薄膜保护好，在室内湿作业未完成前，任何工种不得损坏其保护膜，防止砂浆对其面层的侵蚀。

（5）铝合金门窗的保护膜应在交工前撕去，要轻撕，且不可用开刀铲，防止将表面划伤，影响美观。

（6）铝合金门窗表面如有胶状物时，应使用棉丝蘸专用溶剂擦拭干净，如发现局部划痕，可用小毛刷蘸与铝合金同颜色的染色液进行涂染。

（7）架子搭拆、室内外抹灰、钢龙骨安装、管道安装及建材运输等过程，严禁擦、砸、碰和损坏铝合金门窗樘料。

（8）建立严格的成品保护制度。

任务 2.1.4　质量验收标准与实践评定

【任务导航】 熟练掌握铝合金门窗安装后的质量验收方法及质量评定。

2.1.4.1　主控项目

（1）铝合金门窗及其附件质量，必须符合设计要求和有关标准的规定。

（2）铝合金门窗的安装位置、开启方向必须符合设计要求。

（3）铝合金门窗安装必须牢固，预埋件的数量、位置、埋设连接方法，必须符合设计要求。

（4）铝合金门窗框与非不锈钢紧固件接触面之间，必须作防腐处理；严禁用水泥砂浆作门窗框与墙体之间的填塞材料。

2.1.4.2　一般项目

（1）铝合金门窗扇安装应符合以下规定：

1）平开门窗扇关闭严密，间隙均匀，开关灵活。

2）推拉门窗扇关闭严密，间隙均匀，扇与框搭接量应符合设计要求。

3）弹簧门扇自动定位准确，开启角度 90°±1.5°，关闭时间在 6～10s 范围之内。

（2）铝合金门窗附件齐全，安装位置正确、牢固、灵活适用，达到各自的功能，端正美观。

（3）铝合金门窗框与墙体间缝隙填嵌饱满密实，表面平整、光滑，无裂缝，填塞材料、方法符合设计要求。

（4）铝合金门窗表面洁净，无划痕、碰伤，无锈蚀；涂胶表面平滑、平整，厚度均匀，无气孔。

（5）允许偏差项目：门窗框两对角线长度差，门窗框正、侧面的垂直度，水平度，横框标高等，不得超过表 2.1 规定的数值。

表 2.1　　铝合金门窗安装允许偏差

项次	项　目			允许偏差	检　验　方　法
1	门窗框两对角线长度	≤2000mm		≤2mm	用钢卷尺检查，量里角
		>2000mm		≤3mm	
2	平开窗	窗扇与框搭接宽度差		≤1mm	用深度尺或钢板尺检查
		同樘门窗相邻扇的横端角宽度差		≤2mm	用拉线和钢板尺检查
3	推拉窗	门窗扇开启力限值	扇面积不大于 $1.5m^2$	≤40N	用 100N 弹簧秤钩住拉手处，启闭 5 次取平均值
			扇面积大于 $1.5m^2$	≤60N	
		门窗扇与框或相邻扇立边平行度		2mm	用 1m 钢尺检查
		门扇对口缝或扇与框间立、横缝留缝限值		2～4mm	用楔形塞尺检查
4	弹簧门扇	门扇与地面间隙留缝限值		2～7mm	用楔形塞尺检查
		门扇对口缝关闭时平整		2mm	用深度尺检查
5	门窗框（含拼樘料）正、侧面垂直度			2mm	用 1m 托线板检查

续表

项次	项　目	允许偏差	检 验 方 法
6	门窗框（含拼樘料）水平度	1.5mm	用1m水平尺和楔形塞尺检查
7	门窗横框标高	5mm	用钢板尺检查，与基准线比较
8	双层门窗内外框中心距	4mm	用钢板尺检查

2.1.4.3 质量记录

（1）铝合金门窗的出厂合格证。

（2）铝合金门窗的零件、附件、固定件材质证明及安装图示说明。

（3）密封材料、保温材料的材质证明及产品合格证。

（4）水泥的出厂合格证及试验报告。

（5）焊条的品牌、型号及合格证。

（6）质量检验、评定记录。

2.1.4.4 实践项目成绩评定（表2.2）

表2.2　　实践项目成绩评定表

项次	项　目	项目及技术要求	实测记录	项目分值	得分
1	工具准备正确			10	
2	工具使用正确			20	
3	门窗安装方法正确			20	
4	门窗安装程序正确			20	
5	文明施工与安全施工			10	
6	检验方法正确			15	
7	操作时间			5	
8	合计			100	

练　习　题

（1）练习工具的使用方法。

（2）叙述门窗安装施工流程。

（3）简述门窗质量检验方法。

子项目2.2 塑钢门窗安装

任务2.2.1 施工准备

【任务导航】 完成卫生间塑钢门窗的安装，熟悉塑钢门窗安装前应具备的条件，正确认识和准备施工材料和施工机具，掌握施工操作前的准备条件。

2.2.1.1　施工条件

(1) 结构工程已完，经验收达到合格标准，已办好工种之间的交接手续。

(2) 按图纸尺寸弹好门窗位置线，并根据已弹好的+50cm水平线，确定好安装标高。

(3) 校核已留置的门窗洞口尺寸及标高是否符合设计要求，有问题的应及时改正。

(4) 检查塑钢门窗安装时的连接件位置排列是否符合要求。

(5) 检查塑钢门窗表面色泽是否均匀，是否无裂纹、麻点、气孔和明显擦伤。

(6) 准备好安装时的脚手架及做好安全防护措施。

2.2.1.2　施工材料准备

(1) 硬PVC塑料门窗的规格、型号、尺寸均应符合设计要求。

(2) 门窗框连接件（铁脚）与洞口墙体连接，一般采用机械冲孔胀管螺栓固定；或预埋木砖螺钉固定，应根据需要备齐。

(3) 门窗小五金应按门窗规格、型号配套。

(4) 门窗安装时应准备木楔、钢钉。

(5) 密封膏应按设计要求准备，并应有出厂证明及产品生产合格证。

(6) 嵌缝材料的品种应按设计要求选用。

(7) 自攻螺钉、木螺钉根据需要准备。

(8) 水泥：强度等级32.5以上普通硅酸盐水泥或矿渣水泥；砂：过5mm筛子，筛好备用；豆石：准备少许。

2.2.1.3　施工机具准备

线坠、粉线包、水平尺、托线板、手锤、扁铲、钢卷尺、螺钉施工机具、冲击电钻、射钉枪、锯、刨子、小平锹、小水桶、水泥灌浆器、钻子等。主要机具与铝合金门窗安装的基本相同，部分机具如图2.4所示。

图2.4　主要施工机具

任务2.2.2　施工操作

【任务导航】 掌握塑钢门窗的安装流程、安装方法。

2.2.2.1　施工流程

门窗洞口的检查与清理→弹线→安装固定片→塑料门窗安装→门窗框四周嵌缝→安装五金配件→清理。

2.2.2.2　施工方法

1. 门窗洞口的检查与清理

塑钢门窗采用后塞口的做法，而且安装时要求的精度比钢木门窗高，所以，施工时一定要按设计要求严格掌握门窗洞口的尺寸及预埋木砖或铁件的位置及数量，发现问题及时处理，安装前要将门窗洞口内的杂物清理干净。

2. 弹线

(1) 弹线找规矩：在最高层找出门窗口边线，用大线坠将门窗口边线下引，并在每层门窗口处画线标记，对个别不直的口边应剔凿处理。高层建筑可用经纬仪找垂直线。

(2) 门窗口的水平位置应以楼层＋50cm 或＋100cm 水平线为准，往上反，量出窗下皮标高，弹线找直，每层窗下皮（标高相同）则应在同一水平线上。

3. 安装固定片

在门窗的上框和边框上安装固定片时，应符合下列要求：

(1) 检查门窗框的上下边位置及其内外朝向，经确认无误后，再安固定片。

(2) 固定片的位置应距门窗角、中竖框、中横框 150～200mm，固定片之间的间距应不大于 400mm。不得将固定片直接装在中横框、中竖框的档头上。

(3) 安装时应先钻孔，后用自攻螺钉拧入，严禁直接锤击钉入。

(4) 确定门窗框的安装位置，固定窗框的连接点的位置及数量应从力的传递和窗的伸缩变形需要来考虑。具体布置时，首先应保证在与铰链水平的位置上，设置连接点，连接点的间距不大于 400mm。一般不允许在横档或竖梃的地方设连接点，相邻的连接点应相距 150mm，而且在拐角、直档及有搭钩处的间距应更小一些。

4. 门窗框的安装

门窗框的安装位置确定之后，将门窗框装入洞口，并使其上下框中线与洞口的中线对齐，然后将上框的一个固定片固定在墙体上，随即调整水平度、垂直度和方正，并用木楔临时固定，再一次调整水平度、垂直度和方正。检查无误后，可以进行门窗框的固定。

门窗框的固定应先固定上框，后固定边框。具体固定方法如下：

(1) 混凝土墙洞口：应采用射钉或膨胀螺栓固定。

(2) 加气混凝土洞口：采用木螺钉将固定片固定在预埋木砖上。

(3) 砖砌墙体洞口：采用塑料膨胀螺栓或水泥钢钉固定，但不得固定在砖缝处。

(4) 对于有预埋铁件的洞口：有预埋木砖时，安装时先在框上用电钻打孔，然后用木螺钉拧入墙内预埋的木砖内，将框与墙体牢固连接。如果是预埋铁件，可先钻孔、攻丝，拧入平头螺钉加以固定。

(5) 框墙之间留出 10～20mm 的间隙，作为热胀冷缩的安全余量，此间隙内用发泡剂或沥青油毡条嵌填，外面用水泥砂浆抹面，但应注意沥青油毡不能直接接触塑料门窗，因为沥青对塑料有软化作用。

5. 嵌缝

门窗框正确就位，经中线、水平、垂直度找正无误后，用木楔固定，框墙之间的间隙用发泡剂、沥青油毡垫等弹性材料填充，然后用壁纸刀切除挤出的发泡剂或沥青油毡等，再用 3～5mm 厚的胶合板条挡到塑钢窗处的外边缘。水泥砂浆抹面，等水泥砂浆干后，再把胶合板条抽出，形成一个浅槽。这样，可保证塑料框有微量的伸缩余地，然后在浅槽处打上防水密封胶，保持原有的密封性能。不宜采取框墙之间直接填充刚性水泥的做法，这种方法极易引起门窗的变形（图 2.5）。

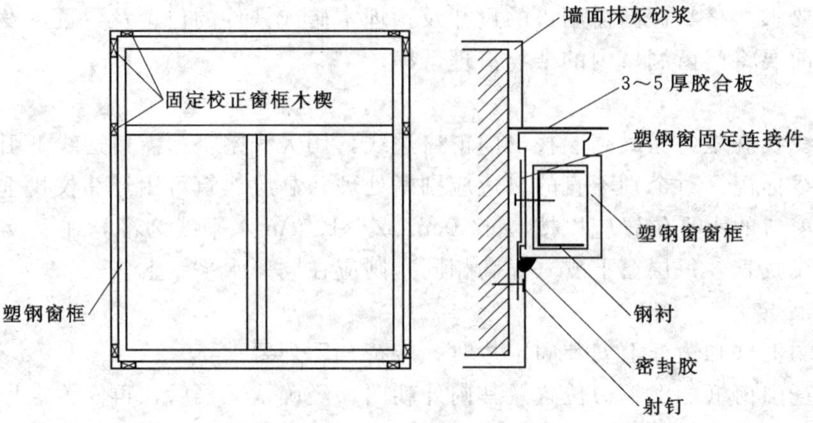

图 2.5　窗框就位、固定

任务 2.2.3　成品保护

【任务导航】 掌握门窗安装前要做的各种保护配合工作，安装中和安装后如何保护好成品及各种注意事项。

（1）窗框四周嵌防水密封胶时，操作应仔细，油膏不得污染门窗框。

（2）外墙面涂刷、室内顶墙喷涂时，应用塑料薄膜封挡好门窗，防止污染。

（3）室内抹水泥砂浆以前必须遮挡好塑料门窗，以防水泥浆污染门窗。

（4）污水、垃圾、污物不可从窗户往下扔、倒。

（5）搭、拆、转运脚手杆和脚手板，不得在门窗框扇上拖曳。

（6）安装设备及管道，应防止物料撞坏门窗。

（7）严禁在窗扇上站人。

（8）门窗扇安装后应及时安装五金配件，关窗锁门，以防风吹损坏门窗。

（9）不得在门窗上锤击、钉钉子或刻画，不得用力刮或用硬物擦磨等办法清理门窗。

任务 2.2.4　技术质量保证措施

【任务导航】 掌握各种类型门窗安装工程在技术和质量上如何采取保证措施。

2.2.4.1　技术保证措施

门窗（框和门扇）必须有出厂合格证及检验报告（有声学要求的必须有声学检测报告）。安装前应对门窗的型号、数量及质量进行全面的检查（包括缝子大小、接缝平整、几何尺寸、平整度等）。

1. 铝合金门窗

铝合金门窗选用的零附件及固定件，除不锈钢外，均应经防腐蚀处理。门、窗构件应连接牢固，需用耐腐蚀的填充材料使连接部位密封、防水。在推拉窗下框上，开 6mm×50mm 的长方形泄水孔，及时排除雨水。

门窗制作完毕，用无腐蚀性的软质材料包紧扎牢，放置在通风干燥的地方，严禁与酸、碱、盐等有腐蚀性的物品接触。尽量避免露天堆放，露天存放时，下部应垫高

100mm 以上。上面应覆盖篷布保护。

2. 塑钢窗

塑料门窗不得有开焊、断裂等损坏现象。

存放在设有靠架的室内，并离开热源 2m 以上，露天存放时，应采取措施避免日晒雨淋，并不得与腐蚀物质接触。

不得直接接触地面，下部应放置垫木，且应立放，立放角不小于 70°，并采取防倾倒措施。

安装门窗时，环境温度不得低于 5℃。

2.2.4.2 施工保证措施

(1) 平开门窗扇关闭严密，间隙均匀，开关灵活。

(2) 推拉门窗扇关闭严密，间隙均匀，扇与框的搭接量应符合设计要求。

(3) 门窗的五金件安装齐全，位置正确，牢固、灵活、美观、适用。

(4) 门窗框与墙体的缝隙填嵌饱满密实，表面平整、光滑，无裂缝。

(5) 门窗表面洁净，无划痕、塞胶表面平整光滑、厚度均匀，无气孔。

(6) 门窗安装必须牢固，横平竖直，高低一致。框与墙体缝隙应嵌填饱满密实，表面平整光滑，无裂缝，填塞材料与方法等必须符合规范要求。

任务 2.2.5 质量验收标准与实践评定

【任务导航】 掌握塑钢门窗安装质量标准以及验收方法。

2.2.5.1 主控项目

(1) 塑钢门窗及其附件和玻璃的质量，必须符合设计要求和有关标准的规定。

(2) 塑钢门窗必须安装牢固，预埋铁件的数量、位置、埋设和连接方法，应符合设计要求和有关标准的规定。

(3) 塑钢门窗安装位置及开启方向必须符合设计要求。

2.2.5.2 一般项目

(1) 塑钢门窗扇关闭紧密，开关灵活，无阻滞回弹，无变形和倒翘。

(2) 塑钢门窗附件安装齐全，安装牢固，位置正确、端正，启闭灵活，适用美观。

(3) 塑钢门窗框与墙体间的缝隙填嵌饱满密实，表面平整，嵌塞材料符合设计要求。

(4) 塑钢门窗表面洁净、平整，颜色一致，无划痕碰伤，无污染，拼接缝严密。

(5) 允许偏差项目见表 2.3。

表 2.3 塑钢门窗安装允许偏差与检验方法

<table>
<tr><th>项次</th><th colspan="3">项　目</th><th>允许偏差</th><th>检 验 方 法</th></tr>
<tr><td rowspan="2">1</td><td colspan="2" rowspan="2">门窗框两对角线长度</td><td>门窗框高度≤2000mm</td><td>≤3mm</td><td rowspan="2">用钢卷尺检查</td></tr>
<tr><td>门窗框高度>2000mm</td><td>≤5mm</td></tr>
<tr><td rowspan="2">2</td><td rowspan="2">平开窗</td><td colspan="2">窗扇与框搭接宽度差</td><td>≤1mm</td><td>深度尺或钢板尺检查</td></tr>
<tr><td colspan="2">同樘门窗相邻扇的横端角宽度差</td><td>≤2mm</td><td>用拉线和钢板尺检查</td></tr>
<tr><td rowspan="3">3</td><td rowspan="3">推拉窗</td><td rowspan="2">门窗扇开启力限值</td><td>扇面积≤1.5m²</td><td>≤40N</td><td rowspan="2">用 100N 弹簧秤钩住拉手处，启闭 5 次取平均值</td></tr>
<tr><td>扇面积>1.5m²</td><td>≤60N</td></tr>
<tr><td colspan="2">门窗扇与框或相邻扇立边平行度</td><td>2mm</td><td>用 1m 钢尺检查</td></tr>
</table>

续表

<table>
<tr><th>项次</th><th colspan="2">项　目</th><th>允许偏差</th><th>检　验　方　法</th></tr>
<tr><td rowspan="3">4</td><td rowspan="3">弹簧门扇</td><td>门扇对口缝或扇与框间立、横缝留缝限值</td><td>2～4mm</td><td>用楔形塞尺检查</td></tr>
<tr><td>门扇与地面间隙留缝限值</td><td>2～7mm</td><td>用楔形塞尺检查</td></tr>
<tr><td>门扇对口缝关闭时平整</td><td>≤2mm</td><td>用深度尺检查</td></tr>
<tr><td rowspan="2">5</td><td rowspan="2">门窗框（含拼樘料）正、侧面垂直度</td><td>门窗框高度≤2000mm</td><td>≤2mm</td><td rowspan="2">用 1m 托线板检查</td></tr>
<tr><td>门窗框高度＞2000mm</td><td>≤3mm</td></tr>
<tr><td>6</td><td colspan="2">门窗框（含拼樘料）水平度</td><td>≤2mm</td><td>用 1m 水平尺和楔形塞尺检查</td></tr>
<tr><td>7</td><td colspan="2">门窗横框标高</td><td>≤5mm</td><td>用钢板尺检查，与基准线比较</td></tr>
<tr><td>8</td><td colspan="2">双层门窗内外框、梃（含拼樘料）中心距</td><td>≤4mm</td><td>用钢板尺检查</td></tr>
</table>

2.2.5.3 质量记录

（1）塑钢门窗产品出厂合格证和试验报告。

（2）塑钢门窗五金配件的合格证。

（3）保温嵌缝材料的材质证明及出厂合格证。

（4）密封胶的出厂合格证及使用说明。

（5）质量检验评定记录。

2.2.5.4 实践项目成绩评定（表 2.4）

表 2.4　　实践项目成绩评定表

项次	项　目	项目及技术要求	实测记录	项目分值	得分
1	工具准备正确			10	
2	工具使用正确			10	
3	门窗安装方法正确			20	
4	门窗安装程序正确			20	
5	文明施工与安全施工			15	
6	使用检验工具正确			10	
7	检验方法正确			10	
8	操作时间			5	
9	合计			100	

练　习　题

（1）掌握塑钢门窗施工工具的使用方法。

（2）理解并能简述门窗质量检验方法。

（3）简述塑钢门窗安装工程施工流程。

项目3 隔 墙 施 工

【学习目标】 通过本项目的操作，掌握轻钢龙骨石膏板隔墙、轻钢龙骨泰柏板隔墙等安装所需要的条件、工艺流程、施工要点，熟悉安装施工与质量验收规范，能进行基本的质量验收及通病防治。

【项目导航】

1. 工作任务

完成董事长办公室、总经理办公室等的隔墙安装工程，熟悉掌握施工流程和施工要点。

2. 对施工人员（学员）的要求

(1) 认真学习施工技术，严谨施工。

(2) 掌握轻钢龙骨石膏板、轻钢龙骨泰柏板、木龙骨隔墙等安装工程施工流程和施工操作。

(3) 掌握质量标准和质量验收的方法。

3. 实训步骤

(1) 熟练掌握弹线抄平的方法。

(2) 理解并能够熟练操作沿顶、沿地、边框、中竖框、横框龙骨的固定方法。

(3) 练习工具的使用方法。

(4) 进行罩面板安装练习。

(5) 练习接缝及护角处理。

(6) 质量检验、验收。

4. 实训要点

(1) 在施工的过程中要注意克服板缝开裂，不能单独着眼于板缝处理，必须综合考虑。一是轻钢龙骨结构构造要合理，应具备一定刚度；二是纸面石膏板不能受潮变形，与轻钢龙骨的钉合要牢固；三是接缝腻子要考究，保证墙体伸缩变形时接缝不被拉开；四是接缝处理要认真仔细，严格按施工工艺施工；五是泰柏板隔墙与拼接处和墙梁交接处的链接处理要注意拉网。

(2) 超过12m长的墙体应按设计要求做控制变形缝，以防止因温度和湿度的影响产生墙体变形和裂缝。

(3) 安装时局部节点应严格按图上的规定处理，钉固间距、位置、连接方法应符合设计要求。

(4) 防止墙体罩面板不平，注意龙骨安装横向错位及石膏板厚度不一致。

(5) 施工时注意板块分档尺寸，保证板间拉缝一致。

子项目 3.1 轻钢龙骨石膏板隔墙安装

任务 3.1.1 施工准备

【任务导航】 完成董事长和会议室隔墙安装，熟悉隔墙安装前应具备的条件，正确认识和准备施工材料和施工机具，掌握施工操作前的准备条件。

3.1.1.1 施工条件

(1) 主体结构已验收，屋面已做完防水层。

(2) 室内弹出+50cm 标高线。

(3) 作业的环境温度不应低于 5℃。

(4) 熟悉图纸，并向作业班组作详细的技术交底。

(5) 根据设计图和提出的备料计划，查实隔墙全部材料，使其配套齐全。

(6) 主体结构墙、柱为砖砌体时，应在隔墙交接处，按 1000mm 间距预埋防腐木砖。

(7) 设计要求隔墙有地枕带时，应先将 C20 细石混凝土地枕带施工完毕，强度达到 10MPa 以上，方可进行轻钢龙骨的安装。

(8) 先做样板墙一道，经鉴定合格后再大面积施工。

3.1.1.2 材料准备

(1) 轻钢龙骨：沿顶沿地龙骨、加强龙骨、竖（横）向龙骨、横撑龙骨。

龙骨配件：支撑卡、卡托、角托、连接件、固定件、护角条、压缝条等。

轻钢龙骨的配置应符合设计要求。龙骨应有产品质量合格证。龙骨外观应表面平整、棱角挺直，过渡角及切边不允许有裂口和毛刺，表面不得有严重的污染、腐蚀和机械损伤。

(2) 紧固材料：射钉、膨胀螺栓、镀锌自攻螺钉等，应符合设计要求。

(3) 填充材料：玻璃棉、矿棉板、岩棉板等，按设计要求选用。

(4) 纸面石膏板：纸面石膏板应有产品合格证，规格应符合设计图纸的要求。

(5) 接缝材料：接缝腻子、玻璃纤维带（布）、108 胶等。

3.1.1.3 施工机具准备

常用工具：墨斗、画线笔、角尺、卷尺、手锯、手刨、水平管、水平尺、靠尺、钳子、铁锤、扳手等。

常用机具：冲击钻、手电钻、射钉枪、小型无齿锯、电动螺丝批、磨角机、拉铆枪等。部分工具如图 3.1 所示。

任务 3.1.2 施工操作

【任务导航】 实际安装操作，熟练掌握隔墙安装的施工流程、安装方法和技术要求。

3.1.2.1 施工流程

弹线、分档→做地枕带（设计有要求时）→固定沿顶、沿地龙骨→固定边框龙骨→安装竖向龙骨→安装横撑龙骨→检查龙骨安装→安装一面罩面板→填充隔声材料→安装另一

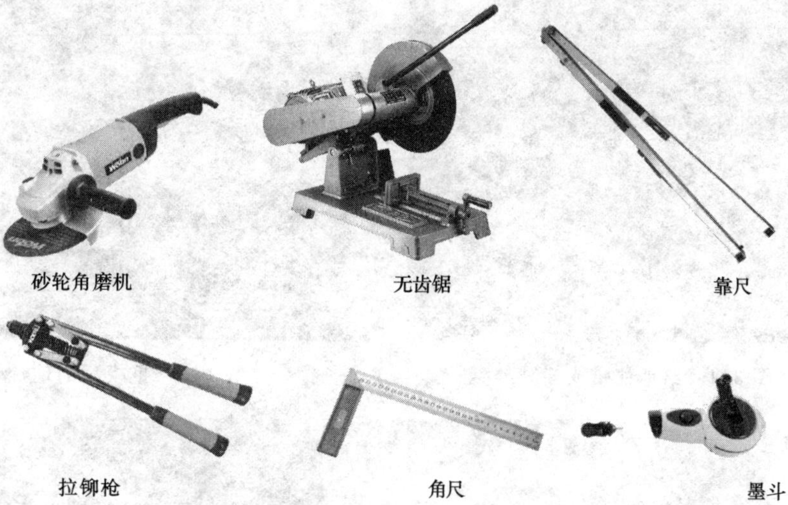

图 3.1　轻钢龙骨隔墙部分施工机具

面罩面板→接缝及护角处理→质量检验。

3.1.2.2　施工方法

1. 弹线、分档

在隔墙与上、下及两边基体的相接处，应按龙骨的宽度弹线。弹线清楚，位置准确。按设计要求，结合罩面板的长、宽分档，以确定竖向龙骨、横撑及附加龙骨的位置（图 3.2 和图 3.3）。

图 3.2　吊锤定位

图 3.3　画定位线

2. 做地枕带

当设计有要求时，按设计要求做细石混凝土地枕带。做地枕带应支模板，细石混凝土应浇捣密实（图 3.4 和图 3.5）。

3. 安装沿顶、沿地龙骨

沿弹线位置安装沿顶、沿地龙骨，可用射钉或膨胀螺栓固定，固定点间距应不大于 600mm，龙骨对接应保持平直（图 3.6 和图 3.7）。

图 3.4　给地枕带支模

图 3.5　拆模后的地枕带

图 3.6　安装沿顶龙骨

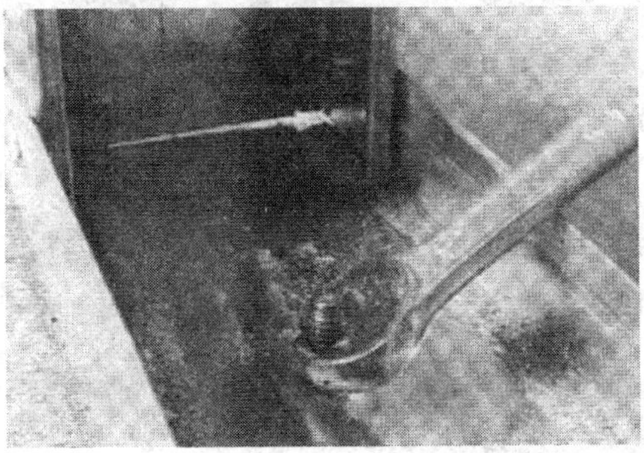

图 3.7　安装沿地龙骨

4. 安装边框龙骨

沿弹线位置固定边框龙骨，龙骨的边线应与弹线重合。龙骨的端部应固定，固定点间距应不大于 1m，固定应牢固。边框龙骨与基体之间，应按设计要求安装密封条。

5. 安装竖向龙骨

应垂直，龙骨间距应按设计要求布置。设计无要求时，其间距可按板宽确定，如板宽为 900mm、1200mm 时，其间距分别为 450mm、600mm。

选用通贯系列龙骨时，低于 3m 的隔断安装一道；3～5m 的隔断安装两道；5m 以上的安装三道（图 3.8 和图 3.9）。

6. 安装横撑龙骨

罩面板横向接缝处，如不在沿顶、沿地龙骨上，应加横撑龙骨固定板缝。门窗或特殊节点处，使用附加龙骨，安装应符合设计要求（图 3.10 和图 3.11）。

电气铺管、安装附墙设备，按图纸要求预埋管道和安装附墙设备。要求与龙骨的安装同步进行，或在另一面石膏板封板前进行，并采取局部加强措施，固定牢固。电气设备专业在墙中铺设管线时，应避免切断横、竖向龙骨，同时避免在沿墙下端设置管线。

7. 龙骨检查及校正补强

安装罩面板前，应检查隔断骨架的牢固程度，门窗框、各种附墙设备、管道的安装和固定是否符合设计要求。如有不牢固处，应进行加固。龙骨的立面垂直偏差应不大于 3mm，表面平整的偏差应不大于 2mm，如图 3.12 所示。

图 3.8 竖向龙骨

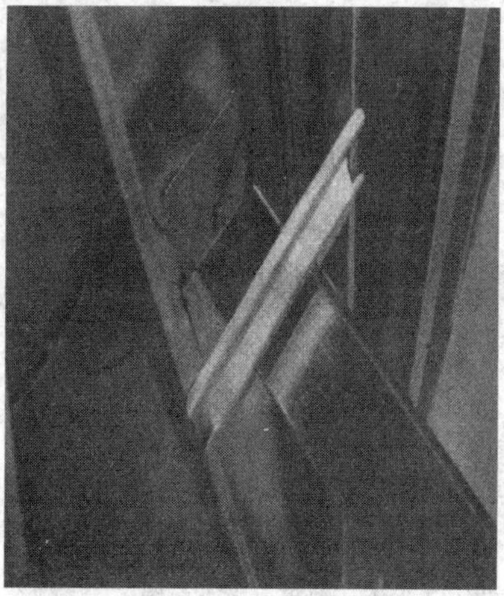

图 3.9 安装通贯龙骨

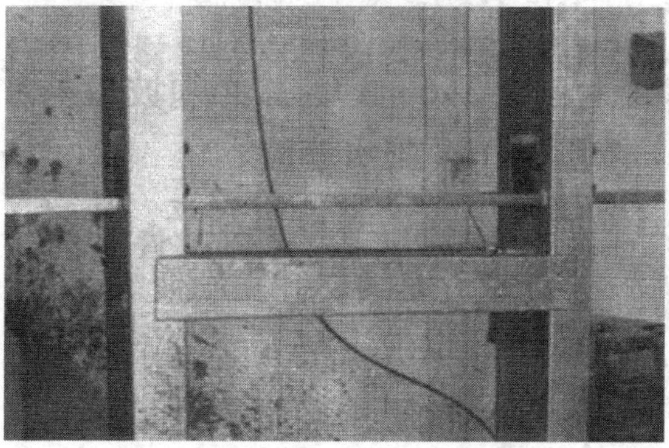

图 3.10 安装横撑龙骨

图 3.11 固定横撑龙骨

8. 安装一面石膏罩面板

石膏板宜竖向铺设，长边（即包封边）接缝应落在竖龙骨上。龙骨两侧的石膏板及龙骨一侧的内外两层石膏板应错缝排列，接缝不得落在同一根龙骨上。

石膏板用自攻螺钉固定。沿石膏板周边螺钉间距不应大于 200mm，中间部分螺钉间距不应大于 300mm，螺钉与板边缘的距离应为 10～16mm。安装石膏板时，应从板的中部向板的四边固定，钉头略埋入板内，但不得损坏纸面。钉眼应用石膏腻子抹平。石膏板宜使用整板。如需对接时，应紧靠，但不得强压就位，如图 3.13 所示。

图 3.12 龙骨检查校正

(a) 安装一面罩面板正面图

(b) 安装一面罩面板背面图

图 3.13 安装石膏罩面板

隔墙端部的石膏板与周围的墙或柱应留有 3mm 的槽口。施工时，先在槽口处加注嵌缝膏，然后铺板，挤压嵌缝膏使其和邻近表层紧密接触。

图 3.14 墙体内铺满铺平填充材料

隔墙板的下端如用木踢脚板覆盖，罩面板应离地面 20～30mm；用大理石、水磨石踢脚板时，罩面板下端应与踢脚板上口齐平，接缝严密。

9. 铺放墙体内的岩棉板填充材料

与安装另一侧纸面石膏板同时进行，填充材料应铺满铺平（图 3.14）。

10. 接缝及护角处理

纸面石膏板安装时，其接缝处应适当留缝（一般 3～6mm），并必须坡口与坡口相接。接缝内浮土清除干净后，刷一道 50%浓度的 108 胶水溶液。

用腻子刀把接缝石膏腻子嵌入板缝，板缝要嵌满嵌实，与坡口刮平。待腻子干透后，检查嵌缝处是否有裂纹产生，如产生裂纹要分析原因，并重新嵌缝。

在接缝坡口处刮约 1mm 厚的腻子，然后粘贴玻璃纤维带（布），压实刮平。

当腻子开始凝固又尚处于潮湿状态时，再刮一道石膏腻子，将玻纤带埋入腻子中，并将板缝填满刮平。阴角的接缝处理方法同平缝。

阳角可按以下方法处理：阳角粘贴两层玻璃纤维带（布），角两边均拐过 100mm，粘贴方法同平缝处理，表面也用石膏腻子刮平。待板缝腻子干燥后，检查板缝是否有裂缝产生，如发现裂纹，必须分析原因，采取有效的措施加以克服。

任务3.1.3 成品保护及应注意的质量问题

3.1.3.1 成品保护

【任务导航】 学习轻钢龙骨在安装过程中如何保护交叉工种项目，安装前后的材料保护、成品保护等。

(1) 轻钢骨架隔墙施工中，各工种间应保证已安装项目不受损坏，墙内电线管及附墙设备不得碰动、错位及损伤。

(2) 轻钢龙骨及纸面石膏板入场，存放使用过程中应妥善保管，保证不变形、不受潮、不污染、无损坏。

(3) 已安装的门窗、地面、墙面、窗台等施工部位应注意保护，防止损坏。

(4) 已安装好的墙体不得碰撞，保持墙面不受损坏和污染。

3.1.3.2 应注意的质量问题

(1) 吊顶不平：原因在于大龙骨安装时吊杆调平不认真，造成各吊杆点的标高不一致。施工时应检查各吊点的紧挂程度，并接通线检查标高与平整度是否符合设计和施工规范要求。

(2) 轻钢骨架局部节点构造不合理：在留洞、灯具口、通风口等处，应按图相应节点构造设置龙骨及连接件，使构造符合图册及设计要求。

(3) 轻钢骨架吊固不牢：顶棚的轻钢骨架应吊在主体结构上，并应拧紧吊杆螺母以控制固定设计标高；顶棚内的管线、设备件不得吊固在轻钢骨架上。

(4) 罩面板分块间隙缝不直：施工时注意板块规格，拉线找正，安装固定时保证平正对直。

(5) 压缝条、压边条不严密平直：施工时应拉线，对正后固定、压粘。

任务3.1.4 质量验收标准与实践评定

3.1.4.1 一般规定

本节适用于以轻钢龙骨、木龙骨等为骨架，以纸面石膏板、人造木板、水泥纤维板等为墙面板的隔墙工程的质量验收。

1. 验收时应检查各种文件和记录

轻质隔墙工程的施工图、设计说明及其他设计文件；材料的产品合格证书、性能检测报告、进场验收记录和复验报告；隐蔽工程验收记录；施工记录。

2. 复验甲醛含量

应对人造木板的甲醛含量进行复验。

3. 对隐蔽工程项目进行验收

骨架隔墙中设备管线的安装及水管试压；木龙骨防火、防腐处理；预埋件或拉结筋；龙骨安装；填充材料的设置。

4. 骨架隔墙工程检查数量的规定

每个检验批应至少抽查10%，并不得少于3间；不足3间时应全数检查。

3.1.4.2 主控项目

(1) 骨架隔墙所用龙骨、配件、墙面板、填充材料及嵌缝材料的品种、规格、性能和木材的含水率应符合设计要求。有隔声、隔热、阻燃、防潮等特殊要求的工程，材料应有相应性能等级的检测报告。

检验方法：观察；检查产品合格证书、进场验收记录、性能检测报告和复验报告。

(2) 骨架隔墙工程边框龙骨必须与基体结构连接牢固，并应平整、垂直、位置正确。

检验方法：手扳检查；尺量检查；检查隐蔽工程验收记录。

说明：龙骨体系沿地面、顶棚设置的龙骨及边框龙骨，是隔墙与主体结构之间重要的传力构件，要求这些龙骨必须与基体结构连接牢固，垂直和平整，交接处平直，位置准确。由于这是骨架隔墙施工质量的关键部位，故应作为隐蔽工程项目加以验收。

(3) 骨架隔墙中龙骨间距和构造连接方法应符合设计要求。骨架内设备管线的安装、门窗洞口等部位加强龙骨应安装牢固、位置正确，填充材料的设置应符合设计要求。

检验方法：检查隐蔽工程验收记录。

说明：目前我国的轻钢龙骨主要有两大系列，一种是仿日本龙骨系列，另一种是仿欧美龙骨系列。这两种系列的构造不同，仿日本龙骨系列要求安装贯通龙骨并在竖向龙骨竖向开口处安装支撑卡，以增强龙骨的整体性和刚度，而仿欧美系列则没有这项要求。在对龙骨进行隐蔽工程验收时，可根据设计选用不同龙骨系列的有关规定进行检验，并符合设计要求。

骨架隔墙在有门窗洞口、设备管线安装或其他受力部位，应安装加强龙骨，增强龙骨骨架的强度，以保证在门窗开启使用或受力时隔墙的稳定。

一些有特殊结构要求的墙面，如曲面、斜面等，应按照设计要求进行龙骨安装。

(4) 木龙骨及木墙面板的防火和防腐处理必须符合设计要求。

检验方法：检查隐蔽工程验收记录。

(5) 骨架隔墙的墙面板应安装牢固，无脱层、翘曲、折裂及缺损。

检验方法：观察；手扳检查。

(6) 墙面板所用接缝材料的接缝方法应符合设计要求。

检验方法：观察。

3.1.4.3 一般项目

(1) 骨架隔墙表面应平整光滑、色泽一致、洁净、无裂缝，接缝应均匀、顺直。

检验方法：观察；手摸检查。

(2) 骨架隔墙上的孔洞、槽、盒应位置正确、套割吻合、边缘整齐。

检验方法：观察。

(3) 骨架隔墙内的填充材料应干燥，填充应密实、均匀，无下坠。

检验方法：轻敲检查；检查隐蔽工程验收记录。

(4) 骨架隔墙安装的允许偏差和检验方法应符合表3.1的规定。

3.1.4.4 质量记录

(1) 轻钢龙骨产品合格证。

(2) 纸面石膏板产品合格证。

表 3.1　　骨架隔墙工程的允许偏差及检验方法

项次	项目检验	检 验 方 法		
		纸面石膏板	人造木板 水泥纤维板	检验方法
1	立面垂直度	3	4	用2m垂直检测尺检查
2	表面平整度	3	3	用2m靠尺和塞尺检查
3	阴阳角方正	3	3	用直角检测尺检查
4	接缝直线度	—	3	拉5m线，不足5m拉通线，用钢直尺检查
5	压条直线度	—	3	拉5m线，不足5m拉通线，用钢角尺检查
6	接缝高低差	1	1	用钢直尺和塞尺检查

(3) 龙骨安装分项工程质量检验、评定记录。

(4) 纸面石膏罩面板分项工程质量检验、评定记录。

3.1.4.5　实践项目成绩评定（表3.2）

表 3.2　　实践项目成绩评定

项次	项　　目	项目及技术要求	实测记录	项目分值	得分
1	工具准备正确			10	
2	工具使用正确			10	
3	门窗安装方法正确			20	
4	门窗安装程序正确			20	
5	文明施工与安全施工			15	
6	使用检验工具正确			10	
7	检验方法正确			10	
8	操作时间			5	
9	合计			100	

练　习　题

(1) 简述轻钢龙骨石膏板隔墙安装的施工流程。

(2) 简述隔墙的轻钢龙骨安装后的检查与校正方法。

(3) 简述石膏罩面板的安装方法。

(4) 简述轻钢龙骨石膏板隔墙的安装质量检验方法。

子项目 3.2　轻钢龙骨泰柏板隔墙安装

任务 3.2.1　施工准备

【任务导航】 完成接待室隔墙做轻钢龙骨泰柏板隔墙安装施工，熟悉隔墙安装前应具备的条件，正确认识和准备施工材料及施工机具，掌握施工操作前的准备条件。

3.2.1.1 施工条件

轻钢龙骨泰柏板施工条件与轻钢龙骨石膏板基本相同。

(1) 建筑物主体结构工程已施工完，并经有关部门（设计、质量监督站、工程质量监理、建设单位及施工单位）共同检查，鉴定合格后，方可进行泰柏板隔板安装施工。

(2) 按照设计图纸尺寸，确定泰柏板高、宽、厚的几何尺寸及加工的数量，向供货厂家提供委托加工单，并以此签订了加工制作合同。

(3) 屋面保温防水工程应施工完。

(4) 冬期施工应在采暖条件下进行操作，环境温度不得低于5℃。

3.2.1.2 材料准备

(1) 泡沫塑料符合设计要求，并有产品证书。

(2) 强度等级32.5或42.5普通硅酸盐水泥，应有出厂合格证和复验合格证（或试验报告单），出厂日期不超三个月，也不得有结块现象。

(3) 中砂，颗粒坚硬、洁净，无杂质，含泥量不得超出3%。

(4) 108胶应有出厂合格证，产品技术标准应符合国家现行有关规范规定的标准。

3.2.1.3 施工机具准备

(1) 机械设备砂浆搅拌机、钢筋切断机、钢筋调直机等。

(2) 主要工具木抹子、铁抹子、钢抹子、灰桶、水桶、刷子、喷壶、线坠、墨斗、靠尺、木杠、托线板、钢筋扳手、钢筋钩子、手电钻或电锤等。主要设备如图3.15所示。

图3.15 主要施工机具

任务3.2.2 施工操作

3.2.2.1 施工流程

清理→墙体放（弹）线→钻孔→墙板安装→墙板加固→管线敷设→墙面粉刷。

3.2.2.2 施工方法

1. 泰柏板加工

根据设计要求及房间净高，向供货厂家提出加工板高度、宽度（一般为1000mm）、厚度（一般为80mm，但不包括抹灰的厚度及数量）。

2. 墙体放（弹）线

在楼地面、墙体及顶棚面上弹出泰柏板墙双面边线，边线间距为80mm（板厚），用线坠吊垂直，以保证对应的上下线在一个垂直平面内。

3. 钻孔

用手电钻或电锤在顶棚、楼面及墙体已弹双边线上钻孔，孔深50mm，孔径6mm，单边孔距300mm，双边线上孔眼应错开设置。

4. 隔墙安装

(1) 泰柏板与楼面连接。用铁锤在单面四边已钻孔内打入ϕ6.5钢筋码，楔紧。将泰柏板紧靠上下钢筋码，用扎丝穿入板中将钢丝网格与钢筋码绑紧。墙板排布完后，在另一面上下孔内打入钢筋码，用扎丝将其与板内钢丝格绑紧。

(2) 板与板连接。板与板之间连接处加盖厂家供货钢丝网片之字条，外压ϕ6.5钢筋压条，用扎丝绑紧，其做法如图3.16所示。

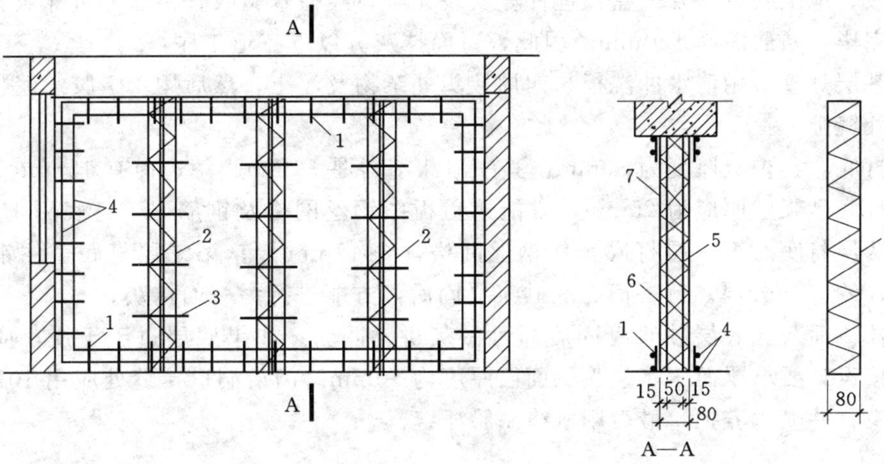

图3.16 泰柏板安装示意图

1—钢筋码；2—之字条；3—钢筋压条；4—ϕ4冷拔钢丝；5—点焊钢丝网格；6—泡沫塑料；7—管线

(3) 带有门窗洞的隔墙安装。用钢丝钳剪断洞口处钢丝网格，锯除洞口泡沫塑料。洞口周边绑扎比洞口尺寸每边长500mm的ϕ6.5钢筋，靠洞口楼板面处的钢筋应插入孔内。木门框安装方法如图3.17所示。

5. 墙板加固

沿四周钢筋码设置ϕ4冷拔钢丝两道，用扎丝绑紧，这样就形成一面牢固的整体隔板墙。当墙任意一面抹灰时，另一面不需要支撑固定。

6. 管线敷设

暗敷管线（电线）可横向或竖向布设，管径不宜超过25mm。管线和电开关盒在确定

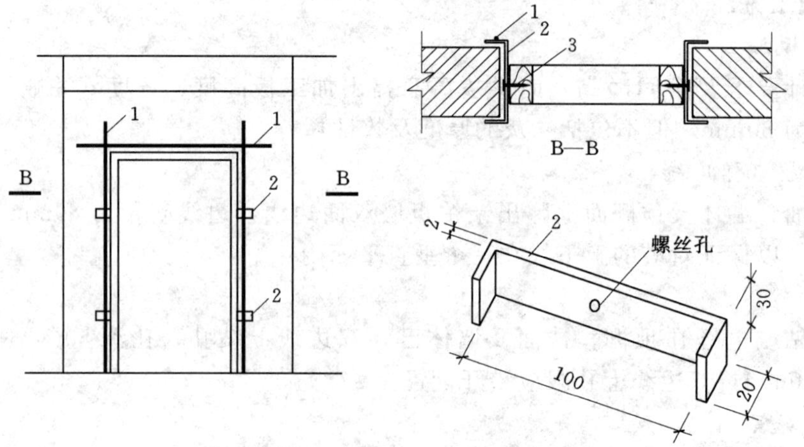

图 3.17　木门框安装方法

1—洞口加强钢筋；2—门框固定铁件；3—螺丝

位置后，用钢丝钳剪断板面钢丝网格埋入即可。管线外加盖钢丝网片，以利抹灰。

7. 墙面抹灰

泰柏板、电配线管、开关盒预埋件等安装完毕，经检查验收合格后即可抹灰。泰柏板双面抹灰完毕，断面墙厚 120mm。因此，每面抹灰分以下三道工序：

（1）基层处理。用清水冲洗板与四周接头处杂物及浮土，然后用 107 胶水泥浆嵌实板四周接头处缝隙。

（2）打底。泰柏板厚度为 80mm，其中泡沫塑料厚 50mm，每边尚有 15mm 空隙。因此，每边打底砂浆层厚应为 25mm，方能遮盖板中钢丝网格及钢筋码。打底用 1∶3 水泥砂浆，分两层打底。第一层打底盖住钢丝网格，约 15mm 厚；第二层打底盖住钢筋码及加固钢筋，约 10mm 厚。待一面打底砂浆凝固后，方能进行另一面抹灰。

（3）抹罩面灰。底层砂浆凝固后即可做灰饼、冲筋。如果底层过于干燥，应喷水湿润，然后按设计要求罩面压实赶光。面层厚度为 10mm。门窗洞口接缝处应用 107 胶水泥浆嵌填密实，并喷水养护，最后用木线贴脸压缝。

任务 3.2.3　成品保护

【任务导航】 学习泰柏板隔墙在安装过程中如何进行安装前后的材料保护、成品保护等。

（1）泰柏板堆放应用大方木垫起找平。叠层堆放时，每层间用小木块垫平，且上下层垫块的位置应在同一垂直上，堆放要整齐，要符合设计受力要求。

（2）抹罩面灰的同时，应把门窗框与墙连接处的缝隙用 107 胶水泥浆填塞密实；门口钉设铁皮或木板保护。

（3）残留在门窗框上的砂浆及时清擦干净；铝合金门窗框应用塑料薄膜缠好，直到交工验收为止。

（4）推小推车或搬运材料等，注意不要碰坏口角和墙面，抹灰用的大木杠、铁锹把等不要靠在墙上，防止损坏墙面和口角。

（5）拆除脚手架、跳板、马凳时，要轻拆轻放，拆除后的料具要码放整齐，不要撞坏门窗、墙面和口角。

（6）在抹灰层凝结硬化前，应防止快干、水冲、撞击、振动和挤压，以保证泰柏板隔墙有足够的强度。

任务3.2.4 质量验收标准与实践评定

【任务导航】 熟练掌握质量验收的主控项目和一般项目的验收规定。

3.2.4.1 主控项目

（1）隔墙板材的品种、规格、性能、颜色应符合设计要求。有隔声、隔热、阻燃、防潮等特殊要求的工程，板材应有相应性能等级的检测报告。

检验方法：观察；检查产品合格证书、进场验收记录和性能检测报告。

（2）安装隔墙板材所需预埋件、连接件的位置、数量及连接方法应符合设计要求。

检验方法：观察；尺量检查；检查隐蔽工程验收记录。

（3）隔墙板材安装必须牢固。现制钢丝网水泥隔墙与周边墙体的连接方法应符合设计要求，并应连接牢固。

检验方法：观察；手扳检查。

（4）隔墙板材所用接缝材料的品种及接缝方法应符合设计要求。

检验方法：观察；检查产品合格证书和施工记录。

3.2.4.2 一般项目

（1）隔墙板材安装应垂直、平整、位置正确，板材不应有裂缝或缺损。

检验方法：观察；尺量检查。

（2）板材隔墙表面应平整光滑、色泽一致、洁净，接缝应均匀、顺直。

检验方法：观察；手摸检查。

（3）隔墙上的孔洞、槽、盒应位置正确、套割方正、边缘整齐。

检验方法：观察。

（4）板材隔墙安装的允许偏差和检验方法应符合表3.3的规定。

表3.3 泰柏板隔墙安装的允许偏差和检验方法

项次	项　目	允许偏差/mm				检验方法
		复合轻质墙板		石膏空心板	钢丝网水泥板	
		金属夹芯板	其他复合板			
1	立面垂直度	2	3	3	3	用2m垂直检测尺检查
2	表面平整度	2	3	3	3	用2m靠尺和塞尺检查
3	阴阳角方正	3	3	3	4	用直角检测尺检查
4	接缝高低差	1	2	2	3	用钢直尺和塞尺检查

3.2.4.3 施工应注意的事项

（1）施工时，对基层应认真清扫干净。抹罩面灰时，底层应喷水湿润，并涂刷一道

107胶水泥浆。以增加粘结作用，减少砂浆收缩应力，提高砂浆早期抗拉强度，避免空鼓、干缩和裂缝的出现。

（2）抹完罩面灰后，在不具备早期强度、灰层没有收水时，不得进行表面压光。待灰层具有一定强度，手压变形不大，灰层表面水分已收干，方可进行压实、赶光。以避免表面出现起泡现象。

（3）抹罩面灰，需在底子灰有五六成干时进行，如过于干燥要适当喷水湿润。赶压罩面灰时应掌握好时间，以消除抹纹。

（4）底子灰抹完后，认真吊线、套方和找直，并做好灰饼和冲筋（标筋），阴阳角处套方，以保证墙面垂直、平整及阴阳角方正。

（5）在抹踢脚线时，应认真进行拉通线、找规矩、套方等工作，以确保踢脚线上口平直。

项目4 顶棚吊顶施工

【学习目标】 通过本项目的操作，学习掌握轻钢龙骨配木龙骨造型顶棚、轻钢龙骨矿棉板顶棚、轻钢龙骨石膏板顶棚以及铝扣板吊顶棚等的安装所需要的条件、工艺流程、施工要点，熟悉安装施工与质量验收规范，能进行基本的质量验收。

【项目导航】

1. 工作任务

完成董事长办公室、总经理办公室、会议室、走道、卫生间和电梯间等的吊顶棚安装工程，熟悉掌握施工流程和施工要点。

2. 对施工人员（学员）的要求

（1）掌握吊顶弹线施工操作，弹吊顶标高线、吊顶造型位置线、吊挂点定位线。

（2）掌握吊顶手动工具的使用技能。

（3）掌握和使用吊顶电动工具的技能。

（4）掌握各项吊顶施工工艺流程。

（5）掌握各项吊顶施工的方法。

（6）掌握顶棚吊顶的质量标准和验收方法。

3. 实训步骤

（1）首先正确地掌握手锯、手刨和电动工具的使用方法，然后进行操作练习。

（2）练习利用水平管进行抄平弹线。

（3）练习电动冲击钻、射钉枪、手电锯、无齿锯的使用。

（4）练习吊挂点定位安装，木龙骨架制作安装，轻钢龙骨安装，铝合金龙骨安装，龙骨骨架整体调平，罩面石膏、矿棉板以及金属板的安装。

（5）施工各部完成后，进行全面质量检验和验收。

4. 实训要点

（1）轻钢主龙骨安装后拉通线检查是否正确平整，然后进行调平。

（2）隐蔽式吊顶安装大块石膏板固定螺钉应从板的一个角或者中间部位依次进行固定。

（3）吊杆距龙骨端部的距离，吊杆与设备相遇时的处理方法。

（4）大龙骨安装时吊杆调平要认真，否则会造成各吊杆点的标高不一致。施工时应检查各吊点的紧挂程度，并拉通线检查标高与平整度是否符合设计和施工规范要求。

（5）在预留洞、灯具口、通风口等处，应按图纸中相应节点构造设置龙骨及连接件，使构造符合图纸及设计要求。

（6）顶棚的轻钢龙骨骨架应吊在主体结构上，并应拧紧吊杆螺母以控制固定设计标高；顶棚内的管线、设备件不得吊固在轻钢龙骨骨架上。

（7）施工时注意板块规格，拉线找正，安装固定时保证平正对直。压缝条、压边条严密平直；施工时应拉线，对正后固定、压粘，防止罩面板分块间隙缝不直。

子项目 4.1　安装轻钢龙骨配木龙骨造型顶棚

任务 4.1.1　施工准备

【任务导航】 熟悉轻钢龙骨和木龙骨安装前各自需要做的准备工作，掌握吊顶棚龙骨安装前应具备的施工条件，正确认识和准备施工材料和施工机具，掌握施工操作前的准备条件。

4.1.1.1　项目概况

装饰区顶棚施工图如图 4.1 所示。

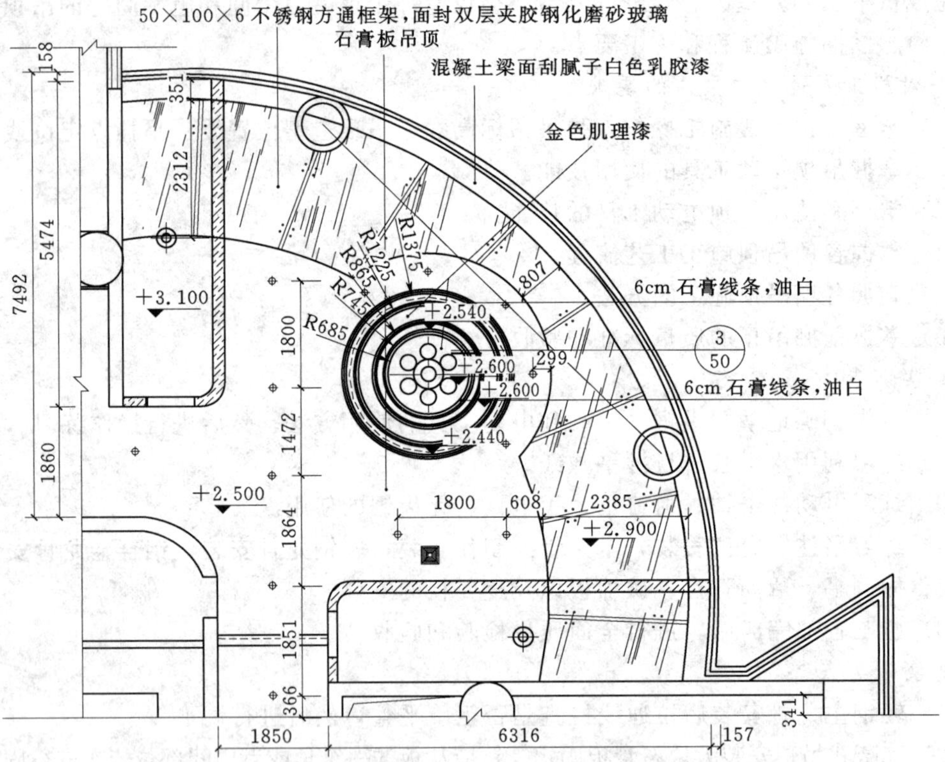

图 4.1　接待区吊顶棚平面图

4.1.1.2　施工条件

（1）顶棚内的各种管线及通风管道，均应事先安装完毕，并办理验收手续。

（2）直接接触结构的木龙骨应预先刷防腐剂。

（3）进行吊顶施工的房间需做完墙面、地面的湿作业和屋面防水等工程。

（4）对照吊顶设计图。吊顶施工前，应对照吊顶设计图，检查结构尺寸是否同建筑设计相符。除了复核结构空间尺寸外，应特别注意以下两个问题：

1）结构是否有需处理的质量问题。如钢筋混凝土的蜂窝麻面，有无超过规范所规定的要进行处理的裂缝等结构上所暴露的问题。因为，上述这些问题都要进行处理，如若不处理，对吊顶施工有影响。

2）设备管道是否安装完毕，如果是交叉施工，对于某些部位，应事先进行妥善安排。大面积的交叉施工，不宜提倡。

4.1.1.3　材料准备

（1）龙骨：凹槽 25mm×30mm 的木方龙骨、圆铁钉、自攻钉、白胶、五夹板、细木工板材。

（2）50 型轻钢龙骨及配件：龙骨、吊挂件、连接件等。

（3）罩面板：纸面石膏板。

（4）吊杆：$\phi 8$，吊筋带膨胀螺栓。

（5）固结材料：木螺钉、射钉、自攻螺钉、膨胀螺栓等。

4.1.1.4　施工机具准备

电动冲击钻、射钉枪、无齿锯、圆盘锯、激光投线仪、气钉枪、手刨、螺钉旋具、电动螺钉旋具、扳手、方尺、钢尺、水平尺、手电钻、曲线锯、手锯、锤子、水平管、移动式脚手架等。常用的施工机具如图 4.2 所示。

图 4.2　主要施工机具

任务 4.1.2 施工操作

【任务导航】 以接待区的顶棚安装为例，说明轻钢龙骨配木龙骨制作吊顶棚的安装过程，要求掌握顶棚安装的施工流程、施工方法、技术要领。

4.1.2.1 施工流程

弹线→木龙骨处理→龙骨架拼接→安装吊点、紧固件→龙骨架安装→安装 U50 型轻钢龙骨架→整体调平→安装罩面板。

4.1.2.2 施工方法

1. 弹线

弹线包括弹吊顶标高线、吊顶造型位置线、吊挂点定位线、大中型灯具吊点定位线。

(1) 弹吊顶标高线。根据室内墙上＋500mm 或＋1000mm 水平线，用尺量至顶棚的设计标高，在该点画出高度线，沿墙四周弹一道墨线，这条线便是吊顶标高线，也是吊顶四周的水平线，其偏差为±5mm。弹线应清晰，位置应准确。操作时用激光投线仪也可用灌满水的透明塑料软管（简称水平管）来确定各点标高（图 4.3 和图 4.4）。

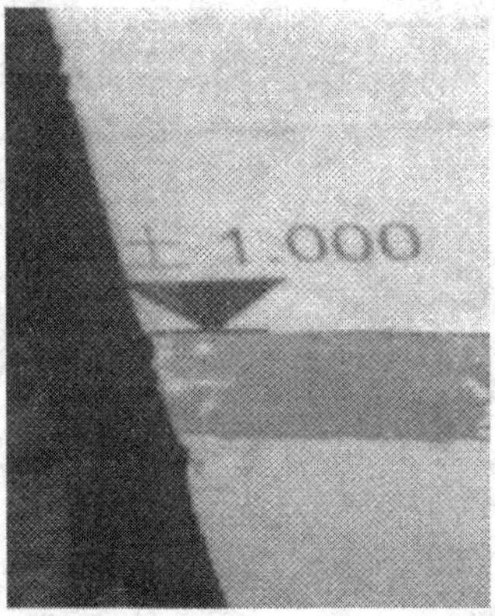

图 4.3 室内墙面±1.000m 水平标高

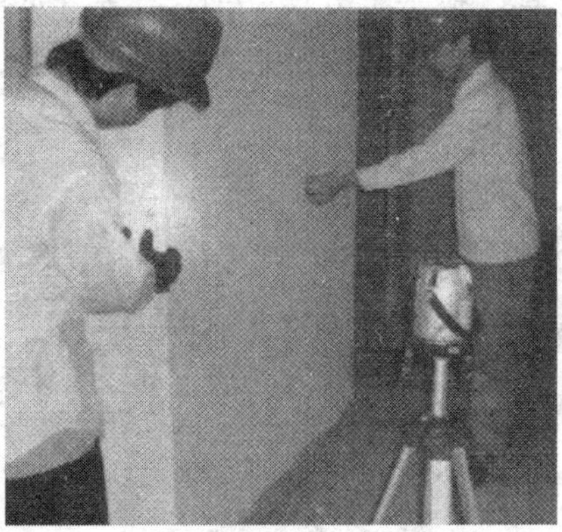
图 4.4 弹水平标高线

(2) 吊顶造型位置线。对于较规则的建筑空间，其吊顶造型位置可先在一个墙面量出竖向距离，以此画出其他墙面的水平线，即得吊顶位置外框线，而后逐步找出各局部的造型框架线；对于不规则的空间画吊顶造型线，宜采用找点法，即根据施工图纸测出造型边缘距墙面的距离，于墙面和顶棚基层进行实测，找出吊顶造型边框的有关基本点，将各点连线，形成吊顶造型线。

(3) 吊挂点定位线。其吊点一般是每平方米布置 1 个，在顶棚上均匀排布，对于有叠级造型的吊顶，应注意在分层交界处布置吊点，吊点间距为 0.8～1.2m（图 4.5）。

2. 木龙骨处理

对吊顶用的木龙骨进行筛选，将其中腐蚀部分、斜口开裂部分、虫蛀孔等部分剔除，再将木龙骨涂刷防火漆（图 4.6）。

3. 木龙骨架的地面拼接

木质吊顶的龙骨通常在吊装前，在地面进行分片拼接，拼接方法如下：

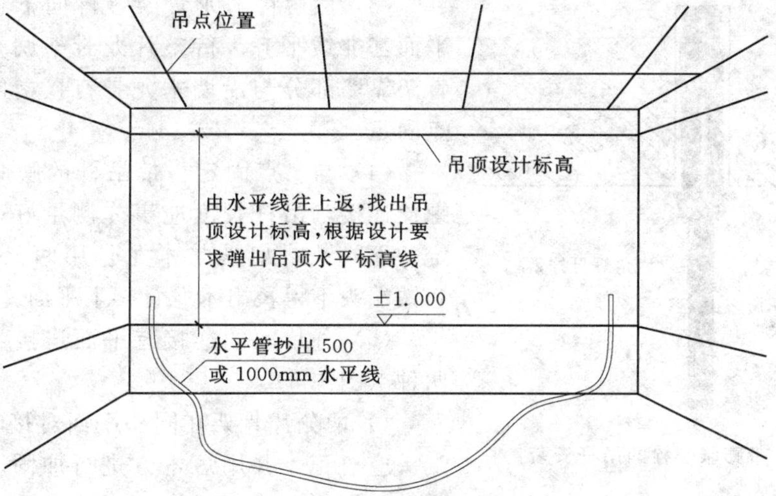

图4.5 弹吊顶标高线和吊挂点位置线

(1) 先把吊顶面上需分片或可以分片的尺寸位置定出，根据分片的尺寸进行拼接前安排。

(2) 做法是先拼接大片的木龙骨架，再拼接小片的木龙骨架。为便于吊装，木龙骨架不宜太大。

(3) 对于截面尺寸为25mm×30mm的木龙骨，拼接时要在长木方上按中心线距300mm的尺寸开出深15mm、宽25mm的凹槽，然后按凹槽对凹槽的方法拼接，在拼口处用小圆铁钉加白胶水固定。

图4.6 木龙骨涂刷防火漆

4. 安装吊点紧固

用冲击电钻在建筑结构底面打孔，安装吊杆，吊杆带膨胀螺栓，安装图如图4.7所示。

5. 龙骨架安装

在上述准备工作完成以后，便可开始吊顶龙骨架的吊装施工。

分片吊装，吊顶的吊装，先从最高平面开始（相对地面），其方法如下：

(1) 先从最高平面开始（相对地面），将拼接好的木龙骨托起至吊顶标高位置；对于高度低于3.2m的吊顶骨架，可在骨架托起后用高度定位杆支撑，使高度略高于吊顶标高线；高度定位杆的长度为吊顶标高尺寸；高度大于3.2m时，可用钢丝在吊点上临时固定。

(2) 用小白线沿吊顶标高线拉出平行和交叉的几条标高基准线，该线就是吊顶的平面基准。

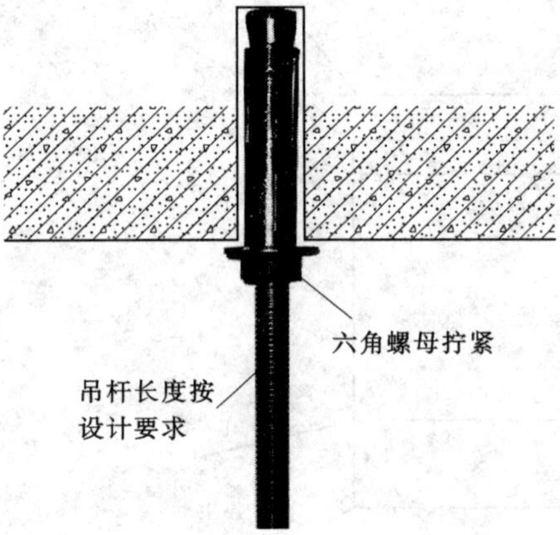

图 4.7　带膨胀螺栓的吊杆安装

(3) 然后将木龙骨架慢慢向下移位，使之与平面基准线平齐。待整片龙骨架调平后，将木龙骨架靠墙部分与沿墙木龙骨钉接，再用吊杆与吊点固定。

(4) 与吊点固定。带吊杆的膨胀螺栓与扁铁螺栓连接，吊杆长度应事先测量好；在与吊点固定的下端头，扁铁与木龙骨用两只木螺钉固定；扁铁端头不得长出木龙骨架下平面。

(5) 分片间的连接有平面连接和高低面衔接两种（图 4.8）：

1) 两分片骨架在同一平面对接时，骨架的各端头应对正，并用短木方进行加固。加固方法有顶面和侧面加固两种，对一些重要部位吊顶，可用铁件进行连接加固。

(a) 轻钢龙骨与木龙骨的固定

(b) 龙骨底面的平直

图 4.8　轻钢龙骨和木龙骨的固定

2) 对轻钢龙骨应按设计图纸要求进行安装。安装方法：按构造尺寸进行木龙骨抠槽，然后放上轻钢龙骨，用自攻螺钉进行固定；轻钢龙骨底面与木龙骨保持平直（图 4.8）。

6. 龙骨架整体调平、整体调整

各个分片连接加固完毕后，在整个吊顶面下拉出十字交叉的标高线，来检查吊顶平面的整体平整度。对吊顶面向下凸部分，需重新拉紧吊杆，对吊顶向上凹的部分需用吊杆向下顶，下顶的杆件必须在上下两端固定。吊顶常采用起拱的方法以平衡饰面板的重力，并减少视觉上的下坠感，一般 7～10m 跨度按 3/1000 起拱，10～15m 跨度按 5/1000 起拱。

7. 罩面石膏板的安装

采用钉固法安装纸面石膏板，应使纸面石膏板长边（即包封边）与龙骨平行，从吊顶的一端向另一端开始错缝安装，逐块排列，余量放在最后安装。石膏板与墙面之间应留6mm间隙（图4.9）。固定石膏板时应从石膏板中部开始，向两侧展开，螺钉间距150～200mm，螺钉距纸面石膏板板边（面纸包封的板边）不得小于10mm，并不得大于15mm（图4.9）；距切割后的板边不得小于15mm，并不得大于20mm（图4.9）。钉头应略低于板面，但不得将纸面钉破。钉头应做防锈处理，并用石膏腻子腻平。纸面石膏板大块板材，固定板时，板与板之间宜留出3mm左右的间隙，然后用腻子补平（图4.10）。

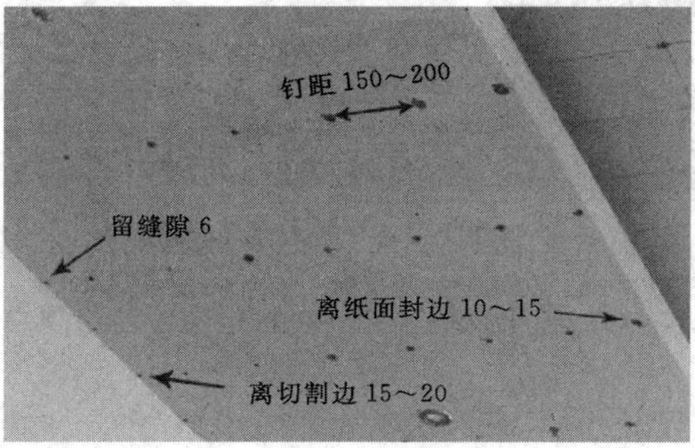

图4.9 纸面石膏板的安装（单位：mm）

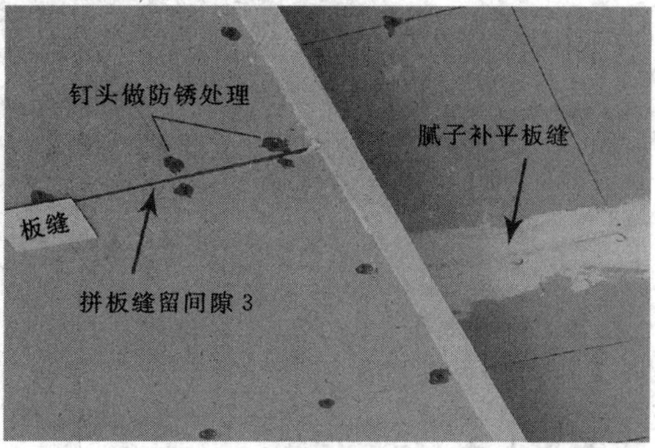

图4.10 板缝腻子处理（单位：mm）

应使用专用嵌缝石膏，并在拼板处贴一层穿孔接缝纸。将石膏板缝处理妥当，要经过不少于四道做法的程序。首先清理接缝，对于接缝处缺纸的石膏板暴露部分，用50%的108胶水涂刷1～2遍；然后刮一道腻子，用小刮刀把腻子均匀而饱满地嵌入板缝内。

第一道腻子初凝后，用稍稀的腻子刮上一层，厚约1mm，宽60mm，随即将穿孔接缝纸带贴上，贴之前先用水湿润接缝纸；然后再用刀刮平，赶出腻子与纸带之间的气泡，再薄压一道腻子，也可贴接缝布带（图4.11）。

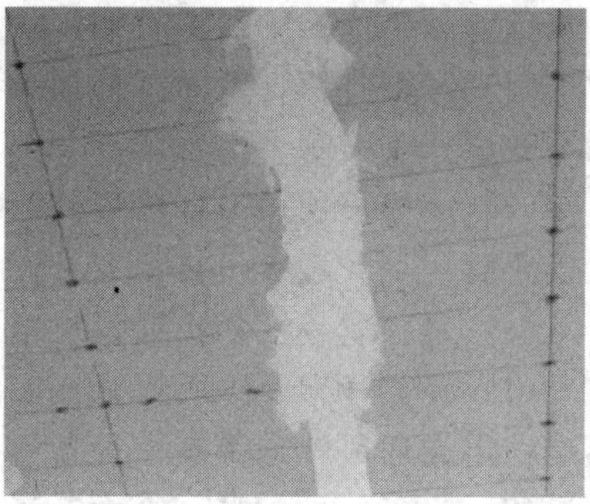

图4.11 粘贴接缝布带

第二道腻子干燥后，进行第三道嵌缝，这道腻子要覆盖钉孔，宽出钉孔周围25mm左右。

第三道腻子干燥后，可刮第四道腻子，刮得要薄，干后用砂纸打磨。纸面石膏板装钉完毕后，应对其安装质量进行检查。如整个石膏板顶棚表面平整度偏差超过3mm、接缝平直度偏差超过3mm、接缝高低度偏差超过1mm、石膏板有钉接缝处不牢固，均应彻底纠正。然后，再对棚面满刮腻子（4.12）。

8. 细部处理

（1）板缝处理。板缝拼接处一般处理成立槽缝或斜槽缝，也可以不留缝槽，用纱布或棉纸粘贴缝痕。

图 4.12 棚面满刮腻子

(2) 吊顶端部处理。结合照明灯具和空间造型处理的需要，按图纸的布局，与吊顶总体采用内凹处理方式。

任务 4.1.3 成品保护

【任务导航】 掌握材料进场后的规范管理、各工种间的配合、各施工工艺的施工条件以及各成品半成品的保护措施。

(1) 轻钢骨架、纸面石膏板及其他吊顶材料在入场存放、使用过程中应严格管理，保证不变形、不受潮、不生锈。

(2) 装修吊顶用吊杆严禁挪作机电管道、线路吊挂用；机电管道、线路如与吊顶吊杆位置矛盾，须经过项目技术人员同意后更改，不得随意改变、挪动吊杆。

(3) 吊顶龙骨上禁止铺设机电管道、线路。

(4) 轻钢骨架及纸面石膏板安装应注意保护顶棚内各种管线，轻钢骨架的吊杆、龙骨不准固定在通风管道及其他设备件上。

(5) 为了保护成品，纸面石膏板安装必须在棚内管道、试水、保温等一切工序全部验收后进行。

(6) 设专人负责成品保护工作，发现有保护设施损坏的，要及时恢复。

(7) 工序交接全部采用书面形式由双方签字认可，由下道工序作业人员和成品保护负责人同时签字确认，并保存工序交接书面材料，下道工序作业人员对防止成品的污染、损坏或丢失负直接责任，成品保护专人对成品保护负监督、检查责任。

任务 4.1.4 质量验收标准与实践评定

【任务导航】 掌握质量验收一般规定，以及主控项目和一般项目的质量标准和验收方法；作出学生施工实践能力成绩评定。

4.1.4.1 一般规定

本节适用于以轻钢龙骨、铝合金龙骨、木龙骨等为骨架，以石膏板、金属板、矿棉板、木板、塑料板或格栅等为饰面材料的暗龙骨吊顶工程的质量验收。

(1) 吊顶工程验收时应检查下列文件和记录:

1) 吊顶工程的施工图、设计说明及其他设计文件。

2) 材料的产品合格证书、性能检测报告、进场验收记录和复验报告。

3) 隐蔽工程验收记录。

4) 施工记录。

(2) 吊顶工程应对人造木板的甲醛含量进行复验。

(3) 吊顶工程应对下列隐蔽工程项目进行验收:

1) 吊顶内管道、设备的安装及水管试压。

2) 木龙骨防火、防腐处理。

3) 预埋件或拉结筋。

4) 吊杆安装。

5) 龙骨安装。

6) 填充材料的设置。

说明:为了保证吊顶工程的使用安全,做到竣工验收时不破坏饰面,吊顶工程的隐蔽工程验收非常重要。本条所列各款均应提供由监理工程师签名的隐蔽工程验收记录。

(4) 各分项工程的检验批划分:同一品种的吊顶工程每50间(大面积房间和走廊按吊顶面积 $30m^2$ 为一间)应划分为一个检验批,不足50间也应划分为一个检验批。

(5) 检查数量规定:每个检验批应至少抽查10%,并不得少于3间;不足3间时应全数检查。

(6) 安装龙骨前,应按设计要求对房间净高、洞口标高和吊顶内管道、设备及其支架的标高进行交接检验。

(7) 吊顶工程的木吊杆、木龙骨和木饰面板必须进行防火处理,并应符合有关设计防火规范的规定。

(8) 由于发生火灾时,火焰和热空气迅速向上蔓延,防火问题对吊顶工程是至关重要的,使用木质材料装饰装修顶棚时应慎重。《建筑内部装修设计防火规范》(GB 50222—1995)(2001年局部修订)规定顶棚装饰装修材料的燃烧性能必须达到A级或B级,未经防火处理的木质材料的阻燃性能不能满足以上要求。

(9) 吊顶工程中的预埋件、钢筋吊杆和型钢吊杆应进行防锈处理。

(10) 安装饰面板前应完成吊顶内管道和设备的调试及验收。

(11) 吊杆距主龙骨端部距离不得大于300mm,当大于300mm时,应增加吊杆;当吊杆长度大于1.5m时,应设置反支撑;当吊杆与设备相遇时,应调整并增设吊杆。

(12) 重型灯具、电扇及其他重型设备严禁安装在吊顶工程的龙骨上。

说明:龙骨的设置主要是为了固定饰面材料,一些轻型设备如小型灯具、烟感器、喷淋头、风口箅子等也可以固定在饰面材料上。但如果把电扇和大型吊灯固定在龙骨上,可能会造成脱落伤人事故。为了保证吊顶工程的使用安全,特制定本条并作为强制性条文。

4.1.4.2　主控项目

（1）吊顶标高、尺寸、起拱和造型应符合设计要求。

检验方法：观察；尺量检查。

（2）饰面材料的材质、品种、规格、图案和颜色应符合设计要求。

检验方法：观察检查产品合格证书、性能检测报告、进场验收记录和复验报告。

（3）暗龙骨吊顶工程的吊杆、龙骨和饰面材料的安装必须牢固。

检验方法：观察；手扳检查；检查隐蔽工程验收记录和施工记录。

（4）吊杆、龙骨的材质、规格、安装间距及连接方式应符合设计要求。金属吊杆、龙骨应经过表面防腐处理；木吊杆、龙骨应进行防腐、防火处理。

检验方法：观察；尺量检查；检查产品合格证书、性能检测报告、进场验收记录和隐蔽工程验收记录。

（5）石膏板的接缝应按其施工工艺标准进行板缝防裂处理。安装双层石膏板时，面层板与基层板的接缝应错开，并不得在同一根龙骨上接缝。

检验方法：观察。

4.1.4.3　一般项目

（1）饰面材料表面应洁净、色泽一致，不得有翘曲、裂缝及缺损。压条应平直、宽窄一致。

检验方法：观察；尺量检查。

（2）饰面板上的灯具、烟感器、喷淋头、风口箅子等设备的位置应合理、美观，与饰面板的交接应吻合、严密。

检验方法：观察。

（3）金属吊杆、龙骨的接缝应均匀一致，角缝应吻合，表面应平整，无翘曲、锤印。木质吊杆、龙骨应平顺直，无劈裂、变形。

检验方法：检查隐蔽工程验收记录和施工记录。

（4）吊顶内填充吸声材料的品种和铺设厚度应符合设计要求，并应有防散落措施。

检验方法：检查隐蔽工程验收记录和施工记录。

（5）暗龙骨吊顶工程安装的允许偏差和检验方法应符合表4.1的规定。

表4.1　暗龙骨吊顶工程安装的允许偏差

项次	项目	允许偏差/mm				检验方法
		纸面石膏板	金属板	矿棉板	木板、塑料板、格栅	
1	表面平整度	3	2	2	3	用2m靠尺和塞尺检查
2	接缝直线度	3	1.5	3	3	拉5m线，不足5m拉通线，用钢直尺检查
3	接缝高低差	1	1	1.5	1	用钢直尺和塞尺检查

4.1.4.4 实践项目成绩评定（表4.2）

表4.2 实践项目成绩评定表

项次	项目	技术及质量要求	实测记录	项目分值	得分
1	准备工具正确			10	
2	标高线、吊杆位置线、弹线清晰、位置准确			10	
3	吊杆安装方法正确			10	
4	龙骨安装方法正确			10	
5	石膏板固定方法正确			10	
6	文明施工与安全施工			10	
7	施工流程正确			15	
8	检验工具使用正确			10	
9	检验方法正确			10	
10	完成任务时间			5	
11	合计			100	

练 习 题

(1) 吊顶基准放线和安装放线的作用和方法。
(2) 手动工具的使用方法。
(3) 电动工具的使用方法和注意事项。
(4) 质量检验工具的使用方法。
(5) 简述暗龙骨吊顶的施工流程。
(6) 简述暗龙骨吊顶的施工方法。

子项目4.2 安装轻钢龙骨矿棉板顶棚

任务4.2.1 施工准备

【任务导航】 熟悉轻钢龙骨和矿棉板安装前各自需要做的准备工作，掌握吊顶棚龙骨安装前应具备的施工条件，正确认识和准备施工材料和施工机具，掌握施工操作前的准备条件。

4.2.1.1 项目概况

员工餐厅效果图参见“实例工程项目总述”图。使用材料和结构是T型轻钢龙骨和边长600mm的矿棉板，灯盘单体规格是600mm×600mm，天花顶棚平面图如图4.13所示。

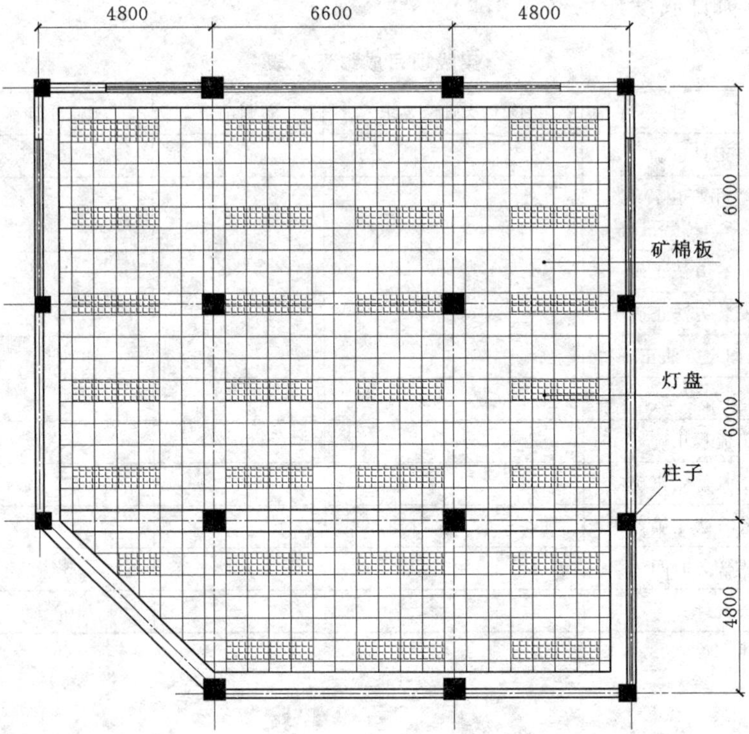

图 4.13　员工餐厅顶棚平面图

4.2.1.2　材料准备

（1）主龙骨（大龙骨）：T 型轻钢龙骨（图 4.14），承受荷载龙骨。

图 4.14　T 型龙骨加工图

（2）次龙骨（中、小龙骨）：次龙骨的长度，根据罩面板的规格下料。

（3）边龙骨：L 型轻钢龙骨，一般常用 25mm×25mm 等肢角边龙骨。

（4）龙骨配件：吊挂件、连接件。

（5）罩面板材：矿棉板。

（6）吊杆：$\phi6$ 吊筋。

（7）固结材料：射钉、自攻螺钉、膨胀螺栓等。

4.2.1.3 施工机具准备

电动冲击钻、无齿锯、射钉枪、手锯、手刨、螺钉旋具及电动或气动螺钉旋具、扳手、方尺、钢尺、钢水平尺等（相关机具图同接待室吊顶安装中的图 4.2）。

任务 4.2.2 施工操作

【任务导航】 完成轻钢龙骨的加工与连接，轻钢龙骨与吊筋的连接，轻钢龙骨的调平，矿棉板与灯盘的安装等，掌握各工艺的施工流程与施工方法。

4.2.2.1 施工流程

弹线定位→固定悬吊体系→安装龙骨与检查调整→安装面板。

4.2.2.2 施工方法

1. 弹线定位

根据设计图纸，结合具体情况，将龙骨及吊点位置弹到楼板底面上。如果吊顶带有一定造型及图案，应先弹出顶棚对称轴线，龙骨及吊点位置应对称布置。龙骨和吊杆的间距、主龙骨的间距都是影响吊顶高度的重要因素。不同的龙骨断面及吊点间距，都有可能影响主龙骨之间的距离。各种吊顶、龙骨间距和吊杆间距一般都控制在 1.0～1.2m 以内。弹线应清晰，位置准确。

2. 固定悬吊体系

确定吊顶标高，将设计标高线弹到四周墙面或柱面上。如果吊顶有不同的标高，那么应将变截面的位置弹到楼板上。然后，再将边龙骨或其他封口材料固定在墙面或柱面，封口材料的底面与标高线重合，边龙骨多用高强水泥钉固定或用电动冲击钻打孔，下木楔、木螺钉固定，也可用 $\phi6$ 塑料胀管木螺钉固定。

在吊点的位置上用冲击钻打孔，打入吊筋，安装吊挂件，固定牢固（图 4.15）。

图 4.15 吊筋的安装

3. 安装龙骨与检查调整

安装大（主）龙骨及检查与调整：先安装主龙骨，将主龙骨安装在吊杆的挂件上，然后调平。采用单层龙骨时，大龙骨 T 型断面高度采用 38mm，适用于轻型级不上人明龙骨吊顶。单层龙骨的安装方法：首先沿墙面上的标高线固定边龙骨，边龙骨底面与标高线齐平，在墙上用 $\phi20$ 钻头钻孔，间距 400mm，将木楔子打入孔内，边龙骨钻孔，用木螺钉将龙骨固定于木楔上，也可用 ϕ6 塑料胀管然后用木螺钉固定，再安装其他龙骨（图 4.16 和图 4.17）。吊挂吊紧龙骨，吊点采用 900mm×900mm 或 900mm×1000mm，最后调平、调直、调方格尺寸。

图 4.16　墙面钻孔

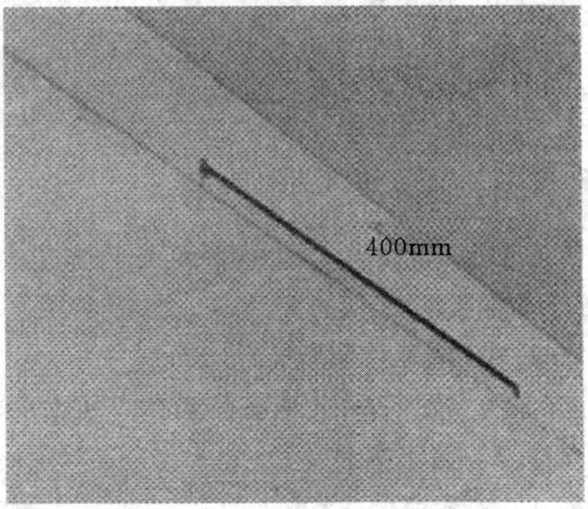

图 4.17　孔距规定

首先安装边龙骨，在墙面标高线的位置上进行冲击钻打眼，钻孔打眼的间距不大于 400mm，在眼孔中下木楔（木楔蘸油防腐），用螺钉固定边龙骨，边龙骨底面沿墙面标高线齐平固定于墙上，然后安装中（次）龙骨。次龙骨与边龙骨搭接。安装次龙骨时，次龙骨与主龙骨用吊件连接，然后按线进行调平，再安装小龙骨。中、小龙骨与边龙骨底面标高平齐，整个安装完成后进行检查，调平龙骨，如图 4.18 所示。

图 4.18　龙骨的调平、调直、检查尺寸

4. 安装罩面板

采用明式龙骨，龙骨方格调整平直后，将罩面板直接摆放在方格中，由龙骨翼缘承托饰面板四边。为了便于安装饰面板，龙骨方格内侧净距一般应大于饰面板尺寸 2mm。

龙骨全露明式，是将方形或矩形矿棉板直接搁置在格子形组合的倒T型龙骨翼缘上，用卡簧加以固定，防止起鼓、移动、脱落。从吊顶的房间一侧向另外一侧铺设，铺设时应注意饰面板上的灯具、烟感器、喷淋头、风口箅子等设备的位置应正确、美观，与饰面的交接应吻合、严密。

任务 4.2.3　成品保护及应注意的质量问题

【任务导航】 掌握轻钢龙骨矿棉板安装前后的材料管理、交叉工种的保护、注意事项等。

4.2.3.1　成品保护

（1）轻钢骨架及罩面板安装应注意保护顶棚内各种管线。轻钢骨架的吊杆、龙骨不得固定在通风管道及其他设备上。

（2）轻钢骨架、罩面板及其他吊顶材料进场存放、使用过程中严格管理，保证不变形、不受潮、不生锈。

（3）施工顶棚部位已安装的门窗、已施工完毕的地面、墙面、窗台等应注意保护，防止污染。

（4）已安装的轻钢龙骨不得上人踩踏。其他工种吊挂件不得吊于轻钢骨架上。

（5）为了保护成品，罩面板安装必须在棚内管道、试水、保温等一切工序全部完成验收后进行。

4.2.3.2　应注意的质量问题

（1）吊顶不平：主龙骨安装时吊杆调平不认真，造成各吊杆点的标高不一致；施工时应认真操作，检查各吊点的紧挂程度，并拉通线检查标高与平整度是否符合设计要求和规范标准的规定。

（2）轻钢骨架局部节点构造不合理：吊顶轻钢骨架在留洞、灯具口、通风口等处，应按图纸上的相应节点构造设置龙骨及连接件，使构造符合图纸上的要求，保证吊挂的刚度。

（3）轻钢骨架吊固不牢：顶棚的轻钢骨架应吊在主体结构上，并应拧紧吊杆螺母，以控制固定设计标高；顶棚内的管线、设备件不得吊固在轻钢骨架上。

（4）罩面板分块间隙缝不直：罩面板规格有偏差，安装不正；施工时注意板块规格，拉线找正，安装固定时保证平整对直。

（5）压缝条、压边条不严密不平直：加工条材规格不一致；使用时应经选择，操作拉线找正后固定、压粘。

（6）矿棉板吊顶要注意板块的色差，防止颜色不均的质量弊病。

任务 4.2.4　质量验收标准与实践评定

【任务导航】 安装完吊顶后，组织人员验收，掌握质量验收要点。

4.2.4.1　一般规定

安装轻钢龙骨矿棉板同接待区吊顶的规定。

4.2.4.2　主控项目

（1）吊顶标高、尺寸、起拱和造型应符合设计要求。

检验方法：观察；尺量检查。

（2）饰面材料的材质、品种、规格、图案和颜色应符合设计要求。当饰面材料为玻璃板时，应使用安全玻璃或采取可靠的安全措施。

检验方法：观察；检查产品合格证书、性能检测报告和进场验收记录。

（3）饰面材料的安装应稳固严密。饰面材料与龙骨的搭接宽度应大于龙骨受力面宽度的2/3。

检验方法：观察；手扳检查；尺量检查。

（4）吊杆、龙骨的材质、规格、安装间距及连接方式应符合设计要求；金属吊杆、龙骨应进行表面防腐处理；木龙骨应进行防腐、防火处理。

检验方法：观察；尺量检查；检查产品合格证书、进场验收记录和隐蔽工程验收记录。

（5）明龙骨吊顶工程的吊杆和龙骨安装必须牢固。

检验方法：手扳检查；检查隐蔽工程验收记录和施工记录。

4.2.4.3　一般项目

（1）饰面材料表面应洁净、色泽一致，不得有翘曲、裂缝及缺损；饰面板与明龙骨的搭接应平整、吻合，压条应平直、宽窄一致。

检验方法：观察；尺量检查。

（2）饰面板上的灯具、烟感器、喷淋头、风口箅子等设备的位置应合理、美观，与饰面板的交接应吻合、严密。

检验方法：观察。

（3）金属龙骨的接缝应平整、吻合、颜色一致，不得有划伤、擦伤等表面缺陷；木质龙骨应平整、顺直，无劈裂。

检验方法：观察。

（4）吊顶内填充吸声材料的品种和铺设厚度应符合设计要求，并应有防散落措施。

检验方法：检查隐蔽工程验收记录和施工记录。

（5）明龙骨吊顶工程安装的允许偏差和检验方法应符合表4.3的规定。

表4.3　明龙骨吊顶工程安装的允许偏差和检验方法

项次	项　目	允　许　偏　差/mm				检　验　方　法
		石膏板	金属板	矿棉板	塑料板、玻璃板	
1	表面平整度	3	2	3	3	用2m靠尺和塞尺检查
2	接缝直线度	3	2	3	3	拉5m线，不足5m拉通线，用钢直尺检查
3	接缝高低差	1	1	2	1	用钢直尺和塞尺检查

4.2.4.4 实践项目成绩评定（表4.4）

表4.4 实践项目成绩评定表

项次	项　目	技术及质量要求	实测记录	项目分值	得分
1	准备工具正确			10	
2	标高线、吊杆位置线、弹线清晰、位置准确			10	
3	吊杆安装方法正确			10	
4	龙骨安装方法正确			10	
5	石膏板固定方法正确			10	
6	文明施工与安全施工			10	
7	施工流程正确			15	
8	检验工具使用正确			10	
9	检验方法正确			10	
10	完成任务时间			5	
11	合计			100	

练　习　题

（1）简述吊顶基准放线和安装放线的作用和方法。

（2）简述手动工具的使用方法。

（3）简述电动工具的使用方法和注意事项。

（4）简述质量检验工具的使用方法。

（5）简述明龙骨吊顶的施工流程。

（6）简述明龙骨吊顶的施工方法。

子项目4.3　安装轻钢龙骨石膏板顶棚

任务4.3.1　施工准备

【任务导航】 熟悉轻钢龙骨和石膏板安装前各自需要做的准备工作，掌握吊顶棚龙骨安装前应具备的施工条件，正确认识和准备施工材料和施工机具，掌握施工操作前的准备条件。

4.3.1.1 项目概况

董事长办公室天花平面布置图如图4.19所示。

4.3.1.2 材料准备

（1）U型轻钢龙骨及配件：50型轻钢龙骨、吊挂件、连接件等。

（2）罩面板：纸面石膏板。

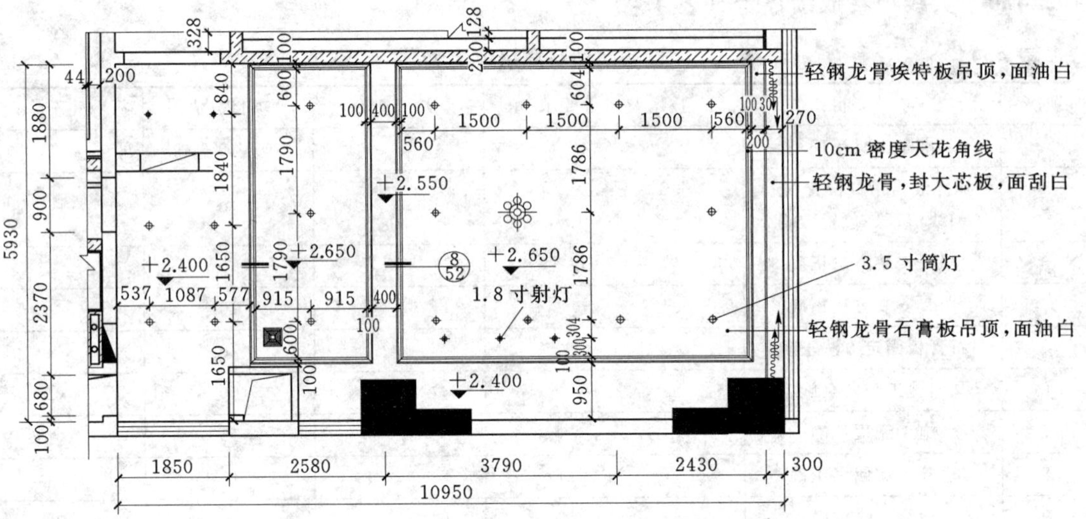

图 4.19　董事长办公室顶棚平面图

（3）吊杆：$\phi 8$、带膨胀螺栓吊筋。

（4）固结材料：射钉、自攻螺钉、膨胀螺栓等。

4.3.1.3　施工机具准备

电动冲击钻、无齿锯、射钉枪、手锯、手刨、螺钉旋具及电动或气动螺钉旋具、扳手、方尺、钢尺、钢水平尺等（同图 4.2）。

任务 4.3.2　施工操作

【任务导航】 完成轻钢龙骨石膏板顶棚的安装，掌握施工流程和施工方法。

4.3.2.1　施工流程

放线→固定吊杆→安装与调平龙骨→骨架安装质量检查→固定板材→板面的饰面处理。

4.3.2.2　施工方法

1. 放线

放线主要是弹好吊顶标高线、龙骨布置线和吊杆悬挂点。放线顺序是先标高后平面造型及细部，标高弹于墙上或柱面，龙骨及吊杆的位置、平面造型及细部弹在顶板上。弹线方法与会议室吊顶相同。

顶棚检修口、通风口、柱周及其他所有须加附加吊杆的位置处，应根据具体设计一一测出，弹于楼板板底。

轻钢龙骨骨架为双层构造时，吊点间距不大于 1200mm。复核：弹线完成后，对所有标高线、平面造型吊点位置线等进行全面检查复量，如有遗漏或尺寸错误，均应彻底补充、纠正。所弹顶棚标高线与四周设备、管线、管道等有无矛盾，对大型灯具的安装有无妨碍，均应一一核实，确保准确无误。

2. 固定吊杆

根据吊顶的形式灵活处理，在隐蔽式吊顶中，吊顶本身的自重大小，是否上人或有其他活荷载，是决定吊顶构造的关键因素。本身自重大，再有一定检修荷载，在固定办法上，以起码承受使用的荷载为准则。

吊杆的施工主要包括同结构的固定（见接待室吊顶、吊筋安装施工部分）、吊杆与龙骨的连接（图 4.20 和图 4.21）。

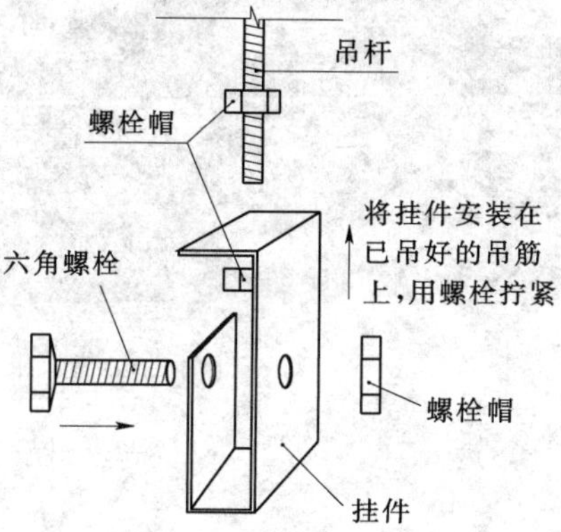

图 4.20 吊杆与吊件的固定

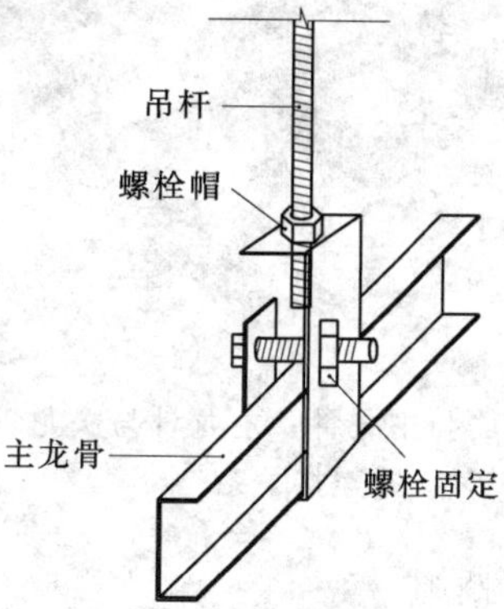

图 4.21 主龙骨的固定

3. 安装主龙骨与调平龙骨

主龙骨按弹线的位置就位，利用挂件悬挂在吊筋上。安装与调平龙骨宜在同一时间完成，因为在安装龙骨前，应已经拉好标高控制线，根据标高控制线使龙骨就位。调平主要是调整主龙骨，只要主龙骨标高正确，次龙骨不会发生什么问题。调平主龙骨的方法是：先将主龙骨与吊杆固定，固定时用双螺母在吊杆的螺杆部位上下固定，然后，按标高线调整大龙骨的标高，使之水平。一般的调整水平方法是用长木方按主龙骨的间距固定铁钉，横放在主龙骨上，用铁钉卡住各主龙骨，按其规定间隔定位，临时固定。然后，拉水平标高线和十字对角标高线，用螺栓对主龙骨进行调整。对于较大的房间，主龙骨可按 1/200 起拱，调整好后撤下木方。

安装次龙骨：次龙骨大多数是构造龙骨，所以次龙骨的间距由饰面板的规格而定。比如，板宽为 1.2m，次龙骨的间距为 400mm 或 600mm，并设置相应的横撑龙骨。次龙骨与主龙骨固定是利用龙骨吊挂件和主龙骨连接，先在主龙骨的底部弹出次龙骨的位置线，再按线安装次龙骨，连接后用钳子卡死。在次龙骨的底部弹出横撑龙骨的位置线，根据次龙骨的间距，用次龙骨截取横撑龙骨。再用尺量好横撑龙骨的尺寸，然后用无齿锯截断，在横撑龙骨两边镶上卡托，在镶卡托的位置上用钳子将龙骨与卡托卡紧，最后挂到两根次龙骨的位置上。支撑龙骨与次龙骨底面平齐。吊筋与主龙骨、主龙骨与次龙骨之间连接后的结果如图 4.22 和图 4.23 所示。

4. 骨架安装质量检查

上述工序完成后，应对整个龙骨架的安装质量进行严格检查如下：

（1）对龙骨架安装及连接质量检查：对整个龙骨架的安装质量及连接质量进行彻底检查；连接件应错位安装，龙骨连接处的偏差不得超过相关规范规定。

（2）龙骨的质量检查：对主、副龙骨，附加龙骨，连接龙骨等进行详细质量检查，如发现有翘曲或扭曲之处以及位置不正、部位不对等处，均应彻底纠正。

图 4.22 吊筋与主龙骨、主龙骨与次龙骨之间的连接关系

图 4.23 龙骨的安装效果

5. 固定板材

以钉固法安装纸面石膏板，纸面石膏板长边（即包封边）与主龙骨平行，从吊顶的一端向另一端开始错缝安装，逐块排列，余量放在最后安装。首先，在石膏板的正面，按龙骨的位置线进行弹线（该线是固定石膏板的位置线）；然后开始固定石膏板，石膏板与墙面之间应留 6mm 间隙。固定石膏板时应从石膏板中部开始，向两侧展开，螺钉间距 150～200mm，螺钉距纸面石膏板板边（面纸包封的板边）不得小于 10mm，并不得大于 15mm；距切割后的板边不得小于 15mm，并不得大于 20mm（如图 4.9）。

钉头应略低于板面，但不得将纸面钉破。钉头应作防锈处理，并用石膏腻子腻平。板与板之间密缝处理，主要是控制拼板处的平整，对吊顶的装饰效果影响较大（如图 4.10）。

注：石膏板封缝、刮腻子，同接待室吊顶、石膏板安装部分。在安装过程中，应该使用专用配套材料、机具、工具。如纸面石膏板的嵌缝石膏及嵌缝纸带，有不少施工单位在购买石膏板时，不是一同配套采购，而是用其他材料代替，再加上操作不符合要求，拼板处会出现裂缝。

任务 4.3.3 成品保护及应注意的质量问题

【任务导航】 掌握轻钢龙骨石膏板安装前后的材料管理、交叉工种的保护、注意事项等。

4.3.3.1 成品保护

（1）轻钢骨架及罩面板安装应注意保护顶棚内各种管线，轻钢骨架的吊杆、龙骨不得固定在通风管道及其他设备上。

（2）轻钢骨架、罩面板及其他吊顶材料在入场存放、使用过程中严格管理，保证不变形、不受潮、不生锈。

（3）施工顶棚部位已安装的门窗，已施工完毕的地面、墙面、窗台等应注意保护，防止污损。

（4）已安装的轻钢骨架不得上人踩踏。其他工种的吊挂件，不得吊于轻钢骨架上。

（5）罩面板安装必须在棚内管道、试水、保温、设备安装调试等一切工序全部验收后进行。

（6）安装装饰面板时，施工人员应戴线手套，以防污染饰面板面。

4.3.3.2 应注意的质量问题

（1）吊顶不平：原因在于大龙骨安装时吊杆调平不认真，造成各吊杆点的标高不一致。施工时应检查各吊点的紧挂程度，并接通线检查标高与平整度是否符合设计和施工规范要求。

（2）轻钢骨架局部节点构造不合理：在留洞、灯具口、通风口等处，应按图相应节点构造设置龙骨及连接件，使构造符合图册及设计要求。

（3）轻钢骨架吊固不牢：顶棚的轻钢骨架应吊在主体结构上，并应拧紧吊杆螺母以控制固定设计标高；顶棚内的管线、设备件不得吊固在轻钢骨架上。

（4）罩面板分块间隙缝不直：施工时注意板块规格，拉线找正，安装固定时保证平正对直。

（5）压缝条、压边条不严密平直：施工时应拉线，对正后固定、压粘。

任务 4.3.4 质量验收标准与实践评定

工程质量标准及质量验收同轻钢龙骨暗龙骨吊顶。

实践项目成绩评定见表 4.5。

表 4.5 实践项目成绩评定表

项次	项　目	技术及质量要求	实测记录	项目分值	得分
1	准备工具正确			10	
2	标高线、吊杆位置线、弹线清晰、位置准确			10	
3	吊杆安装方法正确			10	
4	龙骨安装方法正确			10	
5	石膏板固定方法正确			10	
6	文明施工与安全施工			10	
7	施工流程正确			15	
8	检验工具使用正确			10	
9	检验方法正确			10	
10	完成任务时间			5	
11	合计			100	

练　习　题

（1）练习施工机具的使用方法。

（2）掌握质量检验工具的使用方法。

（3）练习做好施工记录。

（4）简述轻钢龙骨石膏板吊顶的施工方法。

子项目4.4　安装铝扣板吊顶

任务4.4.1　施工准备

【任务导航】 熟悉轻钢龙骨铝扣板吊顶安装前需要做的准备工作，掌握吊顶棚安装前应具备的施工条件，正确认识和准备施工材料和施工机具，掌握施工操作前的准备条件。

4.4.1.1　项目概况

卫生间天花平面布置图如图4.24所示。

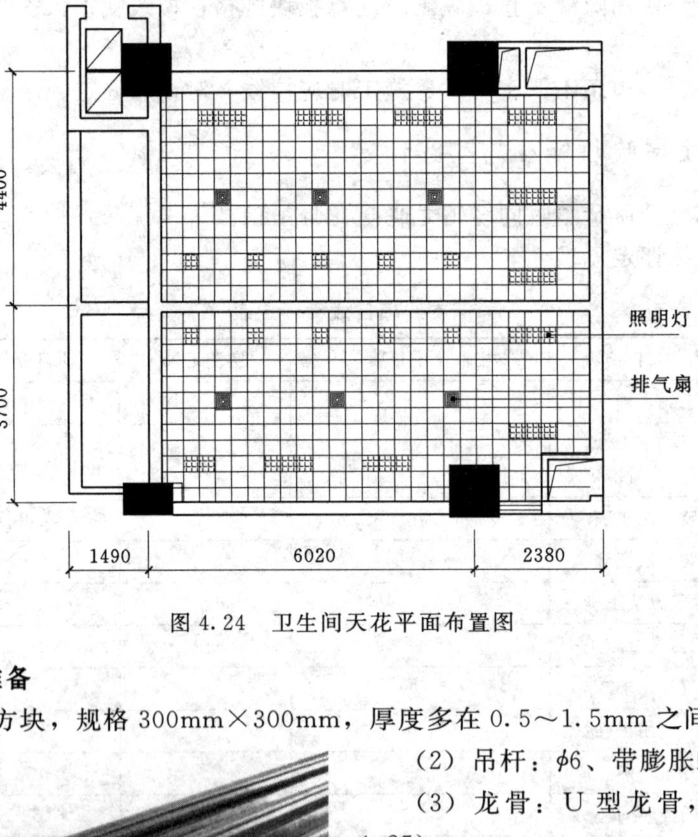

图4.24　卫生间天花平面布置图

4.4.1.2　材料准备

（1）铝合金方块，规格300mm×300mm，厚度多在0.5～1.5mm之间。

图4.25　三角龙骨示意图

（2）吊杆：$\phi 6$、带膨胀螺栓帽。

（3）龙骨：U型龙骨，三角龙骨（图4.25）。

（4）边龙骨：L型，用于吊顶收口。

4.4.1.3　施工机具准备

电动冲击钻、螺钉旋具、铁剪子、扳手、方尺、钢尺、钢水平尺等。

任务 4.4.2 施工操作

【任务导航】 完成轻钢龙骨铝合金扣板顶棚的安装，掌握施工流程和施工方法。

4.4.2.1 施工流程

铝合金板吊顶施工程序：放线→固定吊杆→龙骨安装与调平→安装铝扣板→细部调整与处理。

4.4.2.2 施工方法

1. 放线

放线主要是弹标高线和龙骨布置线。标高线一般弹到墙面或柱面，然后将边龙骨固定在墙或柱面上。边龙骨规格为 25mm×25mm，色彩与板相同。边龙骨固定方法为将边龙骨放到已弹好吊顶标高水平线的位置上，然后边龙骨用高强水泥钉固定。

铝合金扣板卡在龙骨上，则需要龙骨与板成垂直角度；对于龙骨卡具的形式，龙骨的间距应控制，防止因间距过大，板的固定点减少，板块很薄，极易产生变形，故龙骨的间距不宜超过 1.2m，吊点控制在 1m 左右。天花弹线如图 4.26 所示。

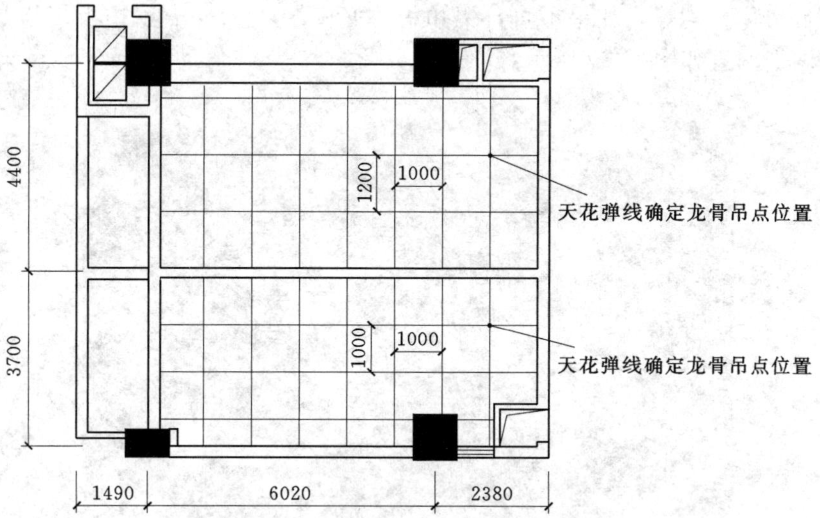

图 4.26 天花弹线确定龙骨吊点钻孔位置

2. 固定吊杆

应用冲击钻打眼钻孔，下膨胀螺栓吊杆，然后吊杆固定，吊杆固定后，再与龙骨连接(图 4.27 和图 4.28)。

3. 龙骨安装与调平

吊杆安装完后进行主龙骨安装，按水平标高挂线，将吊杆的吊挂件固定好主龙骨，按水平标高调整高低。安装图如图 4.20 和图 4.21 所示。

用连接件将三角龙骨固定在主龙骨上，调整好三角龙骨的间距（铝扣板的规格一般为 300mm×300mm)。

图 4.27　吊筋固定

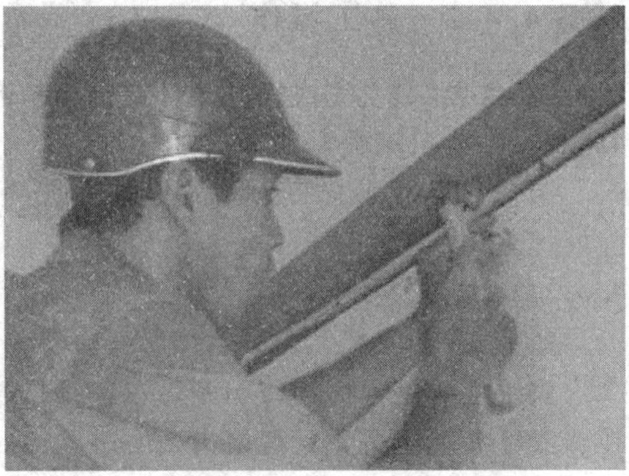

图 4.28　安装边龙骨

龙骨调平调直是整个铝合金板块吊顶中比较关键的一道工序，龙骨是否调平，是板块吊顶质量控制的关键，因为只有龙骨调平，才能使板块饰面达到理想的装饰效果，否则会产生波浪式的吊顶表面。控制龙骨的平整，首先应拉纵横标高控制线。调直关系到三角龙骨的间距是否匀称、均等，如果不直，铝扣板势必安装不了，毕竟扣板规格是不可调的。三角龙骨的调平调直如图 4.29 所示。

图 4.29　龙骨的调平调直

4. 安装铝合金饰面板

（1）固定方法。三角龙骨兼卡具固：利用薄条板所具有的弹性将板块卡到龙骨上，龙骨兼有龙骨与卡具双重作用，同板块配套安装极为方便，拆卸也很简单。板块一般多用卡在龙骨上的方法固定。

（2）板块安装。安装板块在龙骨调平的基础上方可进行。安装板块时，应从一个方向开始，依次安装。在安装板块时，龙骨本身兼卡具，只需将板块轻轻用力压一下，板块便会卡到龙骨上。倘若龙骨涉及接长的问题，两根龙骨应以对接的方式进行接长。板块安装如图 4.30 所示。

图 4.30 铝扣板安装

5. 细部调整与处理——灯饰与风口箅子

(1) 与吊顶有关的灯饰、通风口、检查孔的处理。灯饰与风口箅子本来是照明与空调设备的组成部分，但是在吊顶装饰中，它们除了具有本身的专业功能外，也是吊面装饰中的组成部分。所以，选择合适得体的灯饰及风口箅子，对吊顶装饰效果影响较大，特别是灯饰，更占有举足轻重的地位。这一点首先要从设计上考虑。如从施工的角度分析，灯饰或风口箅子、检查孔等是吊顶表面的附加物，位置显著，如果安装质量好，在装饰效果上就容易让人感到协调、舒适；如若其他部位做得很好，而灯饰安装歪歪扭扭、位置有凹凸，那么，这种吊顶就很难让人感到满意。至于设计上如何选择，可从吊顶的艺术风格及使用功能上去考虑。灯饰与风口箅子的选择与安装如图 4.31 所示。

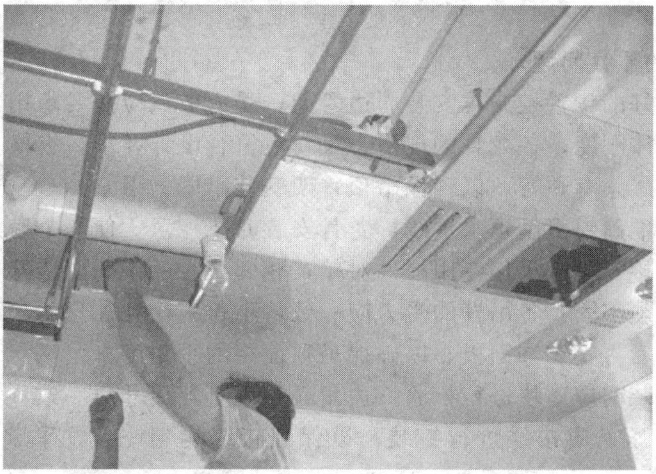

图 4.31 铝合金扣板吊顶灯饰与风口箅子的安装

(2) 与吊顶悬吊系统有关的大型灯饰或风口箅子的悬吊系统的处理。对于软质铝合金板吊顶，其悬吊系统宜与大型灯饰、风口箅子的悬吊系统分开。特别是龙骨兼卡具的吊顶，两者混在一起更不合适，因为龙骨兼卡具的铝合金板吊顶，设计时只考虑了板及龙骨本身的质量，其他附加荷载是不合适的。

(3) 自动喷淋器、烟感器、风口等设备与吊顶表面衔接部位的处理。自动喷淋器、烟感器、风口等设备，与吊顶表面衔接要得体，安装要吻合。经调查一些工程实例了解到，目前常出现的问题有：与吊顶脱开一段距离；管道甩槎预留短了，拧不上或使劲往上拧，结果造成吊顶局部凹进去。要想配合得好，需要在开工前同有关专业加强联系，发现差错，及时纠正。

(4) 特殊部位吊顶条板的封口处理。在检查孔、通风口、与墙面或柱面交接部位，扣板要做好封口处理，不得露白茬。一般常用的办法是用相同色彩的角铝封口。在检查孔部位，因牵涉至两面收口，所以，用两根角铝背靠背，拉铆钉固定，然后按预留口的尺寸围成框。

任务 4.4.3　成品保护及应注意的质量问题

【任务导航】 掌握材料的管理、交叉工种的保护、安装产品的保护及施工中应注意的质量问题等。

4.4.3.1　成品保护

(1) 龙骨骨架及罩面板安装应注意保护顶棚内的各种管线。骨架的吊杆、龙骨不应固定在通风管道及其他设备件上。

(2) 龙骨、罩面板以及其他材料在进场入库存放、使用过程中应严格管理，保证不变形、不受潮、不生锈等。

(3) 施工顶棚部位已安装的门窗、窗台板、墙面、地面，应注意成品保护，防止污损。已安装完的骨架上不得上人踩踏，其他物件不得随意固定在挂件或龙骨上。

(4) 为了保护成品，罩面板安装必须在顶棚管道、试水、保温等一切工序全部验收后进行。

4.4.3.2　应注意的质量问题

(1) 严格按弹好的位置控制线安装周边骨架；受力节点应按要求用专用件组装连接牢固，保证骨架的整体刚度；各龙骨的规格、尺寸应符合设计要求，纵横方向起拱均匀，互相适应，金属龙骨严禁有硬弯，以确保吊顶骨架安装牢固、平整。

(2) 施工前应准确弹出吊顶水平线，龙骨安装时要注意，使整个底面平整，中间起拱度符合要求；龙骨接长时应采用专用挂件对接；相邻龙骨的接头要错开，龙骨不得向一边倾斜；吊件安装必须牢固，各吊杆的受力应一致，不得有松弛、弯曲、歪斜现象。龙骨安装完应经检验合格后再安装饰面板，以确保吊顶面层的平整度。

(3) 铝扣板安装前应逐块进行检验，边角必须规整，尺寸应一致；安装时应拉纵横通线控制板边；安装压条应按线进行钉装；以保证接缝均匀一致、平顺光滑，线条整齐、密合。

任务 4.4.4　质量验收标准与实践评定

工程质量标准及质量验收同轻钢龙骨暗龙骨吊顶。

实践项目及成绩评定见表4.6。

表4.6 实践项目及成绩评定表

项次	项　　目	技术及质量要求	实测记录	项目分值	得分
1	准备工具正确			10	
2	标高线、吊杆位置线、弹线清晰、位置准确			10	
3	吊杆安装方法正确			10	
4	龙骨安装方法正确			10	
5	铝合金扣板安装方法正确			10	
6	文明施工与安全施工			10	
7	施工流程正确			15	
8	检验工具使用正确			10	
9	检验方法正确			10	
10	完成任务时间			5	
11	合计			100	

练　习　题

(1) 简述施工机具的使用方法。
(2) 简述质量检查工具的使用方法。
(3) 简述铝扣板吊顶的施工流程。
(4) 简述铝扣板吊顶的施工操作方法。
(5) 简述铝扣板吊顶中灯具与风口箅子的选择与安装方法。

项目5 墙柱面装饰施工

【学习目标】 通过本项目的操作，学习掌握木龙骨装饰板、墙面软包、墙面贴壁纸、墙面干挂石材以及墙面贴瓷砖等装饰工程所需要的条件、工艺流程、施工要点，熟悉装饰施工与质量验收规范，能进行基本的质量验收。

【工作任务】 完成董事长办公室、接待室、会议室、员工餐厅、卫生间和电梯间等的墙面装饰工程，掌握施工流程和施工要点，掌握质量验收方法。

子项目5.1 木龙骨装饰板施工

任务5.1.1 施工准备

【任务导航】 完成会议室背景墙木龙骨打底、面板为木饰面板的装饰施工，掌握木龙骨和饰面板的施工准备、施工流程、施工技术和质量验收标准。

5.1.1.1 项目概况

1. 会议室背景墙施工图

会议室背景墙装饰立面如图5.1所示。

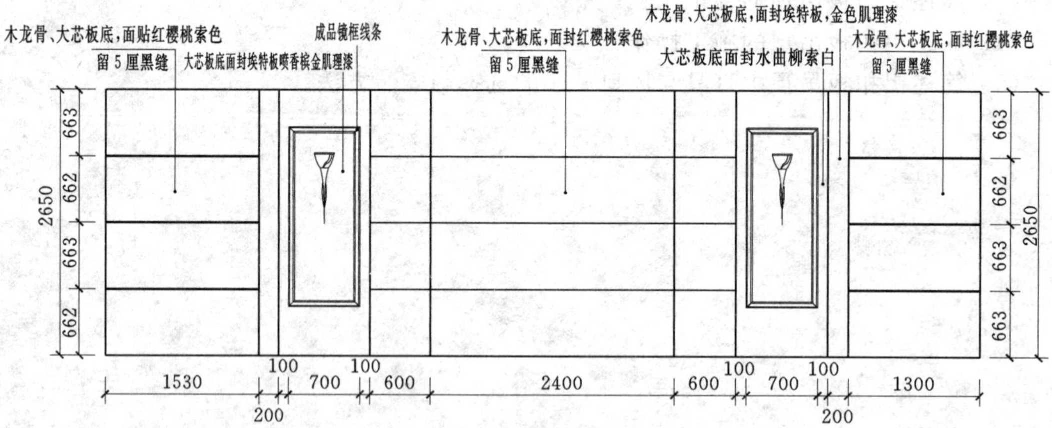

图5.1 会议室背景墙装饰立面图

2. 对施工人员（学员）的要求

(1) 认真学习该项目施工技术，严谨施工。

(2) 掌握会议室墙面安装木龙骨粘贴装饰板施工的流程和施工操作。

(3) 掌握质量标准和质量验收的方法。

3. 实训步骤

(1) 练习弹线、定位。

(2) 练习冲击钻打孔、下木楔。

(3) 练习龙骨的制作以及如何钉装面板。

(4) 按工艺流程进行施工操作。

(5) 掌握质量检验方法。

5.1.1.2 施工条件

(1) 安装木墙裙、墙面处的结构面或基层面，应预埋好木砖或铁件（如没有预埋可后做，用冲击钻进行钻孔，预埋木楔）。

(2) 木墙裙、墙面的骨架安装，应在安装好门窗口、窗台板以后进行，钉装面板应在室内抹灰及地面做完后进行。

(3) 木墙裙、墙面龙骨应在安装前将铺面板面刨平，其余三面刷防腐剂。

(4) 施工机具设备在使用前安装好，接通电源，并进行试运转。

(5) 施工项目的工程量大且较复杂时，应绘制施工大样图，并应先做出样板，经检验合格，才能大面积进行作业。

5.1.1.3 材料准备

(1) 木材的树种、材质等级、规格应符合设计图纸要求及有关施工及验收规范的规定。

(2) 龙骨料：一般用红、白松烘干料，含水率不大于12%，材质不得有腐朽、超断面1/3的节疤、劈裂、扭曲等缺陷，并预先经防腐处理。

(3) 面板：按设计要求采用胶合装饰板，厚度不小于3mm（也可采用其他贴面板材），颜色、花纹要尽量相似；细木工板衬板应符合设计要求和环保要求。

(4) 防潮涂料、防火涂料：应有出厂合格证。

(5) 其他材料：乳白胶、气钉、气钢钉、钉子、长度规格应是面板厚度的2～2.5倍。

5.1.1.4 施工机具准备

(1) 电动机具：手电刨、冲击电钻、气钉枪、码钉枪（图5.2）。

(2) 手持工具：射钉枪、手刨、手锯、刀锯、锤子、平铲、冲子、壁纸刀；方尺、小卷尺、靠尺板、线坠、墨斗等（图5.2）。

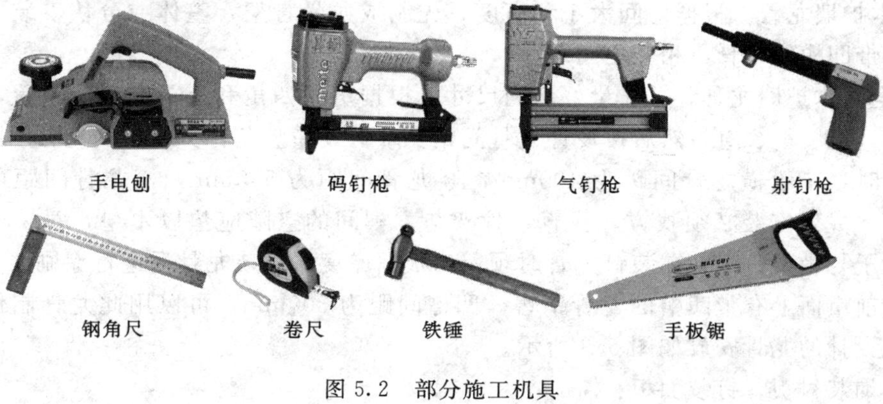

图5.2 部分施工机具

任务5.1.2 施工操作

【任务导航】 以会议室的背景墙（木护墙板）装饰为例，说明木龙骨、木饰面板制作木护墙板的装饰过程，要求掌握木护墙板的施工流程、施工方法、技术要领。

5.1.2.1 施工流程

放线定位→预埋木楔→铺涂防潮层→龙骨制作与安装→钉装面板。

5.1.2.2 施工方法

（1）定位与弹线：木护墙板安装前，应根据设计图要求，先找好标高、平面位置、竖向尺寸，进行弹线，并且弹出龙骨的位置线，以及下木楔钻孔的位置线，如图5.3所示。

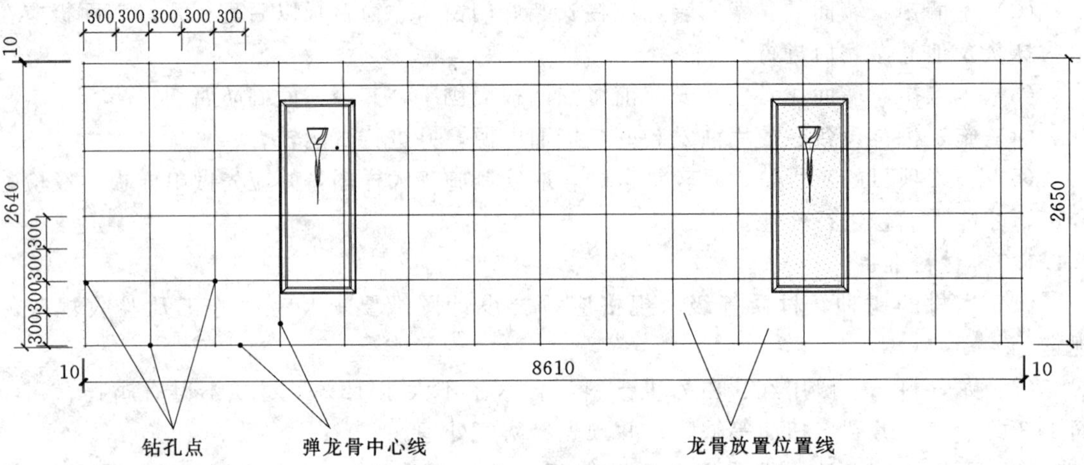

图5.3 木龙骨位置设计及钻孔点放线

（2）预埋木楔：根据画线的位置用冲击钻进行钻孔，孔径不小于10mm，深度不小于60mm。木楔作浸油防腐处理，然后插入孔中，用锤子打实；多余部分用锯切割掉，与墙面保持平齐。

（3）涂防潮层：设计有防潮要求的木护墙，在钉装龙骨时应压铺防潮卷材，或在钉装龙骨前进行涂刷防潮涂料的施工。

（4）龙骨制作与安装：

1）木护墙龙骨。根据房间大小和高度，先制成龙骨骨架，整体或分块安装。制作方法：选用带凹槽的龙骨，相互之间卡住。

2）全高木护墙龙骨。首先量好房间尺寸，根据房间四角和上下龙骨的位置，将四框龙骨找位，钉装平、直，然后按设计龙骨间距要求钉装横竖龙骨。木护墙龙骨间距：当设计无要求时，一般横龙骨间距为400mm，竖龙骨间距为500mm，横龙骨间距可扩大到450mm。木龙骨安装必须找方、找直，骨架与木楔间的空隙应垫以木垫，每块木垫至少用两个钉子与骨架钉牢，在装钉龙骨时预留出板面厚度。钉装龙骨后进行涂刷防火涂料的施工。目前市面上有带凹槽的龙骨销售，凹槽间距为300mm，可以用此龙骨制作较为方便，由此设计的龙骨安放如图5.3所示。

（5）铺装衬板，钉装面板：

1）在有需要做造型的位置上铺装衬板，衬板选用细木工板，铺装前根据龙骨的分割尺寸在细木工板的板面按分割尺寸弹出线，按线的位置进行铺装。衬板铺装前龙骨骨架和衬板的背部应刷防火涂料，用气钉枪在细木工板按线处钉在龙骨上。针对图 5.3 的衬板裁切和弹线如图 5.4 所示。

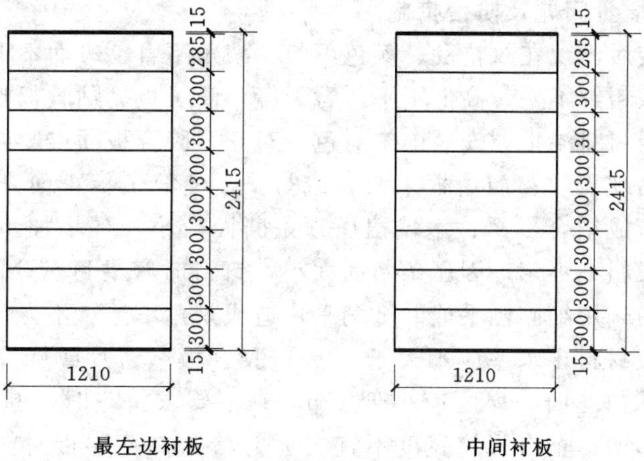

图 5.4 衬板裁切尺寸和弹打钉线

2）面板选色配纹：全部进场的面板材料，使用前，须参照同一房间邻近部位的面板颜色和纹理进行挑选，安装后木纹、颜色应近似一致。

3）裁板配制：按龙骨排尺，在板上画线裁板；胶合板、贴面板的板面严禁使用刨刀刨过，小面皆须刮直。面板长向对接配制时，必须考虑接头位于横龙骨处。

4）面板安装前，对龙骨位置、衬板平直度、钉设牢固情况等进行检查，合格后进行安装。

5）面板配好后进行试装。铺装方法：在龙骨或者衬板上刷乳白胶，然后铺装面板，面板尺寸、接缝、接头处构造完全合适，木纹方向、颜色的观感尚可的情况下，才能进行正式安装，用气钉固定（气钉固定面板的钉子规格应适宜）。

6）面板接头处应涂胶与龙骨钉牢，钉固面板的钉子规格应适宜，钉长约为面板厚度的 2～2.5 倍，钉距一般为 100mm，钉帽应砸扁，并用尖冲子将针帽顺木纹方向冲入面板表面下 1～2mm。

7）钉贴脸：贴脸料应进行挑选，花纹、颜色应与框料、面板近似。贴脸规格尺寸、宽窄、厚度应一致，接缝应顺平无错槎。

任务 5.1.3 成品保护及应注意的质量问题

【任务导航】 掌握材料进场后的规范管理、各工种间的配合、各施工工艺的施工条件以及各成品半成品的保护措施、施工中应注意的质量问题及其防治等。

5.1.3.1 成品保护

（1）细木制品进场后，应贮存在室内仓库或料棚中，保持干燥、通风，并按制品的种类、规格，在垫木上水平堆放。

（2）配料应在操作台上进行，不得直接在没有保护措施的地面上操作。

（3）木护墙板安装后，应及时刷一道底漆，以防干裂或污染。

（4）为保护细木成品，防止碰坏或污染，尤其出入口处应加保护措施，如装设保护条、护角板、塑料贴膜，并设专人看管。

5.1.3.2 应注意的质量问题及防治措施

（1）面层板安装后出现花纹错乱、颜色不匀、棱角不直、表面不平、接缝处有黑纹及接缝不严；或压顶条粗细不一、高低不平、劈裂等，筒子板、贴脸板割角不严、不方。

原因分析：面板材料混批，安装前未对色、对花；胶合板面透胶或粘贴时板缝余胶未清除净，上清漆即出现黑纹；门窗框未裁口或打槽，使筒子板正面直接贴在门窗框的背面，盖不住缝隙，造成结合不严；木墙裙压顶条断面较小，现场加工困难，或虽购入成品，但未挑选，造成粗细不匀；因压条断面太小，钉钉时容易钉劈；筒子板、贴脸的45°角割的不准，锯割后未用细刨刨平或砂纸刹平，造成割角不严、不方。

防治措施：面板材料含水率应不大于12%；胶合板（切片或旋片）的厚度应不小于5mm，厚木板材要求拼花时，厚度应小于15mm；不要求拼花时，厚度应不小于10mm，但背面均须设置变形槽；企口板块宽度不宜大于100mm；面层板材料要纹理顺直，颜色均匀，花纹相似；贴脸条要求线条清晰平直。精选使用切片时，尽量将花纹木心对上，一般花纹大的安装在下面，花纹小的安装在上面，防止倒装；颜色好的应用在迎面，颜色稍差的用在较背的部位；做面层每格之间缝宽度约8mm，要求较高时可加金属条；木护墙纵向接头做好在窗口上部或窗台以下，避开视线敏感范围，面板安装前先设计好尺寸，找直调装满意后再正式安装；木墙裙的顶部要拉线找平；木压条要挑选粗细一致、颜色相近的钉在一起，阴角接头采用上半部45°、下半部平顶的接法。

（2）面层明钉缺陷：硬木装修钉眼过大；贴脸、压缝条、墙裙压顶线等端头劈裂以及钉帽外露等。

原因分析：钉帽打得不够扁，或打扁的钉帽横着木纹往里钉；铁冲子太粗或冲偏；钉前没有木钻引眼；面板拉缝处露出下面龙骨上的大钉帽。

防治措施：打扁后的钉帽要小于钉子直径，扁钉帽应顺木纹往里卧入；钉子位置应钉在两根木筋之间；铁冲子要呈圆锥形，不要太尖，但应保持小于钉帽的状态；钉帽冲入板面下1mm左右；面板木料较硬，应先用木钻引个小眼，再钉钉子；钉劈的部位，应将钉子起出，用胶将劈裂处粘好，待固结后再用木钻在裂缝两边引小眼，补钉固牢；面板拉缝处龙骨上露出大钉帽，可用铁冲子将其冲进10mm左右，再用相同的木料粘胶补平。

任务5.1.4 质量验收标准与实践评定

【任务导航】 掌握质量验收一般规定，以及主控项目和一般项目的质量标准和验收方法；作出学生实践能力成绩评定。

5.1.4.1 主控项目

（1）木墙裙、木墙面所用的龙骨、配件、墙面板的品种、规格、性能和木材的含水率应符合设计要求。

（2）木墙裙、木墙面的龙骨必须与基体结构连接牢固，并应平整、垂直、位置正确。

（3）木墙裙、木墙面中龙骨间距和构造连接方法应符合设计要求。骨架内设备管线的安装、门窗洞口等部位加强龙骨应安装牢固、位置正确。

（4）木龙骨及木墙面板的防火和防腐处理必须符合设计要求。

（5）木墙裙、木墙面的木面板应安装牢固、无脱层、翘曲、折裂及缺损。

（6）木墙裙、木墙面板所用接缝材料的接缝方法应符合设计要求。

5.1.4.2　一般项目

（1）木墙裙、木墙面表面应平整光滑、色泽一致、洁净、无裂缝，接缝应均匀、顺直。

（2）木墙裙、木墙面上的孔洞、槽、盒应位置正确，套割吻合，边缘整齐。

（3）允许偏差和检验方法应符合表5.1的规定。

表5.1　木墙裙、木墙面工程安装的允许偏差

项次	项　目	允许偏差/mm	检　验　方　法
1	立面垂直度	4	用2m垂直检测尺检查
2	表面平整度	3	用2m靠尺和塞尺检查
3	阴阳角方正	3	用直角检测尺检查
4	接缝直线度	3	拉5m线，不足5m拉通线，用钢直尺检查
5	压条直线度	3	拉5m线，不足5m拉通线，用钢直尺检查
6	接缝高低差	1	用钢直尺和塞尺检查

5.1.4.3　实践项目成绩评定（表5.2）

表5.2　实践项目成绩评定表

项次	项　目	技术及质量要求	实测记录	项目分值	得分
1	木工手动工具使用正确			10	
2	气钉枪使用方法正确			10	
3	木龙骨拼装正确			10	
4	面板安装方法正确			10	
5	文明施工与安全施工			10	
6	施工流程正确			10	
7	施工方法正确			15	
8	检验工具使用正确			10	
9	检验方法正确			10	
10	完成任务时间			5	
11	合计			100	

任务5.1.5　其他相关木作技术

【任务导航】 针对项目中一些细部装饰装修，如挂镜线、贴脸板、压缝条、楼梯木扶手等，掌握这些部位装修的施工准备、施工流程和质量验收标准。

5.1.5.1 挂镜线、贴脸板、压缝条安装

1. 施工条件

(1) 在结构施工时应考虑挂镜线的固定件（木砖或预埋件）。如为木砖，在有抹灰层的部位安装挂镜线时，应在抹灰之前在木砖面上钉以防腐小木方，厚度为20mm，并在小木方上钉一小圆钉，露出灰面层，以便安装挂镜线找固定点位置。

(2) 安装挂镜线、贴脸板、压缝条前，应做完顶棚、墙面、地面装饰工程项目。

(3) 安装挂镜线、贴脸板、压缝条前，应检查前道工序项目的质量是否满足安装挂镜线、贴脸板、压缝条的要求。

2. 材料准备

(1) 木制挂镜线、贴脸板、压缝条的木材树种、材质等级、加工规格和线条必须符合设计要求，含水率不大于12%。门窗贴脸板、压缝条应采用与门窗框相同树种的木材。

(2) 木制挂镜线、贴脸板、压缝条使用的木材不得有裂纹、扭曲、死节等缺陷，加工制作与安装时遇有死节缺陷，应挖补粘制牢固，修饰美观。

(3) 金属挂镜线、贴脸板、压缝条制品的材质种类、规格、形状应符合设计要求。

(4) 安装固定材料：按设计构造要求、材质性能选用，一般可选用圆钉、螺栓、胀杆螺栓等。

3. 施工机具准备

(1) 电动机具：电焊机、手电钻。

(2) 手动工具：长手刨、短手刨、槽刨、小锯、锤子、平铲、割角尺、螺钉旋具、墨斗、钢锉、木锉等。

4. 施工操作

(1) 施工流程。检查安装部位→检验加工品→定位与画线→配料与预装→安装固定。

(2) 施工方法：

1) 检查安装部位。安装前应检查挂镜线固定点是否有标志；贴脸板和压缝条相接部位的抹灰和其他接缝与门窗框的平直度，是否满足安装的要求。

2) 检验加工品。安装前应检查加工品的树种、材质等级、规格、加工质量和零件，均应符合设计要求。

3) 定位与画线：

a. 挂镜线定位时应考虑门窗高度、窗帘盒位置与挂镜线交圈和高低的效果。

b. 贴脸板和压缝条定位时，应根据设计压框宽度，使压余量尺寸一致。

c. 金属和其他材质的制品均应与最凸出的压面尺寸一致。

4) 配料与预装：

a. 挂镜线、贴脸板、压缝条的安装需先配料。在安装部位首先量尺，处理接头或转角位置；设计无特殊要求时，接头应成45°角；转角位置应按设计转角大小刨成坡角相接。

b. 量尺后，组割配料，并在安装部位进行预装。

5) 安装固定：

a. 挂镜线安装的固定方式要按设计要求，但必须牢固、平顺。

b. 一般固定方法有钉固、胀杆螺钉固定等。在特殊饰面的墙、柱上安装挂镜线，应待面层施工完后进行。

c. 贴脸板和压缝条应紧密钉固在门窗框上，用气钉枪射入，视贴脸板和压缝条的树种、材质、断面尺寸而定。

5. 成品保护

(1) 安装时不得损坏装修面层，不得用锤击墙面和重击门窗框，应保持装修面的洁净。

(2) 安装操作中注意保护已施工完毕的墙面、地面、顶棚、窗台等不受损坏。

6. 质量标准

(1) 主控项目：

1) 挂镜线、贴脸板、压缝条制品的选材品种、规格、形状、颜色、线条必须符合设计要求。

2) 挂镜线安装标高应一致，线条平直。

3) 挂镜线、贴脸板、压缝条安装的割角、接头不得有错槎，观感清晰，固定牢靠。

(2) 一般项目：

1) 安装位置正确，接缝严密，割角整齐、交圈，与墙面紧贴，颜色一致。

2) 尺寸正确，表面平直光滑、线条通顺、不露钉帽。

3) 允许偏差项目见表5.3。

表5.3　挂镜线、贴脸板、压缝条安装允许偏差

项次	项目		允许偏差/mm	检验方法
1	挂镜线	上口平直	3	拉5m线检查
		交圈标高差	3	尺量检查
2	贴脸板、压缝条	距门窗框裁口	2	尺量检查

7. 质量记录

(1) 制品和材料应有材质合格证、木材烘干试验资料。

(2) 安装质量检定、评定资料。

5.1.5.2　楼梯扶手安装（金属栏杆、木扶手和塑料扶手安装工程）

1. 施工条件

(1) 楼梯间墙面、楼梯踏板等抹灰全部完成。

(2) 金属栏杆或靠墙扶手的固定埋件安装完毕。

2. 材料准备

(1) 木制扶手一般用硬杂木加工成规格成品，其树种、规格、尺寸、形状按设计要求。木材质量均应纹理顺直、颜色一致，不得有腐朽、节疤、裂缝、扭曲等缺陷；含水率不得大于12%。弯头料一般采用扶手料，以45°角断面相接，断面特殊的木扶手按设计要求备弯头料。

(2) 塑料扶手（聚氯乙烯扶手料）系化工塑料产品，断面形式、规格尺寸及色彩按设计要求选用。

（3）粘结料：一般多用聚醋酸乙烯（乳胶）等化学胶粘剂。

（4）其他材料：木螺钉、木砂纸、加工配件。

3. 施工机具

（1）电动机具：手提电钻、小台锯。

（2）手动工具：木锯、窄条锯；二刨、小刨、小铁刨；斧子、羊角锤、扁铲、钢锉、木锉、螺钉旋具；方尺、割角尺、卡子等。

4. 施工工艺

（1）木扶手安装：

1）施工流程：找位与画线→弯头配制→连接预装→固定→整修。

2）施工方法：

a. 找位与划线。①安装扶手的固定件：位置、标高、坡度找位校正后，弹出扶手纵向中心线；②按设计扶手构造，根据折弯位置、角度，划出折弯或割角线；③楼梯栏板和栏杆顶面，划出扶手直线段与弯头、折弯段的起点和终点的位置。

b. 弯头配制。①按栏板或栏杆顶面的斜度，配好起步弯头。一般木扶手，可用扶手料割配弯头，采用割角对缝粘结，在断块割配区段内最少要考虑三个螺钉与支承固定件连接固定；大于70mm断面的扶手接头配制时，除粘结外，还应在下面做暗榫或用铁件铆固；②整体弯头制作，先做足尺大样的样板，并与现场划线核对后，在弯头料上按样板划线，制成雏形毛料（毛料尺寸一般大于设计尺寸约10mm），按画线位置预装，与纵向直线扶手端头粘结，制作的弯头下面刻槽，与栏杆扁钢或固定件紧贴结合。

c. 连接预装。预制木扶手须经预装，预装木扶手由下往上进行，先预装起步弯头及连接第一跑扶手的折弯弯头，再配上下折弯之间的直线扶手料，进行分段预装粘结，粘结时操作环境温度不得低于5℃。

d. 固定。分段预装检查无误，进行扶手与栏杆（栏板）上固定件，用木螺钉拧紧固定，固定间距控制在400mm以内，操作时应在固定点处，先将扶手料钻孔，再将木螺钉拧入，不得用锤子直接打入，螺母应达到平正。

e. 整修。扶手折弯处如有不平顺，应用细木锉锉平，找顺磨光，使其折角线清晰，坡角合适，弯曲自然，断面一致，最后用木砂纸打磨光。

（2）塑料扶手安装（聚氯乙烯扶手安装）：

1）找位与划线。按设计要求及选配的塑料扶手料，核对扶手支承的固定件、坡度、尺寸规格、转角形状找位、划线，确定每段转角折线点、直线段扶手长度。

2）弯头配制。一般塑料扶手，用扶手料割角配制。

3）连接预装。安装塑料扶手，应由每跑楼梯扶手栏杆（栏板）的上端，设扁钢，将扶手料固定槽插入支承件上，从上向下穿入，即可使扶手槽紧握扁钢。直线段与上下折弯线位置重合、拼合割制折弯料相接。

4）固定。塑料扶手主要靠扶手料槽插入支承扁钢件抱紧固定，折弯处与直线扶手端头加热压粘，也可用乳胶与扶手直线段粘结。

5）整修。粘结硬化后，折弯处用木锉锉磨光，整修平顺。

5. 成品保护

(1) 安装扶手时，应保护楼梯栏杆、楼梯踏步和操作范围内已施工完的项目。

(2) 木扶手安装完毕后，宜刷一道底漆，并应加包裹，以免撞击损坏和受潮变色。

(3) 塑料扶手安装后应及时包裹保护。

6. 质量标准

(1) 主控项目：

1) 木扶手及弯头木料的树种、材质和含水率必须符合设计要求和《木结构工程施工质量验收规范》(GB 50206—2002) 的规定。

2) 塑料扶手选型应与支承件相符，材质形状、尺寸应符合设计要求。

3) 安装固定扶手的预埋件（木砖或铁件）必须牢固，无松动现象，木扶手入墙处应作防腐处理。

(2) 一般项目：

1) 制作：规格尺寸正确，表面光滑，线条顺直，曲线面弧顺，棱角方正，无刨痕、锤印等缺陷。

2) 安装：位置正确，割角线准确、整齐，接缝严密、坡度一致，粘结牢固、通顺，螺母平正，出墙尺寸一致。

3) 塑料扶手应无劈裂。

4) 允许偏差项目见表5.4。

表5.4　　楼梯扶手安装允许偏差

项次	项　目	允许偏差/mm	检 验 方 法
1	栏杆（板）垂直	2	吊线尺量检查
2	栏杆间距	3	尺量检查
3	扶手纵向弯曲	4	拉通线尺量检查
4	弯头与扶手规格	3	尺量检查

7. 质量记录

(1) 木扶手用料应有木材等级和烘干试验资料。

(2) 塑料扶手应有符合产品技术指标的合格证。

(3) 安装质量检定、评定资料。

练　习　题

(1) 简述手锯和刨子的使用方法。

(2) 简述气钉枪的使用方法和注意事项。

(3) 简述木护墙的施工流程。

(4) 简述木护墙的施工操作方法。

(5) 简述质量检验工具的使用方法。

子项目 5.2 安装墙面软包

【任务导航】 完成董事长办公室墙面软包工程安装，掌握软包安装的施工准备、施工流程和质量验收标准。

任务 5.2.1 施工准备

【任务导航】 熟悉墙面软包工程安装前各自需要做的准备工作，掌握墙面软包工程安装前应具备的施工条件，正确认识和准备施工材料和施工机具，掌握施工操作前的准备条件。

5.2.1.1 项目概况

1. 施工图

董事长办公室墙面软包图如图 5.5 所示。

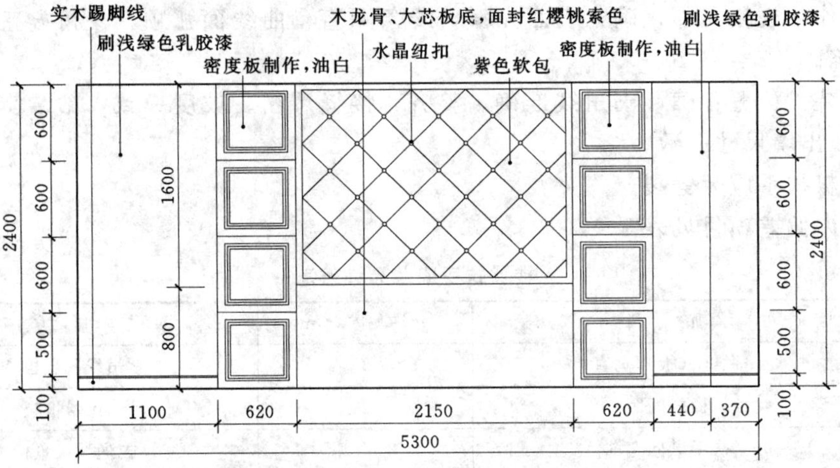

图 5.5 董事长办公室墙面软包图

2. 对施工人员的要求

(1) 认真学习项目施工技术，严谨施工。

(2) 掌握董事长办公室墙面软包的施工流程和施工操作。

(3) 掌握质量验收标准和质量验收方法。

3. 实训步骤

(1) 练习弹线找规矩。

(2) 练习木龙骨衬板的安装。

(3) 练习木造型的安装。

(4) 练习软包的做法。

(5) 按施工流程进行施工。

(6) 质量检查、验收。

5.2.1.2 施工条件

(1) 混凝土和墙面抹灰已完成，基层按设计要求木砖或木筋已埋设，水泥砂浆找平层已抹完灰并刷冷底油，且经过干燥，含水率不大于 8%；木材制品的含水率不得大于 12%。

（2）水电及设备，顶墙上预留预埋件已完成。

（3）房间里的吊顶基本完成，并符合设计要求。

（4）房间里的地面基本完成，并符合设计要求。

（5）房间里的木护墙和细木装修底板已基本完成，并符合设计要求。

（6）对施工人员进行技术交底时，应强调技术措施和质量要求。大面积施工前，应先做样板间，经质检部门鉴定合格后，方可组织班组施工。

5.2.1.3 材料准备

（1）软包墙面木造型、材料选用柚木、龙骨、衬板（细木工板）、面板等木材的树种、规格、等级、含水率和防腐处理，必须符合设计图纸要求和《木结构工程施工质量验收规范》（GB 50206—2012）的规定。

（2）软包面料及其他填充材料必须符合设计要求，并应符合建筑内装修设计防火的有关规定。

（3）龙骨料用塑料型材，不得有扭曲、裂缝等变形，样式如图5.6所示。水晶纽扣样式繁多，可以参考图5.7选择。

图5.6 软包龙骨

图5.7 水晶纽扣样式

（4）面板采用胶合装饰板（五合板），厚度不小于3mm，颜色、花纹要尽量相似；用原木板材作面板时，一般采用烘干的红白松、椴木和水曲柳等硬杂木，含水率不大于12%。其厚度不小于20mm，且要求纹理顺直、颜色均匀、花纹近似，不得有节疤、扭曲、裂缝、变色等瑕疵。

（5）外饰面用的压条、分格框料和木贴脸等面料，一般采用工厂加工的半成品烘干料，含水率不大于12%，厚度应根据设计要求，并预先经过防腐处理。

（6）辅料有乳胶、气钉、木螺钉、木砂纸。

（7）软包罩面材料必须符合设计图纸要求，并符合建筑内装修设计防火的有关规定。

5.2.1.4 机具准备

手电锯、手电刨、冲击钻、气钉枪、码钉枪、工作台、钢板尺（1m长），裁剪刀、毛巾、塑料水桶、塑料脸盆、油工刮板、砂纸、长卷尺、锤子、大铲刀、小铲刀、各种形状的木工凿子、线锯、水平尺、方尺、壁纸刀、弹线用的粉线包、墨斗、托线板、线坠等。

任务5.2.2 施工操作

【任务导航】 完成墙面软包的安装，掌握施工流程和施工方法。

5.2.2.1 施工流程

基层或底板处理→吊直、套方、找规矩、弹线→木龙骨骨架、衬板安装→镶嵌柚木木线造型→安装龙骨→裁割海绵并安装→镶嵌软包面料→安装水晶纽扣→清理。

原则：房间内的地、顶内装修已基本完成，墙面和细木装修底板做完，开始做面层装修时插入软包墙面镶贴装饰和安装工程。

5.2.2.2 施工方法

1. 基层或底板处理

凡做软包墙面装饰的房间基层，大都是事先在结构墙上预埋木砖、抹水泥砂浆找平层、刷喷冷底子油。铺贴一毡二油防潮层、安装50mm×50mm木墙筋（中距为450mm）、上铺五层胶合板。此基层或底板实际是该房间的标准做法。现采用方法为墙面做防潮处理（刷防潮涂料），软包龙骨距离墙面100mm，定制龙骨，然后镶贴软包。

2. 吊直、套方、找规矩、弹线

根据设计图纸要求，把该房间软包墙面两边的木质造型尺寸标注于墙面，包括造型出墙面的位置线，弹线于地面。

3. 木龙骨骨架、衬板安装

根据造型的实际尺寸以及软包墙面的实际尺寸下料，再根据墙面造型的尺寸用冲击钻在墙面上打眼，把木楔用油浸后钉入墙面孔眼中，然后将按造型尺寸制作的木龙骨钉入墙上（留出衬板和面板的厚度）。再根据骨架的实际尺寸进行衬板下料，将衬板用气钉固定在骨架上。

4. 镶嵌柚木木线造型

将柚木造型板根据设计尺寸下料，刷白胶，按造型线的尺寸用气钉枪固定。固定完毕修整，使边角平整，如图5.8所示。

图5.8 做好软包造型墙

图5.9 临时固定软包周边龙骨

5. 安装龙骨

(1) 软包造型墙完成后，先沿木线条周边内侧简单安装周边软包龙骨，龙骨与木线条留1～2mm左右的缝隙，如图5.9所示。

(2) 根据设计方案弹出内龙骨位置线，如图5.10所示。

（3）用气钉枪先安装一个斜向的龙骨，如图 5.11 所示。

（4）再安装另一个斜向的龙骨，如图 5.12 所示。

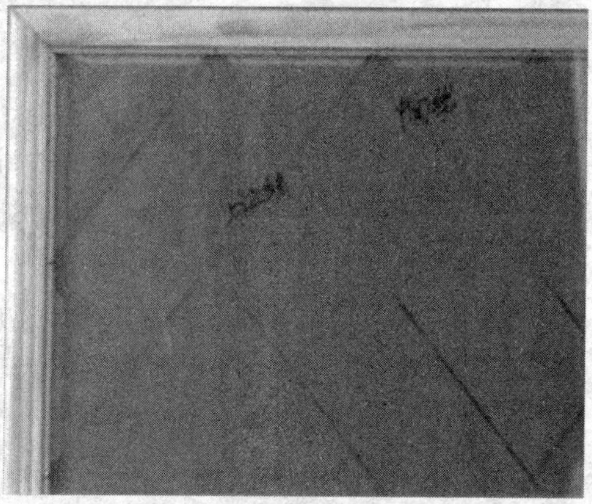

图 5.10 弹出龙骨位置线

图 5.11 一个斜向的龙骨

图 5.12 另一斜向的龙骨

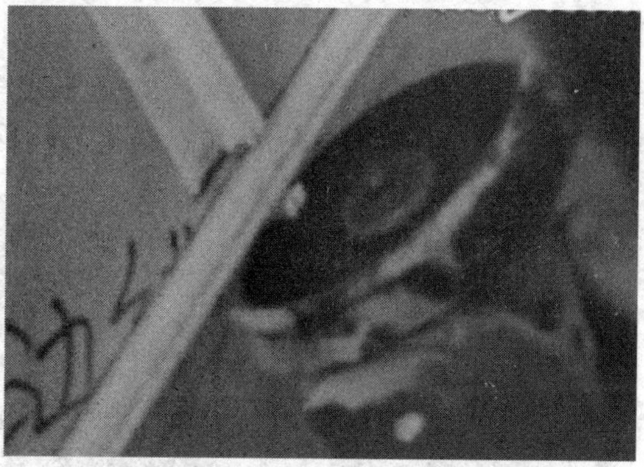

图 5.13 手电锯切割纽扣安装位置

（5）用手电锯切出水晶纽扣安装的位置，如图 5.13 和图 5.14 所示。

6. 裁割海绵并安装

在海绵板上弹出大小与设计合适的分割线，用裁纸刀切割海绵块（图 5.15），安装海绵块（图 5.16）。

7. 镶嵌软包面料

蒙上软包面料，用大铲刀将面料铲入龙骨内，如图 5.17 所示。宽出的面料用裁纸刀切割，如图 5.18 所示。对于软包周边龙骨与木线条之间的缝隙，拟剪出 3～4cm 的面料，背后先涂刷胶粘剂，再用大铲刀铲入龙骨缝隙和木线条与龙骨之间的缝隙

图 5.14 水晶纽扣安装的位置

中，形成收口线条。

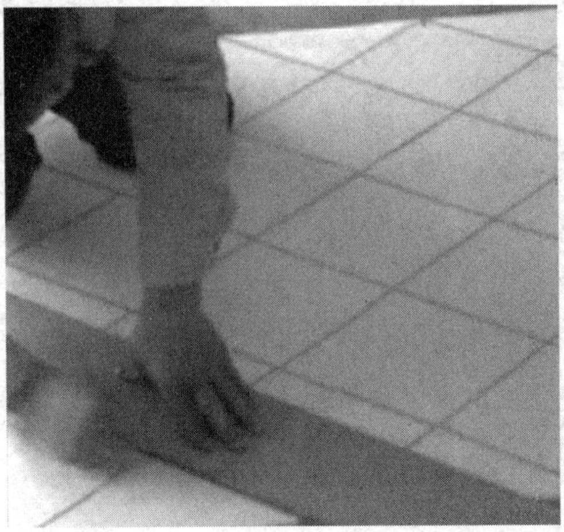

图 5.15　切割海绵块

图 5.16　安装海绵块

图 5.17　安装软包面料

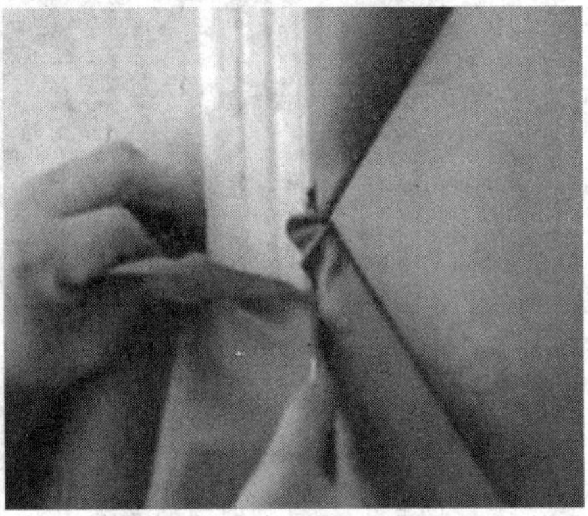

图 5.18　裁纸刀裁切多余面料

8. 安装水晶纽扣

先将水晶纽扣和配套的钉子拧紧，再用叠了 2～3 层的废面料蒙住钉帽，用铁锤将纽扣打入拟安装的位置，结果如图 5.19 所示。

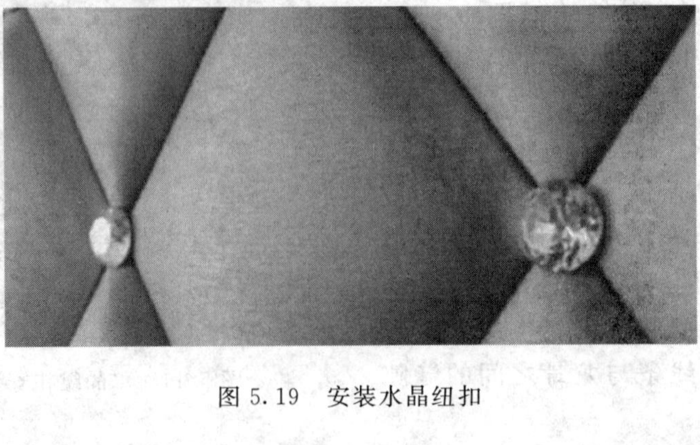

图 5.19　安装水晶纽扣

任务 5.2.3 成品保护及应注意的质量问题

【任务导航】 掌握如何保护原材料的干净、安装环境的卫生，如何保护安装好的成品以及施工中应注意的质量问题等。

5.2.3.1 成品保护

(1) 软包工程施工完毕的房间应及时清理干净，不准作为材料库或休息室，以免污染和损坏。并设专人进行管理（加锁、定期通风换气、排湿）。

(2) 若软包工程施工安排插入较早，施工完毕后还有其他工序施工，则必须设置成品保护膜。

(3) 施工过程中，各工序必须严格按照规程施工，操作要干净利落，边缘要切割整齐到位，胶痕及时擦拭干净。并做到活完料净脚下清，下脚料当天及时清理。严禁非操作人员随意触摸成品。

(4) 严禁在软包工程施工完毕的墙面上剔槽打洞。若因设计变更，必须采取可靠、有效的保护措施，施工完后要及时认真进行修复，以保护成品完整。

(5) 在进行暖卫、电气和其他设备等安装或修理过程中，应注意保护各墙面，严防污染和损坏成品。

(6) 修补压条、镶边条的油漆或浆活时，必须对软包进行保护。地面磨石打蜡时，也必须注意保护好工程的成品，防止污染、碰撞与损坏。

5.2.3.2 应注意的质量问题

(1) 软包工程所选用的面料、内衬材料、胶粘剂、细木工板、多层板等材料必须有出厂合格证和环保、消防性能检测报告，其防火等级必须达到设计和招标文件要求。

(2) 接缝不平直、不水平：相邻两面料的接缝不平直、不水平，或虽接缝垂直但花纹不吻合，或不垂直不水平等，是因为在铺贴第一块面料时，没有认真进行吊垂直和对花、拼花，因此在开始铺贴第一块面料时必须认真检查，发现问题及时纠正。特别是在预制镶嵌软包工艺施工时，各块预制衬板的制作、安装更要注意对花和拼花。

(3) 花纹图案不对称：有花纹图案的面料铺贴后，门窗两边或室内与柱子对称的两块面料的花纹图案不对称，是因为面料下料宽狭不一或纹路方向不对，造成花纹图案不对称。预防方法是通过做样板间，尽量多采用试拼的措施，找出花纹图案不对称问题的原因，进行解决。

(4) 离缝或亏料：相邻面料间的接缝不严密，露底称为离缝。面料的上口与挂镜线，下口与台度上口或踢脚线上口接缝不严密，露底称为亏料。离缝主要原因是面料铺贴产生歪斜，出现离缝。上下口亏料的主要原因是面料剪裁不齐、下料过短或裁切不细、刀子不锋利等原因造成。

(5) 面层颜色、花形、深浅不一致：主要是因为使用的不是同一匹面料，同一场所面料铺贴的纹路方向不一致，解决办法为施工时认真挑选和核对。

(6) 周边缝隙宽窄不一致：主要原因是制作、安装镶嵌衬板过程中，施工人员不仔细，硬边衬板的木条倒角不一致，衬板裁割时边缘不直、不方正等。解决办法就是强化操作人员责任心，加强检查和验收工作。

（7）压条、贴脸及镶边条宽窄不一、接槎不平、扒缝等：主要原因是选料不精，木条含水率过大或变形，制作不细，切割不认真，安装时钉子过稀等。解决办法是在施工时，坚决杜绝不是主料就不重视的错误观念，必须重视压条、贴脸及镶边条的材质以及制作、安装过程。

任务 5.2.4　质量验收标准与实践评定

【任务导航】 掌握质量标准、验收方法以及实践项目的评定办法。

5.2.4.1　主控项目

（1）软包面料、内衬材料及边框的材质、颜色、图案、燃烧性能等级和木材的含水率应符合设计要求及国家现行标准的有关规定。

（2）木材含水率太高，在施工后的干燥过程中，会导致木材翘曲、开裂、变形，直接影响到工程质量。故应对其含水率进行进场验收。

检验方法：观察；检查产品合格证书、进场验收记录和性能检测报告。

（3）软包工程的安装位置及构造做法应符合设计要求。

检验方法：观察；尺量检查；检查施工记录。

（4）软包工程的龙骨、衬板、边框应安装牢固，无翘曲，拼缝应平直。

检验方法：观察；手扳检查。

（5）单块软包面料不应有接缝，四周应绷压严密。

检验方法：观察；手摸检查。

说明：不绷压严密，经过一段时间，软包面料会因失去张力而出现下垂及皱折；单块软包面料的本色，其色泽和木纹如相差较大，均会影响到装饰效果。

5.2.4.2　一般项目

（1）软包工程表面应平整、洁净，无凹凸不平及皱折；图案应清晰、无色差，整体应协调美观。

检验方法：观察。

（2）软包边框应平整、顺直、接缝吻合。其表面涂饰质量应符合有关规定。

检验方法：观察；手摸检查。

（3）清漆涂饰木制边框的颜色与木纹应协调一致。

检验方法：观察。

（4）软包工程安装的允许偏差和检验方法应符合表 5.5 的规定。

表 5.5　　软包工程安装的允许偏差和检验方法

项次	项　目	允许偏差/mm	检　验　方　法
1	垂直度	3	用 1m 垂直检测尺检查
2	边框宽度、高度	0～2	用钢尺检查
3	对角线长度差	3	用钢尺检查
4	裁口、线条接缝高低差	1	用钢直尺和塞尺检查

5.2.4.3 质量记录

（1）软包面料等材料的出厂合格证。

（2）本分项工程质量评定表。

5.2.4.4 实践项目成绩评定（表5.6）

表5.6 实践项目成绩评定表

项次	项目	技术及质量要求	实测记录	项目配分	得分
1	工具使用正确			10	
2	弹线清晰、位置准确			10	
3	造型龙骨制作方法正确			10	
4	造型面板安装正确			10	
5	软包制作安装正确			10	
6	文明施工与安全施工			10	
7	施工流程正确			15	
8	检验工具正确			10	
9	检验方法正确			10	
10	任务完成时间			5	
合计				100	

练 习 题

（1）练习工具的使用方法。

（2）掌握质量检查工具的使用方法。

（3）简述软包项目的施工流程。

（4）叙述软包项目的施工操作方法。

（5）简述软包项目的产品保护措施。

子项目5.3 墙面贴壁纸

【任务导航】 完成董事长办公室、会议室、接待室的墙面壁纸裱贴，掌握壁纸的施工流程、施工方法以及成品保护和质量验收标准。

任务5.3.1 施工准备

【任务导航】 熟悉壁纸裱贴前需要做的准备工作，掌握壁纸裱贴前应具备的施工条件，正确认识和准备施工材料和施工机具，掌握施工操作前的准备条件。

5.3.1.1 项目概况

董事长办公室、会议室、接待室等房间墙面除有装饰造型并指定材料装饰外，大部分墙面均裱贴壁纸，选用壁纸为纺织物壁纸，拟作无缝裱贴做法。

1. 对施工人员（学员）的要求

（1）熟练使用裱糊壁纸的工具。

（2）掌握裱糊壁纸的流程和施工操作方法。

（3）掌握质量标准和质量验收的方法。

2. 实训步骤

（1）练习腻子刮板的使用。

（2）练习量裁壁纸的方法。

（3）练习壁纸的粘贴方法。

（4）按工艺流程进行施工。

（5）质量检验、验收。

5.3.1.2 材料准备

（1）壁纸：品种、花色、色泽等已由设计而定。

（2）胶粘剂：壁纸胶粉，盒装，每盒可裱糊 25m^2 左右。

（3）双飞粉（腻子粉）、甲基纤维素、白乳胶（聚醋酸乙烯乳液）、砂纸。

（4）底灰腻子：底灰腻子用作修补填平基层表面的麻点、凹坑、接缝、钉空等部位，有乳胶腻子和油性腻子两种，调配腻子的配比如下（重量比）：

1）乳胶腻子：①白乳胶：滑石粉：甲基纤维素（2%溶液）=1：10：2.5；②白乳胶：石膏粉：甲基纤维素（2%溶液）=1：6：0.6。

2）油性腻子：①石膏粉：熟桐油：清漆（酚醛）=10：1：2；②老粉：熟桐油：松节油=10：2：1。

5.3.1.3 施工机具准备

（1）活动裁纸刀：其刀片可伸缩，并是多节式，刀片前部用钝后可截去。刀具有大、中、小几种，用来裁切厚度不同的墙纸。

（2）塑料刮板：裱糊壁纸时，刮平、贴附壁纸之用。

（3）钢板抹子：用于墙面批嵌腻子，接触面大，通常用 1mm 的弹簧钢片制作。

（4）不锈钢长钢尺：用于压裁墙纸，其长度为 1000mm。

（5）毛胶辊：在顶面或墙面刷胶液用，通常是将短柄毛辊绑在长杆上使用。

（6）其他工具：水平尺、裁纸案台、钢卷尺、普通剪刀、注射用针管及针头、粉线包、软毛巾、排笔、板刷、大小塑料桶等（图 5.20）。

任务 5.3.2 施工操作

【任务导航】 完成墙面壁纸的裱糊，掌握裱糊施工流程和施工方法。

5.3.2.1 施工流程

基层处理→弹线→测量与裁剪壁纸→润纸→刷胶→裱糊→清理修整。

但对不同的墙面和壁纸材料，其施工工艺上又有所区别。主要操作工序见表 5.7。

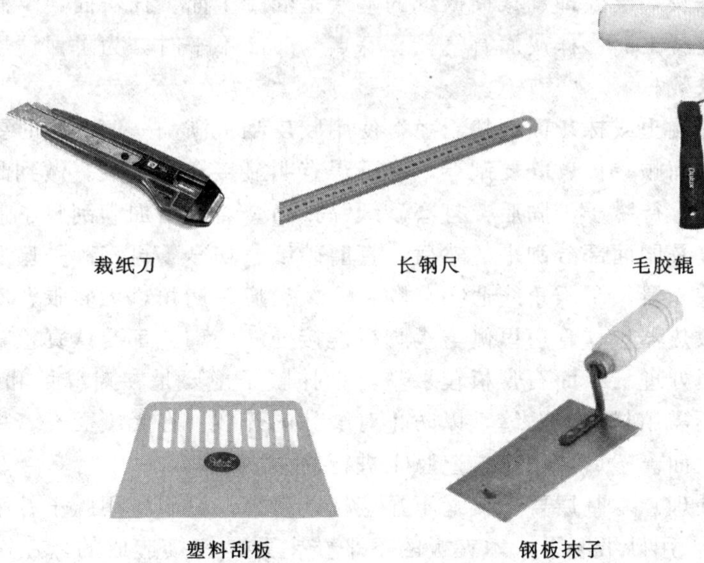

图 5.20 壁纸裱糊工具

表 5.7 **壁纸裱糊的主要工序表**

项次	工 序 名 称	抹灰	混凝土面	石膏	板面	木材	饰面
		普通壁纸	塑料壁纸	普通壁纸	塑料壁纸	普通壁纸	塑料壁纸
1	清扫基层、填补缝隙	√	√	√	√	√	√
2	接缝处糊棉纸条			√	√		
3	找补腻子、磨砂纸	√	√				
4	满刮腻子磨平	√	√				
5	涂刷防潮剂	√	√	√	√	√	√
6	涂刷108胶打底	√	√				
7	壁纸浸水	√	√	√	√	√	√
8	基层涂刷胶粘剂	√	√	√	√	√	√
9	壁纸涂刷胶粘剂	√	√	√	√	√	√
10	裱糊	√	√	√	√	√	√
11	擦净挤出胶水	√	√	√	√	√	√
12	清理修整	√	√	√	√	√	√

注 表中"√"表示要做的工序。

5.3.2.2 施工方法

1. 基层处理

裱糊壁纸的基层，要求坚实牢固，表面平整光洁、不疏松起皮、不掉粉、无砂粒、孔洞、麻点和飞刺。否则壁纸就难以粘贴平整。此外，墙面应基本干燥，不潮湿发霉，含水率低于8%。经防潮处理后的墙面，可减少壁纸发霉现象和受潮起泡脱落现象。所以说基层处理的质量好坏，直接关系到壁纸的裱糊质量。

(1) 混凝土及抹灰基层处理。裱糊壁纸的基层是混凝土面、抹灰面，要满刮腻子一遍并磨砂纸。但有的混凝土面、抹灰面有气孔、麻点、凸凹不平时，为了保证质量，应增加满刮腻子和磨砂纸遍数。

刮腻子时，将混凝土或抹灰面清扫干净，使用胶皮刮板满刮一遍。刮时要有规律，要一板排一板，两板中间顺一板。既要刮严，又不得有明显接槎和凸痕。做到凸处薄刮，凹处厚刮，大面积找平。待腻子干固后，打磨砂纸并扫净。需要增加满刮腻子遍数的基层表面，应先将表面裂缝及凹面部分刮平。然后，打磨砂纸、扫净，再满刮一遍后打磨砂纸处理好的底层应该平整光滑，阴阳角线通畅、顺直，无裂痕、崩角，无砂眼、麻点。特别是阴阳角、窗台下、散热器包、管道里侧与踢脚板连接处的处理，都要认真检查修整。

(2) 石膏板基层处理。纸面石膏板较平整，批抹腻子主要是在对缝处和螺钉孔位处。对缝批抹腻子后，还需用封缝带贴缝，以防止对缝处的开裂。在无纸面石膏板上，应用腻子满刮一遍，找平大面。然后，用第二遍腻子进行修整。

(3) 木质基层处理。木基层要求接缝不显接槎，接缝、钉眼应用腻子补平并满刮油性腻子一遍（第一遍），用砂纸磨平。木夹板的不平整主要是钉接造成的，在钉接处木夹板往往下凹，非钉接处向外凸。第一遍满刮腻子主要是找平大面。第二遍可用石膏腻子找平，腻子的厚度应减薄，可在该腻子五到六成干时，用塑料刮板有规律地压光，最后用干净的抹布轻轻将表面灰粒擦净。

对要贴金属壁纸的木基面处理，应在第二遍腻子时采用石膏粉调配猪血料的腻子，其配合比为10∶3（重量比）。金属壁纸对基面的平整度要求很高，稍有不平处或粉尘，都会在金属壁纸裱贴后明显地看出来。批抹腻子的遍数要求在三遍以上，并且在最后一遍腻子打平后用软布擦净。

(4) 旧墙基层处理。首先，对旧墙表面脱灰、孔洞等较大的缺陷处用相同砂浆修补平，再对麻点、凹坑、接缝、裂缝等较小缺陷，用腻子修补两次，直到填平。然后，进行大面满刮腻子的找平工作。如果墙面有油迹等污染部分，应将这些部分彻底铲除或刷洗干净，再用水泥砂浆或石膏灰浆补平。要注意，修补的砂浆应与原基层砂浆同料、同色，一定要防止基层颜色不一致，而影响壁纸粘贴后的装饰效果。

(5) 不同基层对接处的处理。不同基体材料的相接处，如石膏板与木夹板、水泥或抹灰基层与木夹板、水泥基面与石膏板之间的对缝，应用封缝带或穿孔纸带粘贴封口，以防止裱糊后的壁纸面层被拉裂撕开。

(6) 涂刷防潮底漆和底胶。为了防止壁纸受潮脱胶，一般对要裱糊塑料壁纸、壁布、纸基塑料壁纸、金属壁纸的墙面涂刷防潮底漆。防潮底漆用酚醛清漆与汽油或松节油来调配，其配合比（重量比）为清漆∶汽油（或松节油）=1∶3。该底漆可涂刷也可喷刷，漆液不宜厚，涂刷要均匀。

涂刷底胶是为了增加粘结力，防止处理好的基层受潮弄污。底胶一般用108胶配少许乳胶加水调成，其配合比（重量比）为108胶∶水∶乳胶=10∶10∶1。底胶可涂刷也可喷刷。在涂刷防潮底漆和底胶时，室内应无灰尘，且防止灰尘和杂物混入该底漆或底胶中。底胶一般是一遍成活，但不能漏刷、漏喷。

根据现场墙面的实际要求，选择混凝土抹灰基层处理。

2. 弹线

墙面弹水平线及垂直线，其目的是使壁纸粘贴后的花纹、图案、线条纵横连贯，故有必要在底油底胶干燥后弹划出水平、垂直线，作为操作时的依据。遇到门窗等大洞口时，一般以立边分划为宜，便于摺角贴立边。具体施工操作如下：

(1) 按壁纸的标准宽度找规矩，每个墙面的第一条纸都要弹线找直，作为裱糊时的基准线。将调整用的裁切边安排在墙的阴角处或不显眼的地方。

(2) 在第一条贴纸的位置上墙顶处敲进一枚墙钉，将铅锤线系上；铅锤下吊到踢脚上边缘处，锤线静止不动后，一只手握紧锤头，按锤线的位置用铅笔在墙面画一条短线，再松开铅锤头查看锤线是否与铅笔短线重合。如果重合，就用一只手将锤线按在铅笔短线上，另一只手把锤线往外拉，放手后使其弹回，便可得到墙面的基准垂线。弹出的基准垂线越细越好（图5.21）。

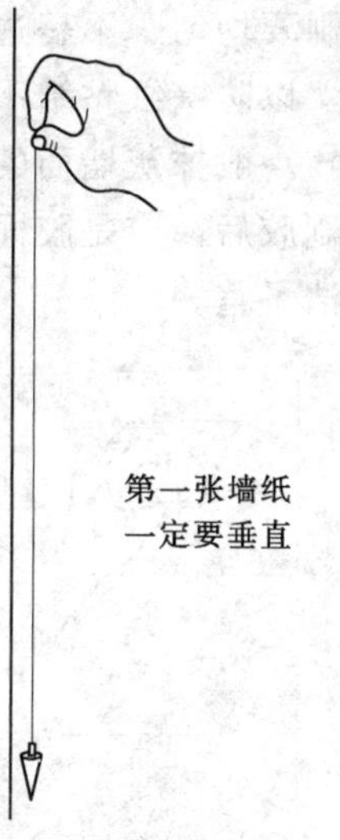

图5.21 弹线找直

每个墙面的第一条垂线，应该定在距墙角距离小于壁纸幅宽50～80mm处。

3. 测量与裁剪

量出顶端到墙脚的高度，两端各留出50mm以内备修剪，然后剪出第一段壁纸。有图案的材料，特别是图案中图形较大的，应将图形自墙的上部开始对花，而需根据弹线找规矩的实际尺寸来统筹规划裁纸，并编上号，以便按顺序粘贴。裁纸下刀前还要复核尺寸有无出入，压紧壁纸后不得再移动，刀刃贴紧尺边，一气呵成，中间不得停顿或变换持刀角度。

4. 润纸

塑料壁纸遇水或胶水，开始自由膨胀，约5～10min胀足，干后会自行收缩。自由胀缩的壁纸，其幅宽方向的膨胀为0.5%～1.2%，收缩率为0.2%～0.8%。例如幅宽为500mm的壁纸，幅宽方向膨胀为2～6mm，其收缩率为0.1%～0.4%。掌握这个特性可保证塑料壁纸的裱糊质量。准备上墙的壁纸，要先刷清水一遍，再均匀刷胶粘剂一遍，使壁纸充分吸湿伸张后再上二墙。润纸的方法，可以刷水，也可将壁纸浸入水中浸泡3～5min后，把多余的水抖掉，再静置约15min，然后再刷胶裱糊，这样纸能充分胀开。粘贴到基层表面上后，壁纸随着水分的蒸发而收缩、绷紧。如果在干纸上刷胶后立即上墙裱糊，纸虽被胶固定，但会继续吸湿膨胀，使得贴上的壁纸出现大量气泡、皱折、空鼓等现象。

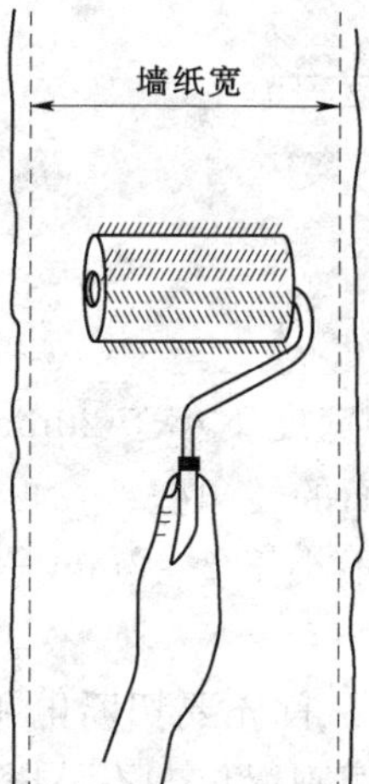

图5.22 刷胶

5. 刷胶

塑料纸基背面和墙面都应涂刷胶粘剂，刷胶应厚薄均匀。胶粘剂调制后，要通过筛子过滤，除去胶中的疙瘩及杂物，调制出的胶液应在当日用完。

刷胶时，基层表面刷胶的宽度要比壁纸宽约3cm（图5.22）。

涂刷要均匀、不裹边、不起堆，以防溢出，弄脏壁纸。但也不能刷得过少，甚至刷不到位，以防壁纸粘结不牢。

一般抹灰墙面的用胶量为 0.15kg/m² 左右，纸面石膏板为 0.12kg/m² 左右。壁纸背面刷胶后，应是胶面与胶面反复对叠，以避免胶干得太快，也便于上墙，并使裱糊的墙面整洁平整。

6. 裱糊

(1) 裱糊壁纸时，先要垂直，后对花拼缝，再用刮板用力抹压平整。原则是先垂直面后水平面，先细部后大面。贴垂直面时先上后下，贴水平面时先高后低。

(2) 裱糊时剪刀和长刷可放在围裙袋中或手边。先将上过胶的壁纸下半截向上折一半，握住顶端的两角。在四脚梯或凳上站稳后，展开上半截，凑近墙壁，使边缘靠着垂线成一直线，轻轻压平，由中间向外用刷子将上半截敷平，在壁纸顶端作出记号。然后，用剪刀修齐或用纸刀将多余壁纸割去。再按上法同样处理下半截，修齐踢脚板与墙壁间的角落。用海绵擦掉沾在踢脚板上的胶糊。壁纸基本贴平后，再用胶皮刮板或塑料刮板由上而下、由中间向两边抹刮，使壁纸平整贴实（图 5.23）。

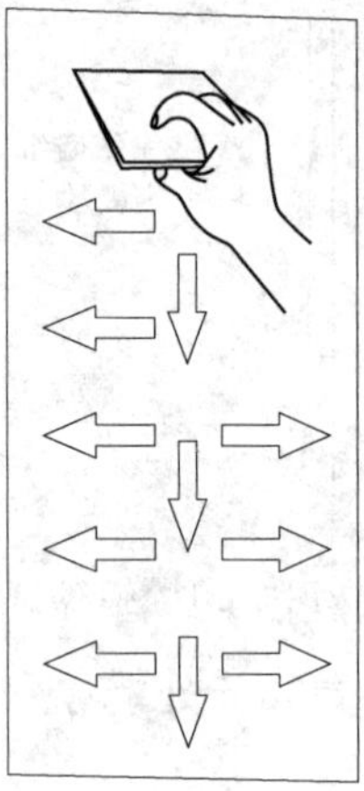
图 5.23 刮板刮平、贴实

(3) 一般无花纹的壁纸，纸幅间可拼缝重叠 20mm，并用直钢尺在接缝处从上而下用锋利的壁纸刀在壁纸重叠部分的中间切断，在切割时用力要适中，以能将两层墙纸切断为准，而且用力要均匀，要避免重割。有花纹的壁纸，则采取两幅壁纸花纹重叠，对好花，用钢尺在重叠处拍实，从壁纸搭口中间自上而下切割，除去切下的余纸后用橡胶刮板刮平。切纸拼缝应在壁纸裱糊后半小时才能进行（图 5.24 和图 5.25）。

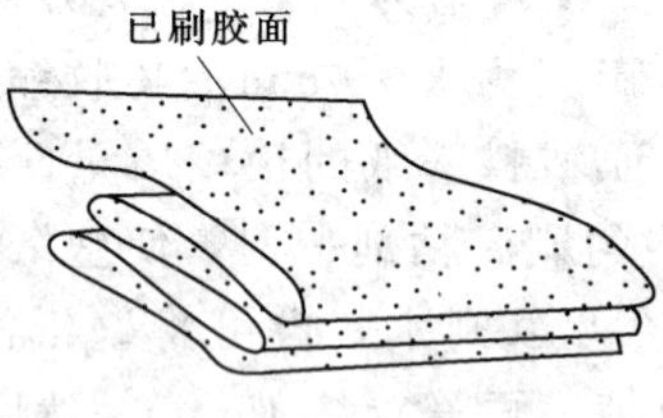

图 5.24 壁纸对叠

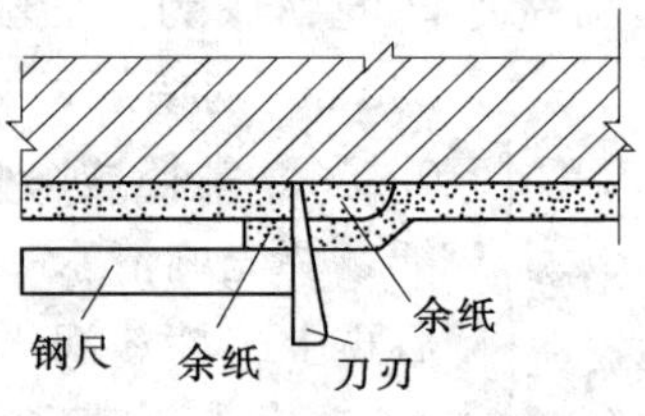

图 5.25 壁纸的搭接切割法

(4) 裱糊壁纸时，注意在阳角处千万不可拼缝，壁纸绕过墙角的宽度不小于 20mm，否则便会形成一个不雅观的折痕。阴角壁纸搭缝时，应先裱糊压在里面的转角壁纸，再粘贴非转角的正常壁纸。搭接面应根据阴角垂直度而定，搭接宽度一般不小于 2～3mm，并且要保持垂直无毛边。

(5) 裱糊前应尽可能卸下墙上的物件，在卸下墙上电灯等开关时，首先要切断电源，用火柴棒或细木棒插入螺栓孔内，以便在裱糊时识别，以及在裱糊后切割留位。不易拆下来的配件，只能在壁纸上剪个口再裱上去。操作时将壁纸轻轻糊于电灯开关上面，并找到中心点，从中心开始切割十字，一直切到墙体边。然后用手按出开关体的轮廓位置，慢慢拉起多余的壁纸，剪去不需要的部分，再用橡胶刮子刮平，并擦去刮出的胶液。

7. 清理修整

(1) 壁纸粘贴后，若发现空鼓、气泡时，可用针刺进放气，然后再用注射针注进胶粘剂。也可用壁纸刀切开泡面，加涂胶粘剂后，用刮板压平压密实。并把纸面上的污点、胶迹清除干净。

(2) 保护好贴完壁纸的墙壁。在交叉流水施工作业中避免人为的破损、污染。施工期间与完工后的空气湿度与湿度变化较大等因素，都会严重影响墙纸的质量，故完工后应尽量封闭。一般应注意以下几点：

1) 裱糊墙纸时空气相对湿度不应过高，一般应低于85%，温度不应剧烈变化。

2) 为避免损坏、污染，裱糊墙纸尽量放在施工作业的最后一道工序，特别应放在塑料或木踢脚板铺贴之后。

3) 基层抹灰层宜具有一定的吸水性，因而底面防潮底漆的使用与否一定要根据具体气候条件和使用条件来定。

4) 在潮湿季节，裱糊好的壁纸工程，在竣工后应在白天打开门窗，加强通风（除阴雨天外），夜晚关闭门窗防止潮湿气体侵袭。

任务5.3.3　成品保护及应注意的质量问题

【任务导航】 掌握壁纸裱糊前后的管理、电器成品的保护、裱糊产品的保护以及施工中应注意的质量问题等。

5.3.3.1　成品保护

(1) 裱糊完墙纸的房间应及时清理干净，不准用作料房或休息室，避免污染和损坏。

(2) 在整个裱糊的施工过程中，严禁非操作人员随意触摸墙纸。

(3) 电气和其他设备等在进行安装时，应注意保护墙纸，防止污染和损坏。

(4) 铺贴壁纸时，必须严格按照规程施工，施工操作时要做到干净利落，边缝要切割整齐，胶痕必须及时清擦干净。

(5) 严禁在已裱糊好壁纸的顶、墙上凿眼打洞。若纯属设计变更，也应采取相应的措施，施工时要小心保护，施工后要及时认真修复，以保证壁纸的完整。

(6) 二次修补油漆、乳胶漆时，注意做好壁纸的保护，防止污染、碰撞与损坏。

5.3.3.2　应注意的质量问题

(1) 边缘翘起：主要是接缝处胶刷的少，或局部没刷胶，或边缝没压实，干后出现翘边、翘缝等现象。发现后应及时刷胶辊压修补好。

(2) 上、下端缺纸：主要是裁纸时尺寸未量好，或切割时本压住钢板尺而走刀将纸裁小。施工操作时一定要认真细心。

(3) 墙面不洁净，斜视有胶痕：主要是没及时用湿温毛巾将胶痕擦净，或虽擦过但不彻底又不认真，或由于其他工序造成面纸污染等。

(4) 壁纸表面不平，斜视有疙瘩：主要是基层墙面清理不彻底，或虽清理但没认真清扫，因此基层表面仍有积尘、腻子包、水泥斑痕、小砂粒、胶浆疙瘩等，故粘贴壁纸后会出现小疙瘩；或由于抹灰砂浆中含有未熟化的生石灰颗粒，也会将壁纸拱起小包。处理时应将壁纸切开取出污物，再重新刷胶粘贴好。

（5）壁纸有泡：主要是基层含水率大，抹灰层未干就铺贴壁纸，由于灰层被封闭，多余水分出不来，气化就将壁纸拱起成泡。处理时可用注射器将泡刺破并注入胶液，用辊压实。

（6）阴阳角壁纸空鼓、阴角处有断裂：阳角处的粘贴大都采用整张纸，它要照顾到两个面、一个角，都要尺寸到位、表面平整、粘贴牢固，是有一定的难度，阴角比阳角稍好一点，但与抹灰基层质量有直接关系，主要是胶不漏刷，赶压到位，是可以防止空鼓的。要防止阴角断裂，关键是阴角壁纸接槎时必须超过阴角 1～2cm，实际阴角处已形成了附加层，这样就不会由于时间长、壁纸收缩，而造成阴角处壁纸断裂。

（7）面层颜色不一，花形深浅不一：主要是壁纸质量差，施工时没有认真挑选。

（8）窗台板上下、窗帘盒上下等处铺贴毛糙，拼花不好，污染严重；主要是操作不认真。应加强工作责任心，要高标准、严要求，严格按规程认真施工。

（9）对湿度较大房间和经常潮湿的墙体应采用防水性的壁纸及胶粘剂，有酸性腐蚀的房间应采用防酸壁纸及胶粘剂。

（10）对于玻璃纤维布及无纺贴墙布，糊纸前不应浸泡，只用湿毛巾满擦一遍后挂起备用即可。

任务 5.3.4　质量验收标准与实践评定

【任务导航】 掌握软包工程施工的质量标准、检验方法，以及实践成绩的评定办法。

5.3.4.1　一般规定

（1）裱糊与软包工程验收时应检查下列文件和记录：

1）裱糊与软包工程的施工图、设计说明及其他设计文件。

2）饰面材料的样板及确认文件。

3）材料的产品合格证书、性能检测报告、进场验收记录和复验报告。

4）施工记录。

（2）各分项工程的检验批划分：同一品种的裱糊或软包工程每 50 间（大面积房间和走廊按施工面积 30m^2 为一间）应划分为一个检验批，不足 50 间也应划分为一个检验批。

（3）检查数量应符合下列规定：

1）裱糊工程每个检验批应至少抽查 10%，并不得少于 3 间，不足 3 间时应全数检查。

2）软包工程每个检验批应至少抽查 20%，并不得少于 6 间，不足 6 间时应全数检查。

（4）裱糊前，基层处理质量应达到下列要求：

1）新建筑物的混凝土或抹灰基层墙面在刮腻子前应涂刷抗碱封闭底漆。

2）旧墙面在裱糊前应清除疏松的旧装修层，并涂刷界面剂。

3）混凝土或抹灰基层含水率不得大于 8%；木材基层的含水率不得大于 12%。

4）基层腻子应平整、坚实、牢固，无粉化、起皮和裂缝；腻子的粘结强度应符合《建筑室内用腻子》（JG/T 3049—1998）N 型的规定。

5）基层表面平整度、立面垂直度及阴阳角方正应达到规范高级抹灰的要求。

6）基层表面颜色应一致。

7）裱糊前应用封闭底胶涂刷基层。

（5）基层的质量与裱糊工程的质量有非常密切的关系，故作出本条规定。

1）新建筑物的混凝土抹灰基层如不涂刷抗碱封闭底漆，基层泛碱会导致裱糊后的壁纸变色。

2）旧墙面疏松的旧装修层如不清除，将会导致裱糊后的壁纸起鼓或脱落。清除后的墙面仍需达到裱糊对基层的要求。

3）基层含水率过大时，水蒸气会导致壁纸表面起鼓。

4）腻子与基层粘结不牢固，或出现粉化、起皮和裂缝，均会导致壁纸接缝处开裂，甚至脱落，影响裱糊质量。

5）抹灰工程的表面平整度、立面垂直度及阴阳角方正等均对裱糊质量影响很大，如其达不到高级抹灰的质量要求，将会造成裱糊时对花困难，并出现离缝和搭接现象，影响整体装饰效果，故抹灰质量应达到高级抹灰的要求。

6）如基层颜色不一致，裱糊后会导致壁纸表面发花，出现色差，特别是对遮蔽性较差的壁纸，这种现象将更严重。

7）底胶能防止腻子粉化，并防止基层吸水，为粘贴壁纸提供一个适宜的表面，还可使壁纸在对花、校正位置时易于滑动。

5.3.4.2 主控项目

（1）壁纸、墙布的种类、规格、图案、颜色和燃烧性能等级必须符合设计要求及国家现行标准的有关规定。

检验方法：观察；检查产品合格证书、进场验收记录和性能检测报告。

（2）裱糊工程基层处理质量应符合规范要求。

检验方法：观察；手摸检查；检查施工记录。

（3）裱糊后各幅拼接应横平竖直，拼接处花纹、图案应吻合，不离缝，不搭接，不显拼缝。

检验方法：观察；拼缝检查距离墙面1.5m处正视。

（4）壁纸、墙布应粘贴牢固，不得有漏贴、补贴、脱层、空鼓和翘边。

检验方法：观察；手摸检查。

5.3.4.3 一般项目

（1）裱糊后的壁纸、墙布表面应平整，色泽一致，不得有波纹起伏、气泡、裂缝、皱折及斑污，斜视时应无胶痕。

检验方法：观察；手摸检查。

说明：裱糊时，胶液极易从拼缝中挤出，如不及时擦去，胶液干后壁纸表面会产生亮带，影响装饰效果。

（2）复合压花壁纸的压痕及发泡壁纸的发泡层应无损坏。

检验方法：观察。

（3）壁纸、墙布与各种装饰线、设备线盒应交接严密。

检验方法：观察。

（4）壁纸、墙布边缘应平直整齐，不得有纸毛、飞刺。

检验方法：观察。

（5）壁纸、墙布阴角处搭接应顺光，阳角处应无接缝。

检验方法：观察。

（6）裱糊时，阴阳角均不能有对接缝，如有对接缝极易开胶、破裂，且接缝明显，影响装饰效果。阳角处应包角压实，阴角处应顺光搭接，这样可使拼缝看起来不明显。

5.3.4.4 实践项目成绩评定（表5.8）

表5.8 实践项目及成绩评定表

项次	项　目	技术及质量要求	实测记录	项目分值	得分
1	裱糊工具使用正确			15	
2	阴阳角搭接方法正确			20	
3	裱糊流程正确			20	
4	裱糊方法正确			15	
5	文明施工与安全施工			15	
6	检测方法正确			10	
7	完成任务时间			5	
8	合计			100	

练　习　题

（1）简述裱糊工具的使用方法。

（2）简述裱糊质量检查的实用方法。

（3）简述裱糊施工流程。

（4）叙述裱糊工作的施工操作方法。

子项目5.4　墙面木饰面硝基木器油漆

【任务导航】 完成董事长办公室、会议室、接待室的墙面木饰面油漆装饰，掌握木饰面硝基木器油漆的施工流程、施工方法以及成品保护和质量验收标准。

任务5.4.1　施工准备

【任务导航】 熟悉木饰面油漆前需要做的准备工作，掌握木饰面油漆前应具备的施工条件，正确认识和准备施工材料和施工机具，掌握施工操作前的准备条件。

5.4.1.1 项目概况

董事长办公室、会议室、接待室等房间墙面造型装饰为木饰面部分，木饰面均为沙比利板，面油硝基木器哑光漆做法。

1. 对施工人员（学员）的要求

(1) 认真学习该项目施工技术，严谨施工。

(2) 掌握大会议室、经理室墙面木作造型油漆的流程和施工方法。

(3) 掌握质量标准和质量验收的方法。

2. 实训步骤

(1) 练习配色、润粉、理漆片的方法。

(2) 练习嵌批腻子的方法。

(3) 练习油刷、排笔使用方法。

(4) 按施工流程进行施工。

(5) 质量检验、验收。

3. 施工条件

(1) 施工温度一直保持均衡，不得突然有较大的变化，且通风良好、湿作业已完，并具备一定的强度，空气比较干燥。一般油漆工程施工时的环境湿度不宜低于10%，相对湿度不宜大于60%。

(2) 在室外或室内高于3.6m处作业时，应事先搭设好脚手架，并以不妨碍操作为准。

(3) 大面积施工前，应事先做样板间，经有关质量部门检查鉴定合格后，方可组织班组进行大面积施工。

(4) 操作前，应认真进行交接检查工作，并对遗留问题进行妥善处理。

(5) 木基层表面含水率一般不大于12%。

5.4.1.2 材料准备

(1) 油漆涂料：硝基清漆。

(2) 填充料：石膏、地板黄、红土子、大白粉等。

(3) 稀释剂：汽油、松香水、酒精等。

5.4.1.3 施工机具准备

油刷、油画笔、毛笔、大小油漆涂料辊、砂纸、砂纸板、擦布、腻子刀、钢皮刮板、小油桶、小色碟、马凳、脚手板、小锤子和小笤帚等（图5.26）。

任务5.4.2 施工操作

【任务导航】 完成墙面造型木饰面的油漆，掌握硝基木器油漆施工流程和施工方法。

5.4.2.1 施工流程

底材处理→320号砂纸打磨→打磨去除毛刺→刮水性腻子→打磨→硝基底漆（4～5次）→600～800号砂纸打磨→硝基面漆（3～4次）。

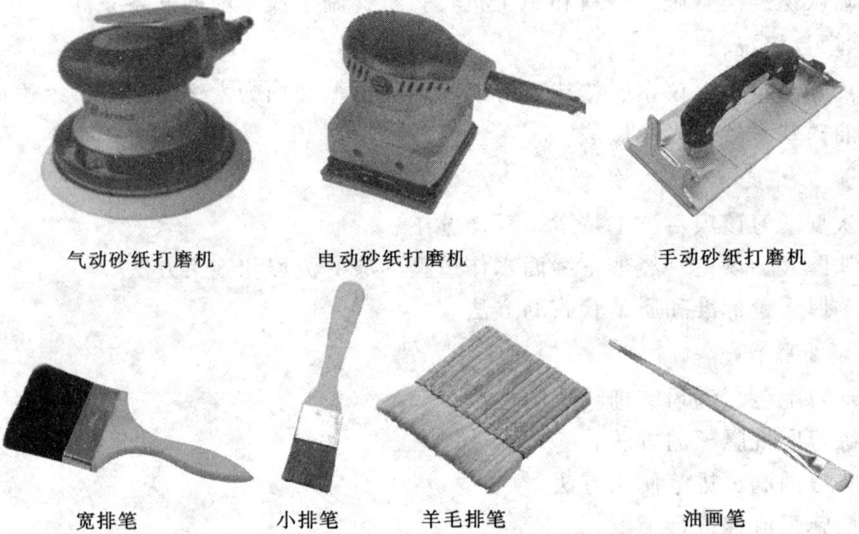

图 5.26 油漆工器具

5.4.2.2 施工方法

1. 底材处理

有效清理板材上的污渍、木毛和木刺，做好板材表面洁净、光滑，使得后续上漆省工省料效果好。

2. 砂纸打磨

320 号砂纸打磨，去除毛刺，如图 5.27 所示。

图 5.27 砂纸打磨

3. 刮水性腻子

选用配套的木器腻子，调配好后，用力将腻子刮涂充分积压到木眼。待腻子干后，选用砂纸打磨，将木具上的腻子彻底清理干净，如图 5.28 所示。

4. 打磨

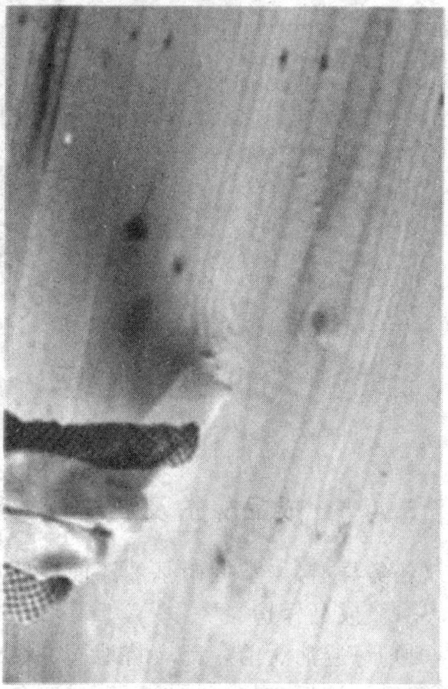

图 5.28 用腻子填塞木眼

用砂纸打磨板材其实是贯穿整个木器漆施工过程的步骤，板材处理时要砂磨，刮涂腻子要砂磨，底漆施工要砂磨，面漆施工前后也要砂磨。打磨的步骤非常关键。

砂磨处理使得板材更加光滑，平整，利于上漆；上漆后砂磨又使得漆膜表面平整，光滑；但是要注意砂磨处理的时候避免横砂，不能采用过粗的砂纸打磨。打磨动作如图 5.29 所示。

5. 油硝基底漆

按照要求比例调好木器底漆，可以采用刷涂或喷涂等方式。底漆施工的作用是填平木孔，增加漆膜厚度。

施工时要注意，底漆实干后，必须用砂纸彻底打磨，然后再涂下一遍底漆。要求做到均匀涂刷，无流挂，木眼填充平整，如图 5.30 所示。

6. 600 号～800 号砂纸打磨

属于细磨，逐步达到表面光滑的程度。

7. 刷硝基面漆

刷硝基面漆 3～4 次。在面漆施工前一定要再一次清洁木器表面，除掉灰尘颗粒，使得漆膜表面能有更好的涂装效果。每次涂刷面漆时，不宜一次刷得过厚，最好采取多次涂刷的方法，等漆膜实干后再做下一层的施工。

图 5.29 手动打磨

图 5.30 油底漆

面漆施工直接影响到漆膜的最终效果，面漆施工要求必须涂刷均匀、无流挂、光泽度好、无明显刷痕、手感光滑细腻，如图 5.31 所示。

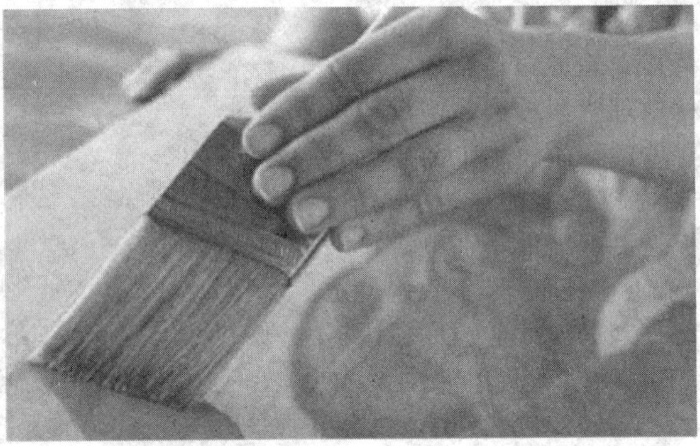

图 5.31　油面漆

任务 5.4.3　成品保护及应注意的质量问题

【任务导航】 掌握硝基油漆前后的产品管理和成品的保护、施工中应注意的问题等。

5.4.3.1　成品保护

（1）每遍油漆前，都应将地面、窗台清扫干净，防止沙土飞扬，影响油漆量。

（2）刷油后应将滴在地面上或窗台上的油点清刷干净。

（3）油漆完成后应派专人负责看管。

5.4.3.2　应注意的质量问题

（1）防止漏刷。

（2）防止节疤、裂缝、钉孔、榫头、上下冒头、合页、边棱等处的缺刮腻子，缺打砂纸现象，操作者应认真按照规程和工艺标准去操作。

（3）涂刷油漆时，操作者应注意避免油漆太稀、漆膜太厚或环境湿度高、油漆干燥慢等因素影响，并采取合理的操作顺序和科学的手法，防止油漆流坠、裹楞。尤其是门窗边棱分色处，如一旦油量过大和操作不注意，就容易造成流坠、裹楞。

（4）防止刷纹明显，操作者应用相应合适的毛刷，并把油刷子用稀料泡软后使用。

（5）防止漆面有污染，操作者必须将基层清理干净，用湿布擦净，油漆要过箩，严禁刷油时扫尘、清理或刮大风天气刷油漆。

（6）严防油漆质量不好，兑配不均，溶剂挥发快或催干剂过多等原因，造成油漆表面出现皱纹。

（7）防止污染五金，操作者要认真细致，及时将小五金等污染处清擦干净，并应尽量把门锁、门窗拉手和插销等后装，以确保五金洁净美观。

任务 5.4.4　质量验收标准与实践评定

【任务导航】 掌握油漆施工的质量标准、检验方法以及实践成绩的评定办法等。

5.4.4.1　质量标准与检验方法

1. 一般规定

（1）本规定适用于水性涂料涂饰、溶剂型涂料涂饰、美术涂饰等分项工程的质量验收。

(2) 涂饰工程验收时应检查下列文件和记录：

1) 涂饰工程的施工图、设计说明及其他设计文件。

2) 材料的产品合格证书、性能检测报告和进场验收记录。

3) 施工记录。

说明：涂饰工程所选用的建筑涂料，其各项性能应符合下述产品标准的技术指标：

1)《合成树脂乳液砂壁状建筑涂料》(JG/T 24—2000)。

2)《合成树脂乳液外墙涂料》(GB/T 9755—2001)。

3)《合成树脂乳液内墙涂料》(GB/T 9756—2001)。

4)《溶剂型外墙涂料》(GB/T 9757—2001)。

5)《复层建筑涂料》(GB/T 9779—2005)。

6)《外墙无机建筑涂料》(JG/T 26—2002)。

7)《饰面型防火涂料》(GB 12441—2005)。

8)《水泥地板用漆》(HG/T 2004—1991)。

9)《水溶性内墙涂料》(JC/T 423—1991)。

10)《多彩内墙涂料》(JG/T 3003—1993)。

11)《溶剂型聚氨酯涂料（双组分）》(HG/T 2454—2006)。

(3) 各分项工程的检验批应按下列规定划分：

1) 室外涂饰工程每一栋楼的同类涂料涂饰的墙面每 500～1000m^2 应划分为一个检验批，不足 500m^2 也应划分为一个检验批。

2) 室内涂饰工程同类涂料涂饰墙面每 50 间（大面积房间和走廊按涂饰面积 30m^2 为一间）应划分为一个检验批，不足 50 间也应划分为一个检验批。

(4) 检查数量应符合下列规定：

1) 室外涂饰工程每 100m^2 应至少检查一处，每处不得小于 10m^2。

2) 室内涂饰工程每个检验应至少抽查 10%，并不得少于 3 间，不足 3 间时应全数检查。

(5) 涂饰工程的基层处理应符合下列要求：

1) 新建筑物的混凝土或抹灰层基层在涂饰涂料前应涂刷抗碱封闭底漆。

2) 旧墙面在涂饰涂料前应清除疏松的旧装修层，并涂刷界面剂。

3) 混凝土或抹灰基层涂刷溶剂型涂料时，含水率不得大于 8%；涂刷乳液型涂料时，含水率不得大于 10%；木材基层的含水率不得大于 12%。

4) 基层腻子应平整、坚实、牢固，无粉化、起皮和裂缝；内墙腻子的粘结强度应符合《建筑室内用腻子》的规定。

5) 厨房、卫生间墙面必须使用耐水腻子。

说明：不同类型的涂料对混凝土或抹灰基层含水率的要求不同，参照国际一般做法规定。涂刷溶剂涂料时，基层含水率控制在 8%以下；涂刷乳液型涂料时，基层含水率控制在 10%以下时装饰质量较好。同时，国内外建筑涂料产品标准对基层含水率的要求均在 10%左右，故规定涂刷乳液型涂料时基层含水率不大于 10%。

6）水性涂料涂饰工程施工的环境温度应在5～35℃之间。

7）涂饰工程应在涂层养护期满后进行质量验收。

2. 主控项目

(1) 溶剂型涂料涂饰工程所选用涂料的品种、型号和性能应符合设计要求。

检验方法：检查产品合格证书、性能检测报告和进场验收记录。

(2) 溶剂型涂料涂饰工程的颜色、光泽、图案应符合设计要求。

检验方法：观察。

(3) 溶剂型涂料涂饰工程应涂饰均匀、粘结牢固，不得漏涂、透底、起皮和反锈。

检验方法：观察；手摸检查。

(4) 溶剂型涂料涂饰工程的基层处理应符合规范要求。

检验方法：观察；手摸检查；检查施工记录。

3. 一般项目

色漆的涂饰质量和检验方法应符合表5.9的规定。

表5.9　色漆的涂饰质量和检验方法

项次	项　目	普通涂饰	高级涂饰	检验方法
1	颜色	均匀一致	均匀一致	观察
2	光泽、光滑	光泽基本均匀，光滑，无挡手感	光泽均匀一致，光滑	观察、手摸检查
3	刷纹	刷纹通顺	无刷纹	观察
4	裹棱、流坠、皱皮	明显处不允许	不允许	观察
5	装饰线、分色线直线度允许偏差/mm	2	1	拉5m线，不足5m拉通线，用钢直尺检查

注　无光色漆不检查光泽。

清漆的涂饰质量和检验方法应符合表5.10的规定。

表5.10　清漆的涂饰质量和检验方法

项次	项　目	普通涂饰	高级涂饰	检验方法
1	颜色	基本一致	基本一致	观察
2	木纹	棕眼刮平、木纹清楚	棕眼刮平、木纹清楚	观察
3	光泽、光滑	光泽基本均匀，光滑，无挡手感	光泽均匀一致，光滑	观察、手摸检查
4	刷纹	无刷纹	无刷纹	观察
5	裹棱、流坠、皱皮	明显处不允许	不允许	观察

涂层与其他装修材料和设备衔接处应吻合，界面应清晰。

检验方法：观察。

5.4.4.2 实践项目成绩评定（表5.11）

表5.11 实践项目及成绩评定表

项次	项　目	技术及质量要求	实测记录	项目分值	得分
1	油漆工具使用方法			10	
2	基层处理使用方法正确			10	
3	饰面板涂刷漆片方法正确			15	
4	饰面板涂刷硝基清漆方法正确			15	
5	文明施工与安全施工			10	
6	施工流程正确			15	
7	施工方法正确			10	
8	检验方法正确			10	
9	完成任务时间			5	
10	合计			100	

练　习　题

（1）简述腻子刮板的使用方法。

（2）简述刷子的使用方法。

（3）简述硝基油漆的调配方法。

（4）简述硝基油漆的施工流程。

（5）简述硝基油漆的施工方法。

子项目5.5　墙面顶棚乳胶漆施工

【任务导航】 完成董事长办公室、会议室、接待室、走道、电梯厅等的墙面、顶棚面乳胶漆的装饰施工，掌握乳胶漆的施工流程、施工方法以及成品保护和质量验收标准。

任务5.5.1　施工准备

【任务导航】 熟悉乳胶漆涂饰前需要做的准备工作，掌握乳胶漆涂饰前应具备的施工条件，正确认识和准备施工材料和施工机具，掌握施工操作前的准备工作。

5.5.1.1 项目概况

董事长办公室、会议室、接待室、走道和电梯厅等房间墙面和顶棚部分，白色部分均为乳胶漆涂饰做法。

1. 对施工人员（学员）的要求

（1）认真学习该项目的施工技术，严谨施工。

（2）掌握室内乳胶漆的施工流程和施工方法。

（3）掌握质量标准和质量验收的方法。

2. 实训步骤

（1）练习清理基层、刮腻子、找补腻子、打砂纸的方法。

（2）练习涂滚乳胶漆、辊子的使用、刷子的使用。

（3）按施工流程进行施工。

（4）质量检验、验收。

3. 施工条件

施工条件同董事长、会议室墙面油漆。

图 5.32　腻子搅拌器

5.5.1.2　材料准备

乳液型涂料（乳胶漆）、双飞粉、甲基纤维素、乳白胶、砂纸、聚醋酸乙烯乳胶漆、乙丙乳胶漆都适用于室内涂刷。乳胶漆所形成的涂膜与油漆不同，它是多孔而透气的，且有一定耐碱性，可在已初步干燥、返白的墙面基层上进行涂刷，基层内的少量水分可通过涂膜向外迁移和散发而不至于把涂膜破坏。涂膜干燥也较快，施工时两遍之间的间隔仅需几小时。这些特点对于加快施工进度、缩短工期都十分有利。

5.5.1.3　机具准备

乳胶漆辊子、排笔、毛刷、油桶、腻子搅拌器（图 5.32）。

任务 5.5.2　施工操作

【任务导航】 完成墙面和顶棚乳胶漆的油漆涂饰，掌握乳胶漆施工流程和施工方法。

5.5.2.1　施工流程

基层处理→嵌、批腻子、打砂纸→刷乳胶漆。

5.5.2.2　施工方法

1. 基层处理

乳胶漆可喷或滚刷涂于混凝土、水泥砂浆、石棉水泥板、纸面石膏板、白灰墙面等基层上。要求基层必须有足够强度，无粉化、起砂、掉皮现象。基层不平处，应用双飞粉：乳白胶：2%浓度羧甲基纤维素＝90：10：适量（重量比）的乳液腻子。腻子干后方可喷或滚刷涂料。

2. 嵌、批腻子、打砂纸

可用乳液腻子。嵌、批腻子时，使用钢皮或橡皮、硬塑料刮板刮匀即可。等腻子干结后，用砂纸打磨平整（图 5.33 和图 5.34）。

3. 辊刷乳胶漆

新抹墙面一般要经过两个月后才能刷乳胶漆，否则漆膜会起泡。乳胶漆一般要刷两遍。涂饰时，打开漆桶加水，把漆调至适当稠度即可。一般加水量不宜超过漆量的 20%，因墙面关系不好涂饰时，可适当增加水量，最多能加到80%（指批腻子前刷的一道底漆），但以后的每遍漆以加10%～15%的水为宜。第一遍漆涂饰后经过2h干燥，即可刷第二遍漆。施工时的室温保持在0℃以上，以防冻结。乳胶漆干燥快，大面积涂饰时应有多人配合，流水作业，互相衔接，从一头开始，顺着辊刷向另一头，以避免出现接头。每个刷面应一次完成（图5.35和图5.36）。

图5.33 墙面刮腻子

图5.34 棚面刮腻子

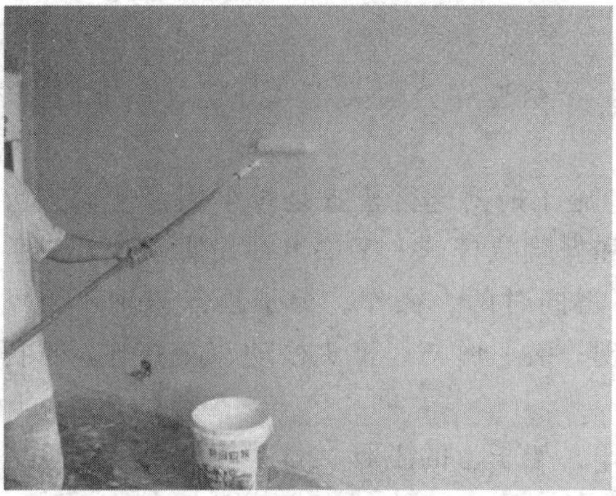

图5.35 辊涂

图5.36 打砂纸

任务5.5.3 成品保护及应注意的质量问题

【任务导航】 掌握乳胶漆涂刷后的产品管理和成品的保护，施工中应注意的质量问题、安全措施、环保措施等。

5.5.3.1 成品保护

（1）施涂前应首先清理好周围环境，防止尘土飞扬，影响涂料质量。

（2）施涂墙面乳胶漆时，不得污染地面、踢脚线、阳台、窗台、门窗及玻璃等已完成的分部分项工程。

（3）最后一遍乳胶漆施涂完后，室内空气要流通，预防漆膜干燥后表面无光或光泽不足。

（4）乳胶漆未干前，不应打扫室地面，严防灰尘等玷污墙面乳胶漆。

（5）乳胶漆墙面完工后要妥善保护，不得磕碰、污染墙面。

5.5.3.2 应注意的质量问题

（1）遮盖力差、透底。涂刷多道，仍可见基底的颜色或整体颜色不均匀，主要原因及解决方法是鲜红、鲜黄材料本身遮盖力差，应适当增加面漆涂刷层数；涂料被过度稀释，漆膜太薄，应控制稀释比例，按产品说明书调整，涂刷带颜色的乳胶漆，配料要合适，保证独立面每遍用同一批涂料，并宜一次用完，保证颜色一致。

（2）流坠。涂膜部分下垂状态，主要原因是涂料过度稀释，涂膜一次施工过厚，滚筒、刷子蘸料太多，涂料干燥速度太慢。解决方法为铲除流坠涂膜，提高施工技术，确保涂膜一次施工不要太厚，减少加水量，加快干燥速度。

（3）粉化。涂膜表面有一薄层粉化物，触拭立即掉落，主要原因是过度稀释，薄膜太薄；底层太疏松，施工时基底温度过低，成膜不佳，基底及环境温度过高，刷涂时间短，通风差，无法完成成膜，基底碱性过高，涂膜被破坏。解决方法是铲除粉化层，遵循施工规范，防止过度稀释，保证施工环境符合施工要求。

（4）分色线不齐。两种不同材料交界处的分色线不齐的主要原因是未粘胶带纸，解决方法为施工时认真贴实分色纸带，排笔蘸漆量要适当，用力均匀，起落要轻，从前向后刷，刷好成品后及时撤掉纸带。

5.5.3.3 安全环保措施

（1）加强对作业人员的安全、环境意识教育，严格遵守公司关于《环境、职业健康、安全作业指导书》的有关规定。

（2）高空作业超过 2m 应按规定搭设脚手架。施工前要进行检查是否牢固。使用人字梯应四角落地，摆放平稳，梯脚应设防滑橡皮垫和保险拉杆。人字梯上铺设脚手板，脚手板两端搭设长度不得少于 200mm，脚手板中间不得同时两人操作。梯子顶部铰轴不得站人，不准铺设脚手板。人字梯应当经常检查，发现开裂、腐朽、榫头松动、缺档等，不得使用。

（3）禁止硬底鞋、拖鞋、高跟鞋在架子上工作，架子上的工具、材料要搁置稳定，以防止坠落伤人。

（4）在两层以上脚手架上操作时，应尽量避免在同一垂直线上工作，必须同时作业时，应设有效安全的挡护。

（5）涂刷作业时，操作工人应佩戴相应安全劳动保护设施。

（6）每天收工后应尽量不剩油漆材料，不准乱倒，应集中处理，废弃物（如废油桶、油刷等）按环境要求分类处理。

任务 5.5.4 质量验收标准与实践评定

【任务导航】 掌握乳胶漆施工的质量标准、检验方法以及实践成绩评定办法等。

5.5.4.1 质量标准

适用于乳液型涂料、无机涂料、水溶性涂料等水性涂料涂饰工程的质量验收。

1. 主控项目

(1) 水性涂料涂饰工程所用涂料的品种、型号和性能应符合设计要求。

检验方法：检查产品合格证书、性能检测报告和进场验收记录。

(2) 水性涂料涂饰工程的颜色、图案应符合设计要求。

检验方法：观察。

(3) 水性涂料涂饰工程应涂饰均匀、粘结牢固，不得漏涂、透底、起皮和掉粉。

检验方法：观察；手摸检查。

(4) 水性涂料涂饰工程的基层处理应符合规范要求。

检验方法：观察；手摸检查；检查施工记录。

2. 一般项目

薄涂料的涂饰质量和检验方法应符合表5.12的规定。

表5.12　薄涂料的涂饰质量和检验方法

项次	项　目	普通涂饰	高级涂饰	检验方法
1	颜色	均匀一致	均匀一致	观察
2	泛碱、咬色	允许少量轻微	不允许	
3	流坠、疙瘩	允许少量轻微	不允许	
4	砂眼、刷纹	允许少量轻微砂眼、刷纹通顺	无砂眼、无刷纹	
5	装饰线、分色线直线度允许偏差/mm	2	1	拉5m线，不足5m拉通线，用钢直尺检查

检验方法：观察。

5.5.4.2 实践项目成绩评定（表5.13）

表5.13　实践项目及成绩评定表

项次	项　目	技术及质量要求	实测记录	项目分值	得分
1	腻子刮板的使用方法正确			15	
2	涂料滚涂方法正确			20	
3	文明施工与安全施工			10	
4	施工流程正确			20	
5	施工方法正确			20	
6	检验方法正确			10	
7	完成任务时间			5	
8	合计			100	

练　习　题

(1) 简述腻子刮板的使用方法。

（2）简述乳胶漆辊子的使用方法。

（3）简述乳胶漆的施工流程。

（4）简述乳胶漆的施工方法。

子项目 5.6　墙面饰面砖施工

【任务导航】 完成卫生间墙面的饰面砖装饰施工，掌握饰面砖铺贴的施工流程、施工方法以及成品保护和质量验收标准。

任务 5.6.1　施工准备

【任务导航】 熟悉饰面砖铺贴前需要做的准备工作，掌握饰面砖铺贴前应具备的施工条件，正确认识和准备施工材料和施工机具，掌握施工操作前的准备条件。

5.6.1.1　项目概况

卫生间墙面做法为饰面砖铺贴装饰。

1. 对施工人员（学员）的要求

（1）认真学习该项目的施工技术，严谨施工。

（2）掌握卫生间墙面贴饰面砖的施工流程和施工方法。

（3）掌握质量标准和质量验收的方法。

2. 实训步骤

（1）练习找规矩、设标高、抹底灰、设标志块、阳角双面挂直的方法。

（2）练习垫底尺铺贴面砖、瓷砖打灰、贴砖校正的方法。

（3）按施工流程进行施工。

（4）质量检验、验收。

3. 施工条件

施工应在下述工作完成后方可开始：顶棚屋面已做好防水层和地面防水层、混凝土垫层；搭设双排架子或钉高马凳，横竖杆及马凳端头应离开墙面和门窗角 150～200mm。架子的步高和马凳高、长度要符合施工要求和安全操作规程；安装好门窗框扇，隐蔽部位的防腐、填嵌应处理好，并用 1∶3 的水泥砂浆将门窗框、洞口缝隙塞严实，铝合金、塑料门窗、不锈钢门等框边缝所用嵌塞材料及密封材料应符合设计要求，且应塞堵密实，并事先粘贴好保护膜；脸盆架、镜卡、管卡、水箱、煤气等应埋设好防腐水砖，位置正确；按面砖的尺寸、颜色进行选砖，并分类存放备用；统一弹出墙面上标高＋50cm 的水平线，大面积施工前应先放大样，并做出样板墙，确定施工工艺及操作要点，并向施工人员做交底工作。样板墙完成后必须经质检部门鉴定合格后，还要经过甲方、设计和施工单位共同认定验收，方可组织班组按照样板墙壁要求施工，安装系统管、线、盒等，安装完并验收（室内温度应在 5℃以上）。

5.6.1.2　材料准备

（1）水泥：325 号或 425 号矿渣水泥或普通硅酸盐水泥。应有出厂证明或复验合格证单。若出厂日期超过三个月而且水泥已结有小块的不得使用；白水泥应为 325 号以上，并符合设计和规范质量标准的要求。

(2) 砂子：中砂，粒径为0.35～0.5mm，含泥量不大于3%，颗粒坚硬、干净，无有机杂质，用前过筛，其他应符合规范的质量标准。

(3) 面砖的表面应光洁、方正、平整、质地坚固，其品种、规格、尺寸、色泽、图案应均匀一致，必须符合设计规定。不得有缺棱、掉角、暗痕和裂纹等缺陷。其性能指标均应符合现行国家标准的规定，釉面砖的吸水率不得大于10%。

(4) 胶粘剂等材料必须符合环保要求，无污染。

5.6.1.3 施工机具准备

平锹、木抹子、钢板抹子、激光投线仪或水平管、铝制水平尺、方尺、靠尺板、底尺、木杠、灰槽、细钢丝刷、小线、擦布或棉丝、手提无齿锯、老虎钳子、托线板、线坠、盒尺（图5.37）。

手提无齿锯

老虎钳子

钢板抹子

水平胶管

瓷砖开孔器

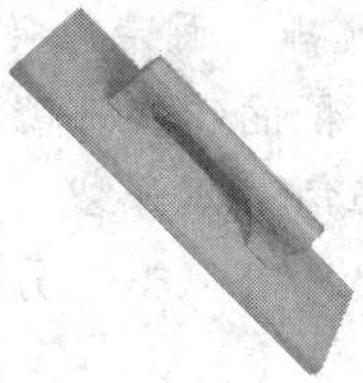

木抹子

图5.37 瓷砖铺贴工器具

任务5.6.2 施工操作

【任务导航】 完成墙面饰面砖的铺贴，掌握饰面砖铺贴的施工流程和施工方法。

5.6.2.1 施工流程

基体处理→找规矩→（设标筋→基层抹灰）→选砖、预排、浸砖、弹线→拉线、贴标准砖→垫底尺铺贴面砖→面砖勾缝与擦缝→验收。

5.6.2.2 施工方法

1. 基体处理

基体处理：饰面砖应镶贴在湿润、洁净的基层上，基层作法应根据不同的基体进行处理。

(1) 混凝土基体。镶贴饰面的基体表面应具有足够的稳定性和刚度；光滑的基体表面应进行凿毛处理，凿毛深度应为0.5～1.5cm，间距3cm左右；基体表面残留的砂浆、尘土和油渍等应用钢丝刷刷洗干净；基体表面凹凸明显部位，应事先剔平或用1：3的水泥砂浆补平；不同基体材料相接处，应铺钉金属网，方法与抹灰饰面做法相同；门窗口与主墙交接处应用水泥砂浆嵌填密实。为使基体与找平层粘结牢固，可洒水泥砂浆（水泥：细砂=1：1，拌成稀水泥砂浆）或聚合物水泥浆（108胶：水=1：4的胶水拌水泥）处理。

（2）砖墙面基体。首先检查并堵砌好脚手眼，检查墙的凹凸情况，对凸出墙面的砖或砂浆要剔平；将墙面上残存的废余砂浆、灰尘、污垢、油渍等清理干净，并提前一天浇水湿润；墙面分层分遍抹1：3的水泥砂浆底灰，厚度约12mm，吊直、刮平，打底灰要扫毛或划出纹道；24h后浇水养护。

（3）加气混凝土墙或板基体。当设计无明确要求时，可酌情选用下述两种方法中的一种进行基层处理：

1）用水湿润加气混凝土表面，修补缺棱掉角处，对缺棱掉角的墙板和板面接缝处高差较大时，可用1：3：9的混合砂浆掺水重20%的环保型建材胶水拌匀，分层抹平，每遍厚度宜在7～9mm左右；隔日刷聚合物水泥浆并抹1：1：6的混合砂浆打底，木抹子搓平成毛面，隔日浇水养护。

2）用水湿润加气混凝土表面，在缺棱掉角处刷聚合物水泥浆一道，用1：3：9的混合砂浆分层补平，待干燥后，钉金属网一层并绷紧；在金属网上分层抹1：1：6的混合砂浆打底，砂浆与金属网应结合牢固，最后用木抹子轻轻搓平，隔日浇水养护。

本项目是红砖墙面基体，采用（2）的处理方法。

2. 找规矩

同内墙一般抹灰找规矩。

3. 选砖、预排、面砖浸砖、弹线

（1）选砖。釉面砖和外墙砖应进行选砖，即根据设计要求，挑选规格一致，形状平整方正，不缺棱掉角、不开裂、不脱釉，无凸凹扭曲，颜色均匀的砖块，选出合乎标准尺寸和不小于标准尺寸等三类，分类堆放。同一类尺寸应用于同一层间或一面墙上，以做到接缝均匀一致。

（2）预排。饰面砖镶贴前应预排，注意同一墙面的横竖排列，均不得有一行以上的非整砖。非整砖行应排在次要部位或阴角处，方法是用接缝宽度调整砖行。室内镶贴釉面砖如设计无规定时，接缝宽度可在1～1.5mm之间调整。在管线、卫生设备支承等部位，应用整砖套割吻合，不得用非整砖拼凑镶贴（图5.38和图5.39）。

图5.38　整砖套割

图5.39　非整砖排在阴角处

(3) 饰面砖浸水。釉面砖和外墙砖，镶贴前要先清扫干净，而后置于清水中浸泡，釉面砖需浸泡到不冒泡为止，且不少于2h；外墙砖则要隔夜浸泡，然后取出阴干备用。不经浸水的饰面砖吸水性较大，铺贴后会迅速吸收砂浆中的水分，影响粘结的质量。而浸透没阴干的饰面砖，由于表面存有水膜，铺贴时会产生面砖浮滑现象，不仅操作不便，且因水分散发会引起饰面砖基层分离自坠。阴干的时间视气温和环境温度而定，一般为半天左右，即以饰面砖表面有潮湿感，但手按无水迹为准（图5.40和图5.41）。

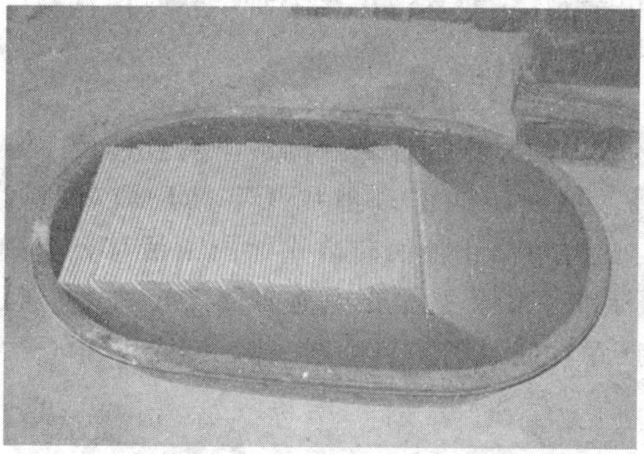

图5.40 饰面砖浸水

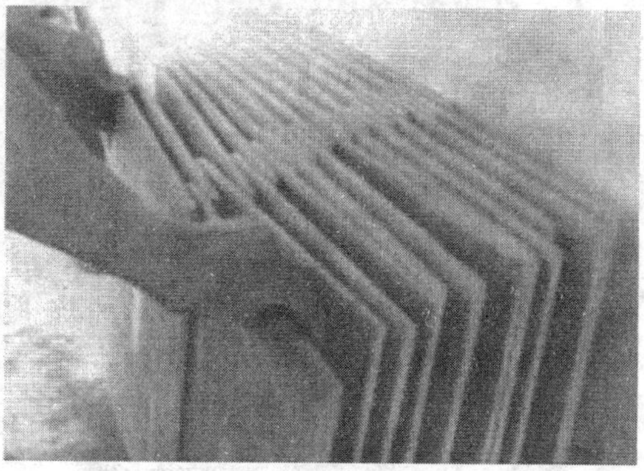

图5.41 饰面砖的阴干

(4) 弹线分格。待基层灰六至七成干时，即可按图纸要求进行分段分格弹线，应弹垂直与水平控制线，一般竖线间距在1m左右，横线一般根据面砖规格尺寸每3～5块弹一水平控制线。同时亦可进行面层贴标准点（标准点是用废面砖粘贴在底层砂浆上，贴时将砖的棱角翘起，以棱角作为镶贴面砖表面平整的标准）的工作，以控制出墙尺寸及垂直、平整（图5.42）。

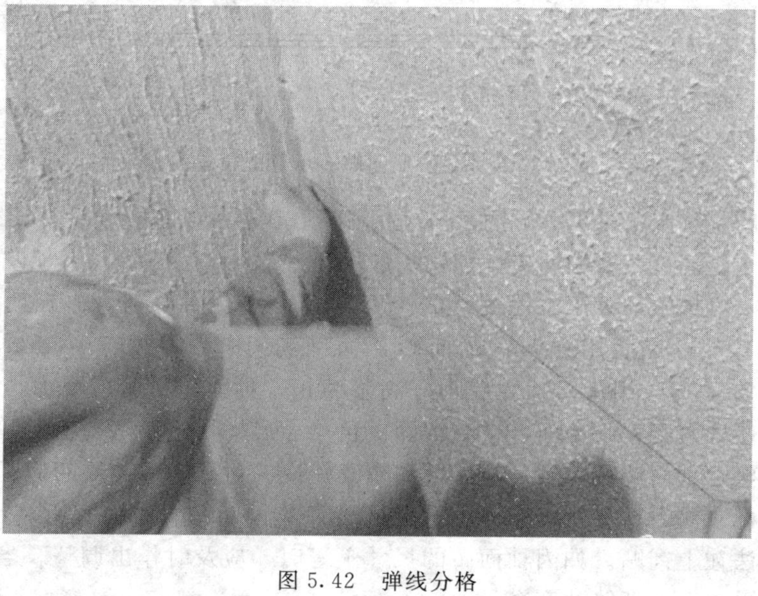

图5.42 弹线分格

图 5.43 贴标准块

4. 拉线、贴标准砖

镶贴釉面砖时，应先贴若干块面砖作标志块，上下用托线板挂直（图 5.43）。作为粘贴厚度的依据，横向每隔 1.5m 左右做一个标志块，用拉线或靠尺校正平整度，在门洞口或阳角处，应将尺寸留出，先铺贴一侧的墙面，并用托线板校正靠直，并大小面、双面挂直（图 5.44）。

5. 垫底尺铺贴面砖

铺贴时，根据计算好的最下一皮砖的下口标高，釉面砖的下口坐在八字靠尺或直靠尺上，这样可防止釉面砖自重而向下滑移，以确保其横平竖直。垫放好底尺作为第一皮下口的标准。底尺上皮要比地面低 1cm 左右，以便地面压过墙面砖。底尺安放必须水平，摆实摆稳；底尺的垫点间距应在 40cm 以内，要保证垫板牢固。

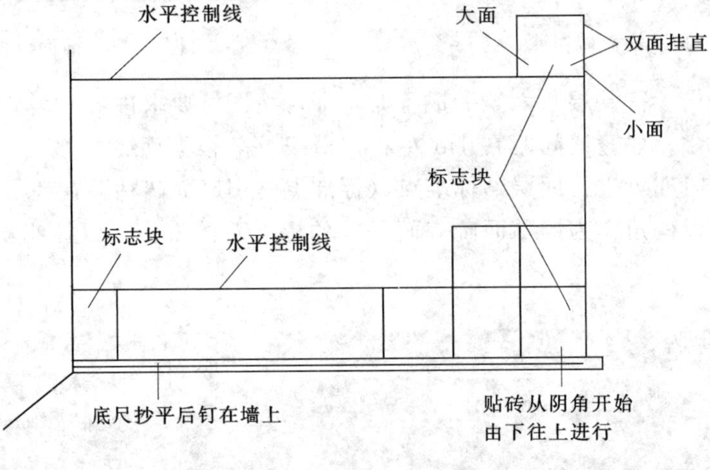

图 5.44 墙面贴砖示意图

镶贴釉面砖宜从阳角处开始，并由下往上进行。同一立面应按设计要求挑选同一规格、型号、批号、颜色一致的面砖。铺贴一般用 1：2 的水泥砂浆，为了改善砂浆的和易性，便于操作，可掺入不大于水泥用量的 15%的石灰膏。粘贴时，先在两端最下皮控制瓷砖上口外表挂线，然后用铲刀在釉面砖背面刮满刀灰，厚度 5～6mm，最大不超过 8mm 厚度的砂浆，砂浆用量以铺贴后刚好满浆为止。釉面砖贴时应用力按压，用抹子木柄轻敲砖面，使之紧密粘于墙面，粘结牢固，再用靠尺按标志块、墙上所弹的垂线将其校正平直。贴完整行釉面砖后，用长靠尺横向校正一次。对高于标志块的应轻轻敲击，使其平齐；若低于标志块时，亏灰，应取下重新抹满刀灰再铺贴。并随时用靠尺保持平整度，然后依次按上法往上铺贴。如因釉面砖的尺寸不等时，应及时作出调整。当贴到最上一行时，要求上口平直，保证缝隙宽窄一致。

铺贴时，在有脸盆镜箱的墙面，应按脸盆下水管部位分中，往两边排砖。

如墙面留有孔洞，应将釉面砖按孔洞尺寸位置用铅笔划好，放在一块平整的硬物体上用小锤和合金钢钻子轻轻敲凿，先将面层凿开，再凿内层，使之符合要求。

6. 面砖勾缝与擦缝

自检擦缝。瓷砖粘贴完毕，经自检无空鼓、不平、不直后，用棉丝擦干净。应将瓷砖表面擦洗干净，然后把毛刷蘸同色水泥浆涂缝，用布将缝内素浆擦匀擦实，将砖面揩擦干净。

任务 5.6.3 成品保护及应注意的质量问题

【任务导航】 掌握墙面饰面砖铺贴前后的产品管理、成品的保护以及施工中应注意的质量问题等。

5.6.3.1 成品保护

(1) 要及时清擦干净残留在门框上的砂浆，特别是铝合金等门窗宜粘贴保护膜，预防污染、锈蚀，施工人员应加以保护，不得碰坏。

(2) 认真贯彻合理的施工顺序，少数工种（水、电、通风、设备安装等）的活应做在前面，防止损坏面砖。

(3) 油漆粉刷不得将油漆喷滴在已完的饰面砖上，如果面砖上部为涂料，宜先做涂料，然后贴面砖，以免污染墙面。若需先做面砖时，完工后必须采取贴纸或塑料薄膜等措施，防止污染。

(4) 各抹灰层在凝结前应防止风干、水冲和振动，以保证各层有足够的强度。

(5) 搬、拆架子时注意不要碰撞墙面。

(6) 装饰材料和饰件以及饰面的构件，在运输、保管和施工过程中，必须采取措施防止损坏。

5.6.3.2 应注意的质量问题

(1) 施工前认真挑选釉面砖，剔出有缺陷的釉面砖。同一面墙上应用同一尺寸釉面砖，以做到接缝均匀一致。

(2) 基层必须清理干净，表面修补平整，墙面洒水湿透。

(3) 粘贴前做好规矩，用釉面砖贴灰饼，划出标准，阳角处要两面抹直。

(4) 釉面砖使用前，必须用水浸泡不少于 2h，取出晾干，方可粘贴。

(5) 釉面砖结砂浆过厚或过薄均易产生空鼓，厚度一般控制在 7～10mm。必要时掺入水泥质量 3%的 108 胶，提高粘结砂浆的和易性和保水性，粘贴釉面砖时用灰勺木柄轻轻敲击砖面，使其与底层粘结密实牢固，粘结不密实时，应取下重贴。冬期施工时，应做好防冻保温措施，以确保砂浆不受冻。

(6) 每贴好一行釉面砖，应及时用靠尺板横、竖向靠直，偏差处用灰勺木柄轻轻敲平，及时校正横、竖缝平直。

(7) 勾缝或擦缝后，应及时用破布或棉纱擦净面砖表面砂浆、涂料等。

任务 5.6.4 质量验收标准与实践评定

【任务导航】 掌握饰面砖施工的质量标准、检验方法以及实践成绩的评定办法等。

5.6.4.1 质量标准

1. 一般规定

(1) 本章适用于饰面板安装、饰面砖粘贴等分项工程的质量验收。说明：饰面板工程采用的石材有花岗石、大理石、青石板和人造石材；采用的瓷板有抛光和磨边板两种，面积不大于 $1.2m^2$，不小于 $0.5m^2$；金属饰面板有钢板、铝板等品种；木材饰面板主要用于内墙裙。陶瓷面砖主要包括釉面瓷砖、外墙面砖、陶瓷锦砖、陶瓷壁画、劈裂砖等；玻璃面砖主要包括玻璃锦砖、彩色玻璃面砖、釉面玻璃等。

(2) 饰面板（砖）工程验收时应检查下列文件和记录：

1) 饰面板（砖）工程的施工图、设计说明及其他设计文件。

2) 材料的产品合格证书、性能检测报告、进场验收记录和复验报告。

3) 后置埋件的现场拉拔检测报告。

4) 外墙饰面砖样板件的粘结强度检测报告。

5) 隐蔽工程验收记录。

6) 施工记录。

(3) 饰面板（砖）工程应对下列材料及其性能指标进行复验：

1) 室内用花岗石的放射性。

2) 粘贴用水泥的凝结时间、安定性和抗压强度。

3) 外墙陶瓷面砖的吸水率。

4) 寒冷地区外墙陶瓷面砖的抗冻性。

说明：本条仅规定对人身健康和结构安全有密切关系的材料指标进行复验。天然石材中花岗石的放射性超标的情况较多，故规定对室内用花岗石的放射性进行检测。

(4) 饰面板（砖）工程应对下列隐蔽工程项目进行验收：

1) 预埋件（或后置埋件）。

2) 连接节点。

3) 防水层。

(5) 各分项工程的检验批应按下列规定划分：

1) 相同材料、工艺和施工条件的室内饰面板（砖）工程，每50间（大面积房间和走廊按施工面积 $30m^2$ 为一间）应划分为一个检验批，不足50间也应划分为一个检验批。

2) 相同材料、工艺和施工条件的室外饰面板（砖）工程，每 $500\sim1000m^2$ 应划分为一个检验批，不足 $500m^2$ 也应划分为一个检验批。

(6) 检查数量应符合下列规定：

1) 室内每个检验批应至少抽查10%，并不得少于3间；不足3间时应全数检查。

2) 室外每个检验批每 $100m^2$ 应至少抽查一处，每处不得小于 $10m^2$。

(7) 外墙饰面贴前和施工过程中，均应在相同基层上做样板件，并对样板件的饰面砖粘结强度进行检验，其检验方法和结果判定应符合《建筑工程饰面砖粘结强度检验标准》(JGJ 110—2008) 的规定。

(8) 饰面板（砖）工程的防震缝、伸缩缝、沉降缝等部位的处理应保证缝的使用功能和饰面的完整性。

2. 主控项目

(1) 饰面板的品种、规格、颜色和性能应符合设计要求，木龙骨、木饰面板和塑料饰面板的燃烧性能等级应符合设计要求。

检验方法：观察；检查产品合格证书、进场验收记录和性能检测报告。

(2) 饰面板孔、槽的数量、位置和尺寸应符合设计要求。

检验方法：检查进场验收记录和施工记录。

(3) 饰面板安装工程的预埋件（或后置埋件）、连接件的数量、规格、位置、连接方法和防腐处理必须符合设计要求。后置埋件的现场拉拔强度必须符合设计要求。饰面板安装必须牢固。

检验方法：手扳检查；检查进场验收记录、现场拉拔检测报告、隐蔽工程验收记录和施工记录。

3. 一般项目

(1) 饰面板表面应平整、洁净、色泽一致，无裂痕和缺损。石材表面应无泛碱等污染。

检验方法：观察。

(2) 饰面板嵌缝应密实、平直，宽度和深度应符合设计要求，嵌填材料色泽应一致。

检验方法：观察；尺量检查。

(3) 采用湿作业法施工的饰面板工程，石材应进行防碱背涂处理。饰面板与基体之间的灌注材料应饱满、密实。

检验方法：用小锤轻击检查；检查施工记录。

说明：采用传统的湿作业法安装天然石材时，由于水泥砂浆在水化时析出大量的氢氧化钙，泛到石材表面，产生不规则的花斑，俗称泛碱现象，严重影响建筑物室内外石材饰面的装饰效果。因此，在天然石材安装前，应对石材饰面采用“防碱背涂剂”进行背涂处理。饰面板上的孔洞应套割吻合，边缘应整齐。

检验方法：观察。

饰面板安装的允许偏差和检验方法应符合表5.14的规定。

表5.14　饰面板安装的允许偏差和检验方法

项次	项目	允许偏差/mm							检验方法
		石材			瓷板	木材	塑料	金属	
		光面	剁斧石	蘑菇石					
1	立面垂直度	2	3	3	2	1.5	2	2	用2m垂直检测尺检查
2	表面平整度	2	3	—	1.5	1	3	3	用2m靠尺和塞尺检查
3	阴阳角方正	2	4	4	2	1.5	3	3	用直角检测尺检查
4	接缝直线度	2	4	4	2	1	1	1	拉5m线，不足5m拉通线，用钢直尺检查
5	墙裙、勒脚上口直线度	2	3	3	2	2	2	2	拉5m线，不足5m拉通线，用钢直尺检查
6	接缝高低差	0.5	3	—	0.5	0.5	1	1	用钢直尺和塞尺检查
7	接缝宽度	1	2	2	1	1	1	1	用钢直尺检查

5.6.4.2 实践项目成绩评定（表5.15）

表5.15 实践项目及成绩评定表

项次	项　　目	技术及质量要求	实测记录	项目分值	得分
1	找规矩、设标等方法正确			20	
2	垫底尺铺贴面砖方法正确			15	
3	文明施工与安全施工			10	
4	施工流程正确			20	
5	施工方法正确			20	
6	检验方法正确			10	
7	完成任务时间			5	
8	合计			100	

练　习　题

（1）简述设标志块、阳角双面挂直方法。

（2）简述垫底尺铺贴面砖方法。

（3）叙述墙面饰面砖铺贴的施工流程和方法。

（4）叙述墙面饰面砖的质量验收方法。

任务5.6.5　相关技术知识——外墙面砖

【任务导航】 掌握外墙铺贴饰面砖相关的准备工作、施工流程、施工工艺和质量要求等。

5.6.5.1 外墙面砖排列

外墙面砖镶贴排缝种类很多，原则上按设计要求进行。

（1）矩形外墙面砖分长边水平镶贴和长边垂直镶贴两种，按接缝宽度又分密缝和离缝。

（2）同一墙面齐缝排列又可采取密缝镶贴、离缝分格。为取得立面装饰效果，可用水平离缝和垂直离缝等。

（3）凡阳角部位都应是整砖，且阳角处的砖一般应将拼缝留在侧边，也有采取整砖对角粘贴法的。

（4）突出墙面、窗台、腰线阳角及滴水线排砖方法，注意正面面砖要往下突出3mm左右，底面面砖要留有流水坡度。

5.6.5.2 材料要求

外墙饰面砖的技术性能应符合现行相关产品标准的规定，宜采用背部带燕尾槽的产品。产品的吸水率及抗冻性应按国家标准《陶瓷砖试验方法第1部分：抽样和接受条件》

(GB/T 3810.1～16—2006) 进行试验，并满足要求。

其余材料要求同内墙砖工程。粘贴外墙砖所用的水泥、砂、胶粘剂等材料均应进行复验，合格后方可使用。对找平层、结合层、粘结层及勾缝、嵌缝所用材料均应进行试配，合格后方可使用。

5.6.5.3　施工条件

(1) 外墙面砖镶贴施工前，应根据施工图尺寸，认真核实结构实际偏差情况，决定外墙面砖铺贴找平层、粘结层砂浆厚度，以及排砖模数，制定出外墙面砖排列方案，然后绘出施工大样图。确定外墙面砖横缝应与门窗碹脸和窗台相平；竖向要求门窗口阳角处都是整砖，窗侧墙应按整砖排列分匀，如齐缝排列赶不上整砖模数时，应考虑采取错缝排列，以求得非整砖对称排列。

(2) 施工应在下述工作完成后方可开始。外架子（高层多用吊篮或吊架）应提前支搭和安设好，多层房屋最好选用双排架子或桥架，其横竖杆及拉杆等应离开墙面和门窗口角150～200mm；架子的步高和支搭要符合施工要求和安全操作规程；阳台栏杆、预留孔洞及排水管等应处理完毕，门窗框扇要固定好，并用1∶3的水泥砂浆将缝隙堵塞严实，铝合金门窗框边缝所用嵌塞材料应符合设计要求，且应塞堵密实，并事先粘贴好保护膜；墙面基层清理干净，脚手眼、窗台、窗套等事先砌堵好；按面砖的尺寸、颜色进行选砖，并分类存放备用；大面积施工前应先放大样，并做出样板墙，确定施工工艺及操作要点，并向施工人员做好交底工作。样板墙完成后必须经质检部门鉴定合格后，还要经过设计、甲方和施工单位共同认定，方可组织班组按照样板墙要求施工。

施工中应合理安排整个工程的施工程序，避免后续工程对饰面造成污染或损坏。

(3) 外墙面砖镶贴前，应根据施工大样图统一弹线分格、排砖。方法可采取在外墙阳角用钢丝或尼龙线拉垂线，根据阳角拉线，在墙面上每隔1.5～2m做出标志块。按大样图先弹出分层的水平线，然后弹出分格的垂直线。如是离缝分格，则应按整块砖的尺寸分匀，确定分格缝（离缝）的尺寸，并按离缝实际宽度做分格条，分格条一般是刨光的木条，其宽度在6～10mm左右。

5.6.5.4　施工操作

1. 施工流程

基层处理→贴灰饼、冲筋→抹找平层→弹线、分格、排砖→选砖、浸砖→镶贴面砖→勾缝→清理表面。

2. 施工方法

(1) 基层处理。

1) 基层为混凝土墙面。首先将凸出墙面的混凝土剔平，对钢模施工的混凝土墙面应凿毛，并用素水泥浆满刷一遍，再浇水湿润。如果基层混凝土很光滑也可采用如下的处理方法：即先将表面尘土、污垢清扫干净，用10%的火碱水将墙面的油污刷掉，随之用净水将碱冲净、晾干；然后，用1∶1的水泥细砂浆内掺水重20%的环保型建材胶，喷或用扫帚将砂浆甩至墙面上。其甩点要均匀，终凝后浇水养护，直至水泥砂浆疙瘩全部粘到混凝土光面上，并有较高的强度，用手掰不动为止。

2) 基层为砖墙面。首先检查并堵砌好脚手眼，检查墙的凹凸情况，对凸出墙面的砖或混凝土要剔平。将墙面上残存的废余砂浆、灰尘、污垢、油渍等清理干净，并提前一天浇水湿润。

(2) 贴灰饼、冲筋。若建筑物为高层，应在四大角和门窗口边用经纬仪打垂直线找直；如果建筑物为多层，可从顶层开始用特制的大线坠绷钢丝吊垂直，然后根据面砖的规格尺寸分层设点、做灰饼。横线则以楼层为水平基准线交圈控制，竖向线则以四周大角和通天柱或垛子为基准线控制，应全部是整砖。每层打底时则以此灰饼作为基准点进行冲筋，使其底层灰做到横平竖直。同时要注意找好突出檐口、腰线、窗台、雨篷等饰面的流水坡度和滴水线（槽）。

(3) 抹找平层。先刷一道掺比重10%的环保型建材胶水泥素浆，紧跟着分层分遍抹底层砂浆（常温时采用配合比为1∶3的水泥砂浆)，第一遍厚度为5mm，抹后用木抹子搓平，隔天浇水养护；待第一遍六至七成干时，即可抹第二遍，厚度约8～12mm，随即用木杠刮平、木抹子搓毛，隔天浇水养护。若需要抹第三遍时，其施工方法同第二遍，直至把底层砂浆抹平。打底灰要扫毛或划出纹道，24h后浇水养护。

找平层严禁空鼓。表面平整度允许偏差为4mm，立面垂直度允许偏差为5mm。

(4) 弹线、分格、排砖。待基层灰六至七成干时，即可按图纸要求进行分段分格弹线，方法可采取在外墙阳角用钢丝或尼龙线拉垂线，根据阳角拉线，在墙面上每隔1.5～2m做出标志块。按大样图先弹出分层的水平线，然后弹出分格的垂直线。同时亦可进行面层贴标准点的工作，以控制面层出墙尺寸及垂直、平整。

排砖。根据大样图及墙面尺寸进行横竖向排砖，以保证面砖缝隙均匀，符合设计图纸要求，注意大墙面、通天柱子和垛子要排整砖，以及在同一墙面上的横竖排列，均不得有一行以上的非整砖。非整砖行应排在次要部位，如窗间墙或阴角处等，但亦要注意一致和对称。如遇有突出物，应用整砖套割吻合，不得用非整砖随意拼凑镶贴。对于必须使用非整砖的部位，非整砖宽度不宜小于整砖宽度的1/3。

(5) 选砖、浸砖。先对面砖进行挑选，将不合格的进行剔除，然后将面砖扫净，放在净水中浸泡2h以上，直至不泛泡为止，取出待表面晾干或擦净待用。

(6) 镶贴面砖：

1) 镶贴顺序应自下而上分层分段进行，每段内镶贴程序也应是自下而上进行。而且要先贴附墙柱面，后贴大墙面，再贴窗间墙。同一立面应按设计要求挑选同一规格、型号、批号、颜色一致的面砖。用1∶1的水泥砂浆粘贴。外墙饰面砖宜按自上向下的顺序镶贴，粘结层厚度为4～8mm。贴完一行后，须将每块面砖上的灰浆刮净。如上口不在同一直线上，应在面砖的下口垫小木片，尽量使上口在1条直线上。如是离缝分格，在上口放分格条，以控制水平缝大小与平直，又可防止面砖向下滑移，随后再进行第二层面砖的铺贴。已上墙的面砖，用钢抹子木柄轻敲砖面，使砖面附线平整，粘结牢固，亏灰时应取下重贴，并随时用靠尺保持平整度，同时保证缝隙宽窄一致。

2) 竖缝的宽度与垂直完全靠目测控制，所以在操作中要特别注意随时检查。除依靠墙面的控制线外，还应该经常用线锤检查。如竖缝是离缝（不是密缝)，在粘贴时对挤入竖缝处的灰浆要随手清理干净。分格条应在隔夜后起出（也有当天8h后起出的)。起出后的分格条应清洗干净，方能继续使用。

3）门窗贴脸、窗口及腰线镶贴面砖时，要先将基体分层刮平，表面随手划纹。待七至八成干时再洒水抹2～3mm厚水泥浆（最好采用掺水泥重10%～15%的108胶的聚合物水泥浆），随时镶贴面砖，为了使面砖镶贴牢固，应采用T形托板作临时支撑，隔夜后拆除。窗台及腰线上盖面砖镶贴时，要先在上面用稠度小的砂浆满刮一遍，抹平后，撒一层干水泥灰面（不要太厚），略停一会见灰面已湿润时，随即铺贴，并按线找直揉平（不撒干水泥灰面，面砖铺后砂浆一收水，砖与粘结层离缝必造成空鼓）。垛角部位，在贴完面砖后，要用方尺找方。

（7）勾缝。在完成一个层段的墙面并检查合格后，即可进行勾缝。勾缝用1∶1的水泥砂浆（砂子要用过窗纱筛）或水泥浆分两次进行嵌实，头一次用一般水泥砂浆，第二次按设计要求用彩色水泥浆或普通水泥浆勾缝。勾缝可做成凹缝（尤其是离缝分格），深度3mm左右。面砖密缝处用同面砖相同颜色的水泥接缝。完工后应将面砖表面清洗干净，清洗工作应在勾缝材料硬化后进行，如有污染，可用浓度为10%的盐酸刷洗，再用水冲净，夏季施工防止阳光暴晒要注意遮挡养护。

（8）清理表面。面砖粘贴完毕，经自检无空鼓、不平、不直后，用棉丝擦干净（应将瓷砖表面擦洗干净），然后将毛刷蘸同色水泥浆涂缝，用布将缝内素浆擦匀擦实，将砖面揩擦干净。

子项目5.7 墙面贴陶瓷锦砖

【任务导航】 完成卫生间墙面贴陶瓷锦砖装饰施工，掌握陶瓷锦砖铺贴的施工流程、施工方法以及成品保护和质量验收标准。

任务5.7.1 施工准备

【任务导航】 熟悉陶瓷锦砖铺贴前需要做的准备工作，掌握陶瓷锦砖铺贴前应具备的施工条件，正确认识和准备施工材料和施工机具，掌握施工操作前的准备条件。

5.7.1.1 项目概况

1. 施工简介

卫生间墙面做法为陶瓷锦砖铺贴装饰。

陶瓷锦砖原名马赛克，是一种质地坚硬、性能稳定、耐磨、耐寒、耐酸碱、颜色鲜艳、花色多样的高级饰面材料。它适用于墙面和地面装饰工程。

陶瓷锦砖分有釉和无釉两种，形状有正方、长方、对角、斜长条、六角、半八角、长条对角等。

2. 对施工人员（学员）的要求

（1）认真学习该项目的施工技术，严谨施工。

（2）掌握卫生间墙面贴陶瓷锦砖的施工流程和施工方法。

（3）掌握质量标准和质量验收的方法。

3. 实训步骤

（1）练习找规矩、抹底灰的方法。

（2）练习铺贴陶瓷锦砖的施工方法。

（3）按施工流程进行施工。

（4）质量检验、验收。

4. 施工条件

施工应在下述工作完成后方可开始预留孔洞及排水管等应处理完毕，门窗框、扇要固定好，并用 1：3 的水泥砂浆将缝隙堵塞严实；铝合金门窗框边缝所用嵌缝材料应符合设计要求，且塞堵密实，并事先粘贴好保护膜；如大面积施工前应先做样板，样板完成后，必须经质检部门鉴定合格，还要经过设计、甲方、施工单位共同认定，方可组织班组按样板要求施工。

5.7.1.2　材料准备

（1）强度等级 32.5 或 42.5 矿渣水泥或普通硅酸盐水泥，应有出厂证明或复验合格证单，若出厂日期超过三个月而且水泥已结有小块的不得使用；白水泥应为 325 级以上，并符合设计和规范质量标准的要求。

（2）砂子为中砂，粒径为 0.35～0.5mm，黄色河砂，含泥量不大于 3%，颗粒坚硬、干净，无有机杂质，用前过筛，其他应符合规范的质量标准。

（3）陶瓷锦砖应表面平整，颜色一致，每张长宽规格一致，尺寸正确，边棱整齐，一次进场。锦砖脱纸时间不得大于 40min。

（4）胶粘剂等材料必须符合环保要求，无污染。

5.7.1.3　施工工具准备

木拍板、靠尺、水桶、抹子、墨斗、钢卷尺、尼龙线、橡皮锤（或木锤）。

任务 5.7.2　施工操作

【任务导航】 完成墙面陶瓷锦砖的铺贴，掌握陶瓷锦砖铺贴的施工流程和施工方法。

5.7.2.1　施工流程

基体处理→排砖、分格、弹线→摊铺水泥砂浆、铺贴→揭纸、拨缝→擦缝、清洁。

5.7.2.2　施工方法

1. 基体处理

清理表面等工艺，均与铺贴面砖相同。

2. 排砖、分格、弹线

陶瓷锦砖施工是按照设计图纸要求，首先绘制出细部构造详图。然后，按排砖模数和分格要求，绘制出墙面施工大样图，以保证墙面完整和镶贴各部位操作顺利。

底子灰抹好、划毛并经浇水养护后，根据节点细部详图和施工大样图，先弹出水平线和垂直线，水平线按每方陶瓷锦砖一道，垂直线最好也是每方一道，也可 2～3 方一道，如有分格时，按施工大样图规定的留缝宽度弹出分格线，按缝宽备好分格条。

3. 摊铺水泥砂浆、铺贴

铺贴陶瓷锦砖时，一般由下而上进行，按已弹好的水平线安放八字靠尺或直靠尺，并用水平尺校正垫平。一般以两人协同操作，一人在前洒水润湿墙面，先刮一道素水泥浆，随即抹上 2mm 厚的水泥浆为粘结层；另一人将陶瓷锦砖铺在木垫板上，纸面向下，锦砖背面朝上，先用湿布把底面擦净，用水刷一遍，再刮素水泥浆，将素水泥浆刮至陶瓷锦砖的缝隙中；在砖面不要留砂浆，再将一张张陶瓷锦砖沿尺粘贴在墙上。

另外一种施工方法是一人在润湿后的墙面上抹纸筋混合砂浆（其配合比为纸筋：石灰：水泥＝1：1：8，制作时先把纸筋与石灰膏搅匀，过3mm筛，再与水泥浆搅匀）2～3mm厚，用靠尺板刮平，再用抹子抹平整；另一人将陶瓷锦砖铺在木垫板上，底面朝上，缝里灌细砂，用软毛刷刷净底面，再用刷子稍刷一点水，抹上薄薄一层灰浆。

上述工作完成后，即可在粘结层上铺贴陶瓷锦砖。铺贴时，双手执在陶瓷锦砖上方，使下口与所垫的八字靠尺（或靠尺）齐平，由下往上贴，缝子要对齐，并注意使每张之间的距离基本与小块陶瓷锦砖缝相同，不宜过大或过小，以免造成明显的接槎，影响美观。控制接槎缝宽度一般用目测，也可借助金属片，将金属片放在接槎处，在陶瓷锦砖贴完后，取下金属片。如设分格条，其方法同外墙面砖。

4. 揭纸、拨缝

陶瓷锦砖贴于墙面后，一手将硬木拍板放在已贴好的陶瓷锦砖面上，一手用小木锤敲击木拍板，将所有的陶瓷锦砖满敲一遍，使其平整。然后，将陶瓷锦砖的护面纸用软刷子刷水润湿，待护面纸吸水泡开（注意立面铺贴纸面不易吸水，可往盛清水的桶中撒几把干水泥并搅匀，再用刷子蘸水润纸，纸面较易吸水，可提前泡开），即开始揭纸。揭纸时要仔细、有顺序地、慢慢地撕，如发现有小块陶瓷锦砖随纸带下，在揭纸后要重新补上。如随纸带下数量较多，说明护面纸还未充分泡开，胶水尚未溶化，这时应用抹子将其重新压紧，继续刷水润湿护面纸，直至撕纸无掉粒为止。

揭纸后检查缝的大小，不合要求的缝必须拨正。调整砖缝的工作，要在粘结层砂浆初凝前进行。拨缝的方法是一手拨缝时将开刀放于缝间，一手用抹子轻敲开刀，逐条按要求将缝拨匀、拨正，使陶瓷锦砖的边口以开刀为准排齐。拨缝后用小锤敲击木拍板将其拍实一遍，以增强与墙面的粘结。

5. 擦缝、清洁

擦缝：粘贴后48h，用白水泥稠浆将缝嵌平，并用力推擦，使缝隙饱满密实，随即拭净面层。如果湿度太大，可用棉丝或锯末拭洗干净，有灰尘痕迹处，可用5%盐酸稀溶液洗去，再用清水洗净。

任务5.7.3　成品保护

【任务导航】 掌握墙面陶瓷锦砖铺贴前后的产品管理和成品的保护等。

（1）镶贴好的陶瓷锦砖墙面，应有切实可靠的防止污染的措施；同时要及时清擦干净残留的砂浆。特别是铝合金门窗框、扇，事先应粘贴好保护膜，预防污染。

（2）各抹灰层在凝结前应防止风干、曝晒、水冲、撞击和振动。

（3）少数工种（水电、通风、设备安装等）的各种工作应在陶瓷锦砖镶贴之前完成，防止损坏面砖。

任务5.7.4　质量验收标准与实践评定

【任务导航】 掌握陶瓷锦砖施工的质量标准、检验方法以及实践成绩的评定办法等。

5.7.4.1 质量标准

1. 主控项目

(1) 陶瓷锦砖的品种、规格、颜色、图案必须符合设计要求和现行标准的规定。

(2) 陶瓷锦砖镶贴必须牢固，无歪斜、缺楞、掉角和裂缝等缺陷。

(3) 找平、防水、粘结和勾缝材料及施工方法，应符合设计要求及国家现行产品质量标准；如用于室内，应符合室内环境质量验收标准。

允许偏差项目见表 5.16。

表 5.16 铺贴陶瓷锦砖的允许偏差

项次	项目		允许偏差/mm	检查方法
1	立面垂直	室内	2	用 2m 托线板和尺量检查
		室外	3	
2	表面平整		2	用 2m 靠尺和塞尺检查
3	阳角方正		2	用 20cm 方尺和塞尺检查
4	接缝平直		2	拉 5m 小线和尺量检查
5	墙裙上口平直		2	拉 5m 小线和尺量检查
6	接缝高低	室内	0.5	用钢板短尺和塞尺检查
		室外	1	

2. 一般项目

(1) 表面：平整、洁净，颜色协调一致。

(2) 接缝：填嵌密实、平直，宽窄一致，颜色一致处的砖压向正确，非整砖的使用部位适宜。

(3) 套割：用整砖套割吻合，边缘整齐；墙裙、贴脸等突出墙面的厚度一致。

(4) 坡向、滴水线：流水坡向正确；滴水线顺直。

5.7.4.2 实践项目成绩评定（表 5.17）

表 5.17 实践项目及成绩评定表

项次	项目	技术及质量要求	实测记录	项目分值	得分
1	排砖、分格、弹线方法正确			20	
2	揭纸、拨缝方法正确			20	
3	文明施工与安全施工			10	
4	施工流程正确			20	
5	施工方法正确			15	
6	检验方法正确			10	
7	完成任务时间			5	
8	合计			100	

练　习　题

（1）练习揭纸、拨缝的方法。

（2）简述施工流程。

（3）简述施工方法及质量检验方法。

子项目5.8　墙面干挂大理石施工

【任务导航】 完成接待室和电梯厅墙面干挂大理石的装饰施工，掌握干挂大理石的施工流程、施工方法以及成品保护和质量验收标准。

任务5.8.1　施工准备

【任务导航】 熟悉干挂大理石施工前需要做的准备工作，掌握干挂大理石施工前应具备的施工条件，正确认识和准备施工材料和施工机具，掌握施工操作前的准备条件。

5.8.1.1　项目概况

1. 装饰设计

接待室和电梯厅墙面大部分为干挂大理石装饰做法。

2. 对施工人员（学员）的要求

（1）认真学习该项目的施工技术，严谨施工。

（2）掌握大厅墙面干挂理石的施工流程和施工方法。

（3）掌握质量标准和质量验收的方法。

3. 实训步骤

（1）练习定位放线、龙骨与主体固定点的位置。

（2）龙骨骨架的安装，由专业电焊工来进行，学员现场观看学习。

（3）在老师和技师的指导下，选石材。

（4）练习石材开槽。

（5）练习石材的挂法。

（6）按施工流程进行施工。

（7）质量检验、验收。

4. 施工条件

（1）检查石材的质量、规格、品种、数量、力学性能和物理性能是否符合设计要求，并进行表面处理工作。

（2）搭设双排架子处理结构基层，并作好隐预检记录，合格后方可进行安装工序。

（3）水电及设备、墙上预留预埋件已安装完。

（4）门窗已安装完毕，安装质量符合要求。

（5）对施工人员进行技术交底时，应强调技术措施、质量要求和成品保护，尤其是架子拆除时，不得碰撞已完成的成品。大面积施工前应先做样板，经质检部门鉴定合格后，方可组织班组施工。

5.8.1.2 材料准备

(1) 石材，根据设计要求，确定石材的品种、颜色、花纹和尺寸规格，并严格控制、检查其抗折、抗拉及抗压强度、吸水率、耐冻融循环等性能。订货前须有专人去厂方看大板，如图 5.45 所示。

图 5.45 供货方大板

(2) 合成树脂胶粘剂，用于粘贴石材背面的柔性背衬材料，要求具有防水和耐老化性能。

(3) 玻璃纤维网格布，石材的背衬材料。

(4) 防水胶泥，用于密封连接件。

(5) 防污胶条，用于石材边缘防止污染。

(6) 嵌缝膏，用于嵌填石材接缝。

(7) 罩面涂料，用于大理石表面，防风化、防污染。

(8) 膨胀螺栓、连接铁件、挂件等配套的铁垫板、垫圈、螺母及与骨架固定的各种设计和安装所需要的连接件的质量，必须符合要求。

(9) 石材需磨边或切割的尽量在厂方处理，避免现场切割。

(10) 石材进场要做好专用木架分类立放，且后背板要靠足基层，如图 5.46 所示。

5.8.1.3 施工工具准备

台钻、无齿切割锯、冲击钻、手提钻、力矩扳手、开口扳手、嵌缝枪、专用手推车、长卷尺、盒尺、锤子、各种形状的钢凿子、靠尺、铝制水平尺、方尺、剪子、勾缝溜子、钢丝、弹线用的墨斗、小白线、笤帚、工具袋、手套、红铅笔等。部分机具如图 5.47 所示。

任务 5.8.2 施工操作

【任务导航】 完成墙面干挂大理石的安装，掌握干挂大理石安装的施工流程和施工方法。

图 5.46　石材的立放

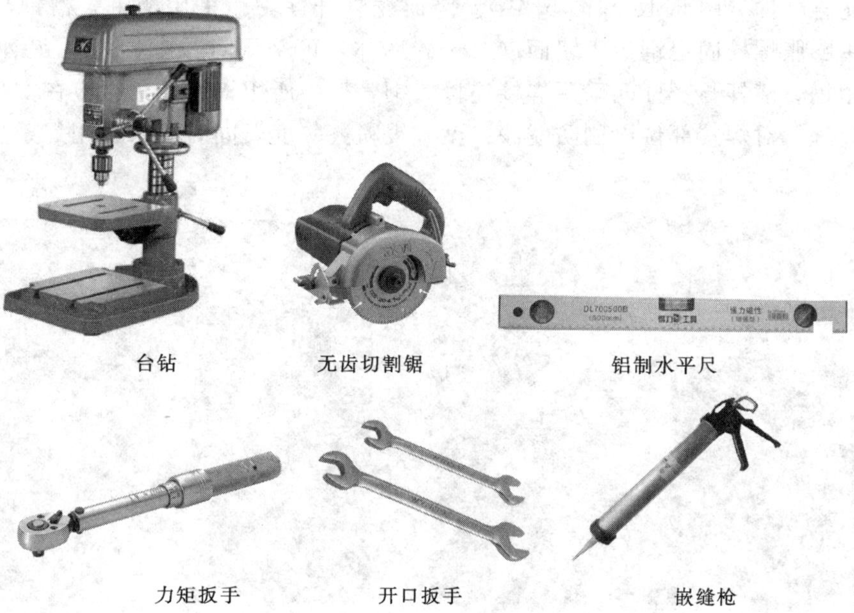

图 5.47　干挂石材机具准备

5.8.2.1　施工流程

石材干挂安装施工流程为：基层检查处理→墙面定位放线→龙骨制作安装→挑选石材→预排石材→打膨胀螺栓→石材开槽→石材干挂安装→打胶→调整→成品保护。

5.8.2.2　施工方法

1. 基层检查处理

在墙体结构验收合格的基础上，再对墙面进行检测，将墙面基层表面清理干净，对局部影响骨架安装的凸出部分剔凿干净。特别是墙面的垂直度、平整度偏差应控制在连接件的可调整范围，一般在±10mm内，否则会影响整个干挂墙面的水平位置，应及时调整使其符合设计规范要求。

2. 墙面定位放线

测量放线是石材干挂施工中的一个重要环节，放线精度直接影响石材干挂效果。放线是将骨架的位置弹线到主体结构上，放线工作根据轴线及标高点进行，一般先弹出竖向杆件的位置，确定竖向杆件的锚固点，待竖向杆件位置布置完毕，再将横向杆件位置弹在竖向杆件上。

3. 龙骨制作安装

对非承重的空心砖墙体，干挂石材时采用镀锌槽钢作主龙骨，镀锌角钢作次龙骨形成骨架网（在混凝土墙体上可直接采用挂件与墙体连接）。

（1）在主龙骨定位线的两侧，根据骨架设计要求，确定膨胀螺栓间距、深度和垂直度；划出打孔点，用冲击钻在墙体结构上打出孔洞以便安装膨胀螺栓，孔洞大小按照膨胀螺栓的规格确定。

（2）先安装竖向龙骨杆件，竖向龙骨杆件与主体结构相连，待竖向龙骨杆件就位后再安装横向龙骨杆件（图5.48和图5.49）。竖向龙骨杆件一般采用槽钢，槽钢与墙体铁件焊接，再用膨胀螺栓固定钢板于墙面（对于砖墙体，可采用对拉螺栓内外夹钢板），然后焊接横向角钢，横杆与竖杆间采用焊接连接。钢骨架中所用槽钢、角钢应在安装之前进行镀锌防腐处理，对焊接部位涂刷防锈漆二度、银粉漆一度，同时要求选用焊条强度应与母材相同。

图5.48　墙面干挂石材龙骨

图5.49　柱面干挂石材龙骨

现场焊接时，焊接下方应设防火斗，结构层下方应采取可靠安全的防护措施，并对脚手板上废弃杂物及时清理，钢骨架应连接牢固，不得有颤动和变形现象。

4. 挑选石材

（1）挑选石材，先用比色法对石材颜色进行挑选，保证颜色均匀、没有裂纹、厚度符合设计要求，然后按设计规格下料。对规格石材要进行二次挑选，剔除缺棱掉角、崩边等有缺陷的石材。

（2）预排石材，将选出的石材按使用部位和安装顺序进行编号，检查拼接出的板块是否存在色差、是否满足现场尺寸要求，完成此项工作后将板材按编号存放备用，如图5.50、图5.51所示。

图5.50 地面上预排石材

图5.51 石材按编号存放

（3）打膨胀螺栓孔，按设计尺寸和图纸设计要求，确定膨胀螺栓间距，划出打孔点，用冲击钻在结构上打出孔洞以便安装膨胀螺栓，孔洞大小按照膨胀螺栓的规格确定。

（4）石材开槽，石材安装前用云石机在侧面开槽，开槽深度根据挂件尺寸确定，一般要求不小于10mm且在板材后侧边中心。为保证开槽不崩边，开槽距边缘距离为1/4边长且不小于50mm。

（5）清洗、封胶，即用钢丝刷和粗砂纸将石材槽内浮灰和杂污清理干净，随后在石材背面刷不饱和树脂胶，先刷头遍胶（边角，特别是打孔的部位必须刷到位），接着用刷子将玻璃纤维网格布一遍遍赶平，再刷二道胶，按编号堆放待用。

5. 石材干挂安装

石材干挂采用自下而上的顺序。

（1）定出第一块石材位置，在其底部用单向不锈钢挂件钩入石材下槽，上部用双向不锈钢挂件钩入石材上槽，在不锈钢挂钩与石材槽之间灌入环氧树脂型石材专用结构胶固定不锈钢挂件，厚度不宜小于3mm（图5.52）。

（2）将第二块石材底槽插入第一块石材上边凸起的挂钩上，然后将槽内注满干挂胶固定，上边再用不锈钢挂件固定，如此循环挂贴（图5.53）。

（3）调整固定，底层石材全部就位后，如上口不平就要调整水平度，可在托架上垫上相应的双股铜丝垫进行调整；如要调整垂直度，可调整石材上口连接件的距墙间隙；最后要调缝隙大小，使缝宽均匀，符合设计要求。

（4）顶部面板安装，在最后的上层石材安装调整后，结构墙体与石材的间隙间要做好钢丝网粉刷防水处理。后用宽约40mm的纸带型不干胶带，沿石材边缘贴齐作为防污条，在石材缝隙嵌弹性背衬条。

如设计要求不留缝隙或缝隙很小时，则要求接缝平直，在石材干挂好的面层上用相同颜色的素水泥浆，撒在缝上，再用棉纱团擦揉，将缝隙擦满。最后将面层上的水泥浆擦干净。

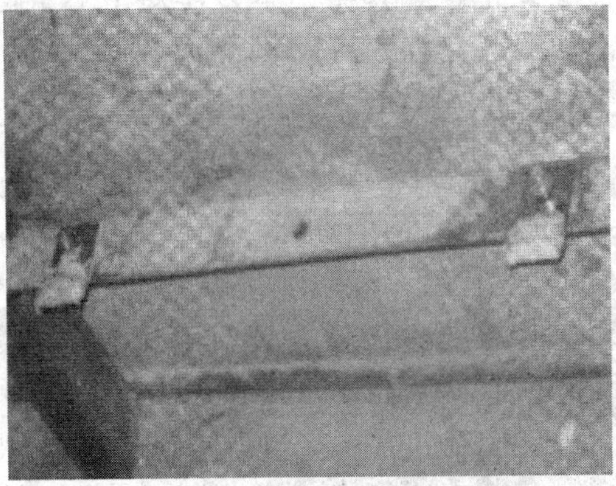

图 5.52 第一块石材的位置

图 5.53 石材的安装

任务 5.8.3 成品保护及施工注意事项

【任务导航】 掌握墙面干挂石材安装前后的产品管理和成品的保护、施工中应注意的问题等。

5.8.3.1 成品保护

（1）要及时清擦干净残留在门窗框、玻璃和金属饰面板上的污物，宜粘贴保护膜，预防污染、锈蚀。

（2）认真贯彻合理施工顺序，其他工种的活应做在前面，防止损坏、污染石材饰面板。

（3）拆改架子和上料时，严禁碰撞石材饰面板。

（4）饰面工作完成后，易破损部分的棱角处要钉护角保护，其他工种操作时不得划伤和碰坏石材。

（5）在室外刷罩面剂未干燥前，严禁出现掉落渣土和翻动脚手板等情况。

（6）已完工的石材饰面应作好成品保护。

5.8.3.2 施工注意事项

（1）颜色不一：为了防止出现外饰面石材颜色不一致，施工时应事先对石材板进行认真的挑选和试拼。

（2）线角不直、缝格不匀：为防止线角不顺直，缝隙格不匀不直，施工前应认真按设计图纸尺寸核对结构施工实际尺寸，分段分块弹线要精确细致，并经常拉水平线和吊垂直线检查校正。

任务 5.8.4 质量验收标准与实践评定

【任务导航】 掌握干挂石材的质量标准、检验方法和实践成绩的评定办法等。

5.8.4.1 质量标准

1. 一般规定

本节适用于建筑高度不大于 100m、抗震设防烈度不大于 8 度的石材幕墙工程的质量验收。

说明：本条所规定的石材幕墙适用范围，参照了《金属与石材幕墙工程技术规范》(JGJ 133—2001)的规定。对于建筑高度大于100m的石材幕墙工程，由于我国目前尚无国家或行业的设计和施工标准，故不包含在本规范规定的范围内。

2. 主控项目

(1) 石材幕墙工程所用材料的品种、规格、性能等级，应符合设计要求及国家现行产品标准和工程技术规范的规定。石材的弯曲强度不应小于8.0MPa，吸水率应小于0.8%。石材幕墙的铝合金挂件厚度不应小于4.0mm，不锈钢挂件厚度不应小于3.0mm。

检验方法：观察；尺量检查；检查产品合格证书、性能检测报告、材料进场验收记录和复验报告。

说明：石材幕墙所用的主要材料如石材的弯曲强度、金属框架杆件和金属挂件的壁厚应经过设计计算确定。本条款规定了最小限值，如计算值低于最小限值时，应取最小限值，这是为了保证石材幕墙安全而采取的双控措施。

(2) 石材幕墙的造型、立面分格、颜色、光泽、花纹和图案应符合设计要求。

检验方法：观察。

说明：由于石材幕墙的饰面板大都是选用天然石材，同一品种的石材在颜色、光泽和花纹上容易出现很大的差异；在工程施工中，又经常出现石材排版放样时，石材幕墙的立面分格与设计分格有很大的出入。这些问题都不同程度地降低了石材幕墙整体的装饰效果。本条要求石材幕墙的石材样品和石材的施工分格尺寸放样图应符合设计要求并取得设计的确认。

(3) 石材孔、槽的数量、深度、位置、尺寸应符合设计要求。

检验方法：检查进场验收记录或施工记录。

说明：石板上用于安装的钻孔或开槽是石板受力的主要部位，加工时容易出现位置不正、数量不足、深度不够或孔槽壁太薄等质量问题。本条要求对石板上孔或槽的位置、数量、深度以及孔或槽的壁厚进行进场验收；如果是现场开孔或开槽，监理单位和施工单位宜对其进行抽检，并作好施工记录。

(4) 石材幕墙主体结构上的预埋件和后置埋件的位置、数量及后置埋件的拉拔力必须符合设计要求。

检验方法：检查拉拔力检测报告和隐蔽工程验收记录。

(5) 石材幕墙的金属框架立柱与主体结构预埋件的连接、立柱与横梁的连接、连接件与金属框架的连接、连接件与石材面板的连接必须符合设计要求，安装必须牢固。

检验方法：手动检查；检查隐蔽工程验收记录。

(6) 金属框架的连接件和防腐处理应符合设计要求。

检验方法：检查隐蔽工程验收记录。

(7) 石材幕墙的防雷装置必须与主体结构防雷装置可靠连接。

检验方法：观察；检查隐蔽工程验收记录和施工记录。

(8) 石材幕墙的防火、保温、防潮材料的设置应符合设计要求，填充应密实、均匀、厚度一致。

检验方法：检查隐蔽工程验收记录。

(9) 各种结构变形缝、墙角的连接节点应符合设计要求和技术标准的规定。

检验方法：检查隐蔽工程验收记录和施工记录。

(10) 石材表面和板缝的处理应符合设计要求。

检验方法：观察。

说明：本条是考虑目前石材幕墙在石材表面处理上有不同做法，有些工程设计要求在石材表面涂刷保护剂，形成一层保护膜，有些工程设计要求石材表面不作任何处理，以保持天然石材本色的装饰效果；在石材板缝的做法上也有开缝和密封缝的不同做法，在施工质量验收时应符合设计要求。

(11) 石材幕墙的板缝注胶应饱满、密实、连续、均匀、无气泡，板缝宽度和厚度应符合设计要求和技术标准的规定。

检验方法：观察；尺量检查；检查施工记录。

(12) 石材幕墙应无渗漏。

检验方法：在易渗漏部位进行淋水检查。

3. 一般项目

(1) 石材幕墙表面应平整、洁净，无污染、缺损和裂痕。颜色和花纹应协调一致，无明显色差，无明显修痕。

检验方法：观察。

说明：石材幕墙要求石板不能有影响其弯曲强度的裂缝。石板进场安装前应进行试拼，拼对石材表面花纹纹路，以保证幕墙整体观感无明显色差，石材表面纹路协调美观。天然石材的修痕应力求与石材表面质感和光泽一致。

(2) 石材幕墙的压条应平直、洁净、接口严密、安装牢固。

检验方法：观察；手扳检查。

(3) 石材接缝应横平竖直、宽窄均匀；阴阳角石板压向应正确，板边合缝应顺直；凸凹线出墙厚度应一致，上下口应平直；石材面板上洞口、槽边应套割吻合，边缘应整齐。

检验方法：观察；尺量检查。

(4) 石材幕墙的密封胶缝应横平竖直、深浅一致、宽窄均匀、光滑顺直。

检验方法：观察。

(5) 石材幕墙上的滴水线、流水坡向应正确、顺直。

检验方法：观察；用水平尺检查。

(6) 每平方米石材的表面质量和检验方法应符合表5.18的规定。

表5.18　每平方米石材的表面质量和检验方法

项次	项　目	质量要求	检验方法
1	明显划伤和长度大于100mm的轻微划伤	不允许	观察
2	长度大于100mm的轻微划伤	≤8条	用钢尺检查
3	擦伤总面积	≤500mm²	用钢尺检查

石材幕墙安装的允许偏差和检验方法应符合表5.19所示的规定。

表 5.19 石材幕墙安装的允许偏差和检验方法

项次	项目		允许偏差/mm		检验方法
			光面	麻面	
1	幕墙垂直度	幕墙高度≤30m	10		用经纬仪检查
		30m<幕墙高度≤60m	15		
		60m<幕墙高度≤90m	20		
		幕墙高度>90m	25		
2	幕墙水平度		3		用水平仪检查
3	板材立面水平度		3		用水平仪检查
4	板材上沿水平度		2		用1m水平尺和钢直尺检查
5	相邻板材板角错位		1		用钢直尺检查
6	阳角方正		2	3	用垂直检测尺检查
7	接缝直线度		2	4	用直角检测尺检查
8	接缝高低差		3	4	拉5m线，不足5m拉通线，用钢直尺检查
9	接缝宽度		1	—	用钢直尺和塞尺检查
10	板材立面垂直度		1	2	用钢直尺检查

5.8.4.2 实践项目成绩评定

表 5.20 实践项目及成绩评定表

项次	项目	技术及质量要求	实测记录	项目分值	得分
1	工具使用正确			10	
2	定位放线正确			10	
3	石材开槽正确			15	
4	石材挂法正确			10	
5	文明施工与安全施工			10	
6	施工流程正确			15	
7	施工方法正确			15	
8	检验方法正确			10	
9	完成任务时间			5	
10	合计			100	

练 习 题

（1）练习石材挂法。

（2）简述石材干挂的施工流程。

（3）简述石材干挂的施工方法及质量检验方法。

项目6 地面装饰施工

【学习目标】 通过本项目的操作，学习掌握地面铺贴玻化砖、大理石、地毯、木地板等装饰工程所需要的条件、工艺流程、施工要点，熟悉装饰施工与质量验收规范，能进行基本的质量验收。

【工作任务】 完成餐厅地面和电梯厅局部地面玻化砖铺贴，电梯厅和接待室局部地面铺大理石，董事长办公室、接待室、会议室和走道地面铺贴地毯，董事长休息室地面铺实木地板，员工餐厅包间铺复合木地板等地面装饰工程，掌握施工流程和施工要点，掌握质量验收方法。

子项目6.1 地面铺贴玻化砖

【任务导航】 完成餐厅和电梯厅地面铺贴玻化砖的地面装饰施工，掌握玻化砖的施工准备、施工流程、施工技术和质量验收标准。

任务6.1.1 施工准备

【任务导航】 掌握玻化砖铺贴地面前的准备工作，包括项目概况、人员要求、材料准备和施工机具准备等。

6.1.1.1 项目概况

1. 施工图说明

餐厅地面全部铺贴规格为800mm×800mm的玻化砖，电梯厅大部分地面铺贴规格为600mm×600mm的玻化砖。

2. 对施工人员（学员）的要求

（1）认真学习该项目施工技术，严谨施工。

（2）掌握地面铺贴玻化砖的流程和施工操作。

（3）掌握质量标准和质量验收的方法。

3. 实训步骤

（1）练习地面校正、水平管抄平弹线，找出地面面层标高。

（2）练习铺找平层、标志块、冲筋。

（3）练习铺砖、挂线铺贴。

（4）按施工流程进行施工。

（5）质量检验、验收。

6.1.1.2 施工条件

（1）内墙+500mm或+1000mm水平标高线已弹好，并校核无误。

（2）墙面抹灰、屋面防水施工已完成，门框已安装完。

（3）地面垫层以及预埋在地面内的各种管线已做完。穿过楼面的竖管已安装完成，管洞已堵塞密实，有地漏的房间应找好泛水。

（4）提前做好选砖的工作，预先用木条钉方框（按砖的规格尺寸）模子，拆包后进行套选，长、宽、厚不得超过±1mm，平整度不得超过±0.5mm。外观有裂缝、掉角和表面上有缺陷的砖剔出，并按花型、颜色挑选后分别堆放。

6.1.1.3　材料准备

（1）水泥：硅酸盐水泥、普通硅酸盐水泥；其强度等级不应低于32.5MPa，并严禁混用不同品种、不同强度等级的水泥。

（2）砂：中砂或粗砂，其含泥量不应大于3%。

（3）地砖有出厂合格证，抗压、抗折及规格品种均符合设计要求，外观颜色一致、表面平整（水泥花砖要求表面平整、光滑、图案花纹正确），边角整齐、无翘曲。

（4）草酸、108胶等均有出厂合格证。

6.1.1.4　施工机具准备

主要机具：水桶、平锹、铁抹子、大杠、筛子、窗纱筛子、锤子、橡皮锤子、方尺、手提无齿锯、笤帚、水平尺、钢丝刷等，如图6.1所示。

橡皮锤子

方尺

手提无齿锯

筛子

图6.1　部分施工机具

任务6.1.2　施工操作

【任务导航】 以餐厅和电梯厅地面装饰为例，说明玻化砖铺贴地面的装饰过程，要求掌握玻化砖铺贴的施工流程、施工方法、技术要领。

6.1.2.1 施工流程

基层处理→找标高、弹线→抹找平层砂浆→弹铺砖控制线→铺砖→勾缝、擦缝→养护→踢脚板安装。

6.1.2.2 施工方法

1. 基层处理

将基层上的杂物清理掉，并用錾子剔掉砂浆落地灰，用钢丝刷刷净浮浆层。如基层有油污时，应用10%的火碱水刷净，并用清水及时将其上的碱液冲净。根据墙上的+500mm水平标高线，向下量测出面层标高，并弹在墙上。

2. 找标高、弹线

找标高、弹线施工如图6.2所示。

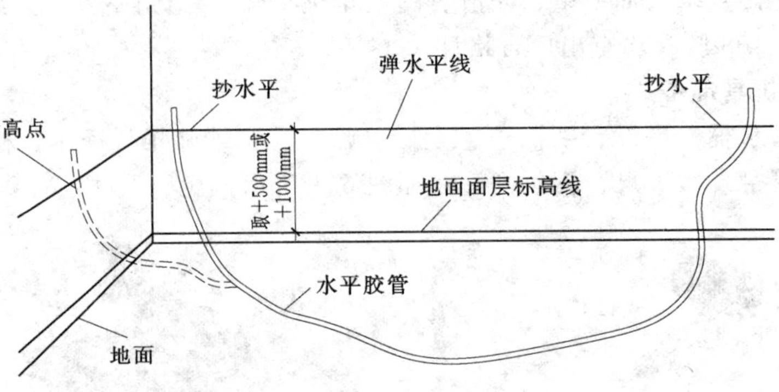

图6.2 木龙骨位置设计及钻孔点放线

3. 抹找平层砂浆

地面找平做法和墙面抹灰差不多，首先是做灰饼，然后做标筋，木杠刮平砂浆，最后是木抹子搓平，如图6.3～图6.6所示。

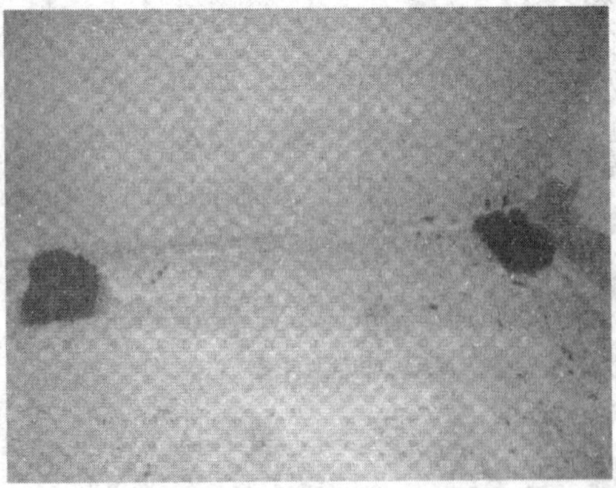

图6.3 做灰饼

图6.4 做标筋

(1) 洒水湿润：在清理好的基层上，用喷壶将地面基层均匀洒水一遍。

(2) 抹灰饼和标筋：从已弹好的面层水平线下量至找平层上皮的标高（面层标高减去

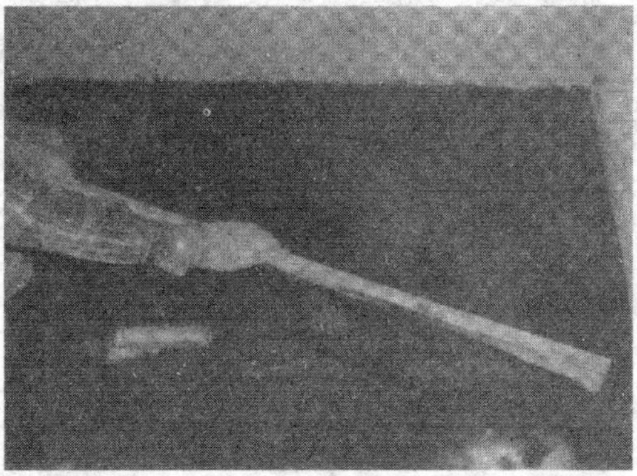

图 6.5 装档

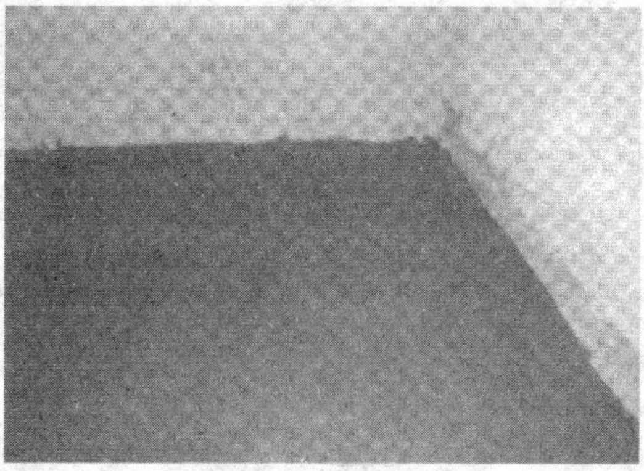

图 6.6 木抹子搓平

砖厚及粘结层的厚度)，抹灰饼间距 1.5m，灰饼上端到水泥砂浆找平层的标高位置（图 6.3）。然后，房间一侧开始抹标筋（又叫冲筋）（图 6.4）。有地漏的房间，应由四周向地漏方向放射形抹标筋，并找好坡度。抹灰饼和标筋应使用干硬性砂浆，厚度不宜小于 2cm。

(3) 装档（即在标筋间装铺水泥砂浆）：清净抹标筋的剩余浆渣，涂刷一遍水泥浆（水灰比为 0.4～0.5）粘结层，要随涂刷随铺砂浆。然后，根据标筋的标高，用小平锹或木抹子将已拌和的水泥砂浆（配合比为 1：3～1：4）铺装在标筋之间，用木抹子摊平、拍实，小木杠刮平（图 6.5），再用木抹子搓平，使其铺设的砂浆与标筋找平，并用大木杠横竖检查其平整度，同时检查其标高和泛水坡度是否正确，24h 后浇水养护（图 6.6）。

4. 弹铺砖控制线

当找平层砂浆抗压强度达到 1.2MPa 时，开始弹铺砖的控制线。预先根据设计要求和砖板块规格尺寸，确定板块铺砌的缝隙宽度，当设计无规定时，紧密铺贴缝隙宽度不宜大于 1mm，虚缝铺贴缝隙宽度宜为 5～10mm。

在房间分中，从纵、横两个方向排尺寸，当尺寸不足整砖倍数时，将非整砖用于边角处，横向平行于门口的第一排应为整砖，将非整砖排在靠墙位置，纵向（垂直门口）应在房间内分中，非整砖对称排放在两墙边处。根据已确定的砖数和缝宽，在地面上弹纵、横控制线（每隔 4 块砖弹一根控制线），排砖原则如下：

(1) 开间方向要对称（垂直门口方向分中）。

(2) 非整砖尽量排在远离门口的地方及散热器罩下面等隐蔽处。

(3) 为了排整砖，可以用分色砖调整。

(4) 室内地面砖与走廊的砖缝尽量对上，对不上时可以在门口处用分色砖分隔。如室内地面与走廊地面颜色不同，分界线应放在门口门扇中间处。

(5) 根据排砖原则画出排砖图。

(6) 有地漏的房间应注意坡度、坡向。

5. 铺砖

为了找好位置和标高，应从门口开始，纵向先铺 2～3 行砖，以此为标筋拉纵横水平标高线，铺时应从里向外退着操作，人不得踏在刚铺好的砖面上，铺设每块砖时应按线的位置进行（图 6.7），操作程序如下：

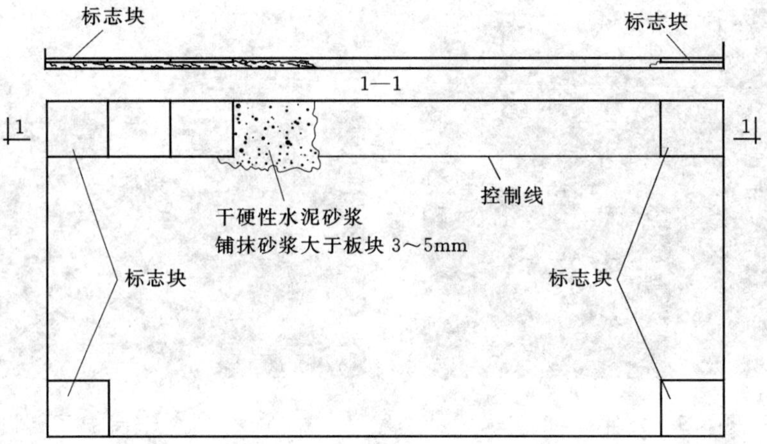

图 6.7　地面铺砖示意图

（1）铺砌前将砖板块放入水桶中浸水湿润，晾干后表面无明水时，方可使用。

（2）找平层上洒水湿润，均匀涂刷素水泥浆（水灰比为 0.4～0.5），涂刷面积不要过大，铺多少刷多少。

（3）结合层的厚度：如采用水泥砂浆铺设时应为 10～15mm，采用沥青胶结料铺设时应为 2～5mm，采用胶粘剂铺设时应为 2～3mm。

（4）结合层组合材料拌和：采用沥青胶结材料和胶粘剂时，除了按出厂说明书操作外还应经试验室试验后确定配合比，拌和时要拌均匀，不得有灰团，一次拌和不得太多，并要求在规定时间内用完。如使用水泥砂浆结合层时，配合比宜为 1∶2.5（水泥∶砂）的干硬性砂浆。亦应随拌随用，初凝前用完，防止影响粘结质量。

（5）铺砌时，砖的背面朝上抹粘结砂浆，铺砌到已刷好的水泥浆找平层上，砖上棱略高出水平标高线，找正、找直、找方后，砖上面垫木板，用橡皮锤拍实，顺序从内退着往外铺砌，做到面砖砂浆饱满、相接紧密、坚实，每铺一块用水平尺进行校正（图 6.8、图 6.9）。与地漏相接处，用砂轮锯将砖加工成与地漏相吻合。铺地砖时最好一次铺一间，大面积施工时，应采取分段、分部位铺砌。

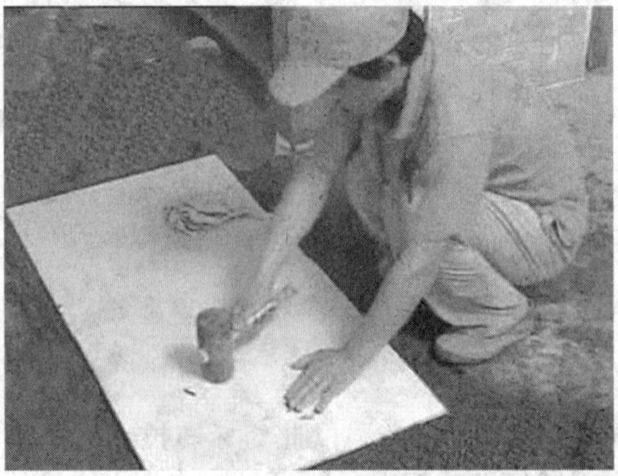

图 6.8　橡皮锤拍实

图 6.9　水平尺校正

(6) 拨缝、修整：铺完2～3行，应随时拉线检查缝格的平直度，如超出规定应立即修整，将缝拨直，并用橡皮锤拍实。此项工作应在结合层凝结之前完成。

6. 勾缝、擦缝

面层铺贴应在24h内进行擦缝、勾缝工作，并应采用同品种、同强度等级、同颜色的水泥。

(1) 勾缝：用1∶1的水泥细砂浆勾缝，缝内深度宜为砖厚的1/3，要求缝内砂浆密实、平整、光滑。随勾随将剩余水泥砂浆清走、擦净。

(2) 擦缝：如设计要求不留缝隙或缝隙很小时，则要求接缝平直，在铺实修整好的砖面层上用浆壶往缝内浇水泥浆，然后用干水泥撒在缝上，再用棉纱团擦揉，将缝隙擦满。最后将面层上的水泥浆擦干净。

7. 养护

铺完砖24h后，洒水养护，时间不应少于7d。

8. 镶贴踢脚板

踢脚板用砖，一般采用与地面块材同品种、同规格、同颜色的材料，踢脚板的立缝应与地面缝对齐，铺设时应在房间墙面两端头阴角处各镶贴一块砖，出墙厚度和高度应符合设计要求，以此砖上棱为标准挂线，开始铺贴，砖背面朝上抹粘结砂浆（配合比为1∶2的水泥砂浆），使砂浆粘满整块砖为宜，及时粘贴在墙上，砖上棱要跟线平齐，并立即拍实，随之将挤出的砂浆刮掉，将面层清擦干净（在粘贴前，砖块材要浸水晾干，墙面刷湿润）。

任务6.1.3 成品保护

【任务导航】 掌握铺贴面砖用的辅助工具施工中的保护工作，对隐蔽工程、防水工程的保护措施和养护的要求等。

(1) 施工时应注意对定位定高的标准杆、尺、线的保护，不得触动、移位。

(2) 对所覆盖的隐蔽工程要有可靠的保护措施，不得因浇筑混凝土造成漏水、堵塞、破坏或降低等级。

(3) 混凝土垫层完工后在养护的过程中应进行遮盖和拦挡，避免受侵害。

任务6.1.4 质量验收标准与实践评定

【任务导航】 掌握质量验收一般规定，以及主控项目和一般项目的质量标准和验收方法；做出学生实践能力成绩评定。

6.1.4.1 质量标准

1. 一般规定

(1) 砖面层采用陶瓷锦砖、缸砖、陶瓷地砖和水泥花砖的应在结合层上铺设。

(2) 有防腐蚀要求的砖面层采用耐酸瓷砖、浸渍沥青砖、缸砖的材质铺设，及施工质量验收应符合现行国家标准《建筑防腐蚀工程施工及验收规范》(GB 50212—2002) 的规定。

(3) 在水泥砂浆结合层上铺贴缸砖、陶瓷地砖和水泥花砖面层时，应符合下列规定：

1) 在铺贴前，应对砖的规格尺寸、外观质量、色泽等进行预选，浸水湿润晾干待用。

2) 勾缝和压缝应采用同品种、同强度等级、同颜色的水泥，并作养护和保护。

(4) 在水泥砂浆结合层上铺贴陶瓷锦砖面层时，砖底面应洁净，每联陶瓷锦砖之间、与结合层之间以及在墙角、镶边和靠墙处，应紧密贴合。在靠墙处不得采用砂浆填补。

(5) 在沥青胶结料结合层上铺贴缸砖面层时，缸砖应干净，铺贴时应在摊铺热沥青胶结料上进行，并应在胶结料凝结前完成。

(6) 采用胶粘剂在结合层上粘贴砖面层时，胶粘剂选用应符合现行国家标准《民用建筑工程室内环境污染控制规范》(GB 50325—2001) 的规定。

2. 主控项目

(1) 面层所用的板块的品种、质量必须符合设计要求。

检验方法：观察和检查材质合格证明文件及检测报告。

(2) 面层与下一层的结合（粘结）应牢固，无空鼓。

检验方法：用小锤轻击检查。

注：凡单块砖边角有局部空鼓，且每自然间（标准间）不超过总数的5%的可不计。

3. 一般项目

(1) 砖面层的表面应洁净、图案清晰、色泽一致、接缝平整、深浅一致、周边顺直。板块无裂纹、掉角和缺棱等缺陷。

检验方法：观察检查。

(2) 面层邻接处的镶边用料及尺寸应符合设计要求，边角整齐、光滑。

(3) 允许偏差和检验方法应符合表 6.1 的规定。

表 6.1　地面铺贴面砖的允许偏差

项次	项　目	允许偏差/mm	检　验　方　法
1	表面平整度	2	用 2m 靠尺和塞尺检查
2	接缝平直	1.5	拉 5m 线，不足 5m 拉通线，用钢直尺检查
3	接缝高低差	0.5	用直尺和塞尺检查
4	阳角方正	1.5	拉 5m 线，不足 5m 拉通线，用钢直尺检查
5	接缝宽度	1	用钢直尺和塞尺检查

6.1.4.2　实践项目成绩评定（表 6.2）

表 6.2　实践项目成绩评定表

项次	项　目	技术及质量要求	实测记录	项目分值	得分
1	找标高方法正确			10	
2	做灰饼、设标筋正确			10	
3	装档方法正确			10	
4	弹铺砖控制线方法准确			15	
5	文明施工与安全施工			10	
6	施工流程正确			10	
7	铺砖方法正确			20	
8	检验方法正确			10	
9	完成任务时间			5	
10	合计			100	

练　习　题

(1) 练习弹线。

（2）练习排砖。

（3）简述施工流程。

（4）简述铺砖方法。

（5）简述质量检验方法。

子项目6.2 地面铺设大理石

【任务导航】 完成电梯厅和接待室铺设大理石的地面装饰施工，掌握大理石地面的施工准备、施工流程、施工技术和质量验收标准。

任务6.2.1 施工准备

【任务导航】 掌握大理石施工前的准备工作，包括装饰说明、人员要求、材料和施工机具的准备要求等。

6.2.1.1 项目概况

1. 装饰说明

电梯厅和接待室地面铺设米黄大理石块，规格均为600mm×600mm，波打线为黑花玉，铺设规格为180mm×600mm。

2. 对施工人员（学员）的要求

（1）施工人员（学员）要以严谨的态度对待施工过程。

（2）掌握室内地面铺设石材地板的流程和施工方法。

（3）掌握质量标准及质量验收的方法。

3. 实训步骤

（1）练习弹线、试排。

（2）练习铺装大理石、挂线、铺干硬砂浆。

（3）按施工流程进行施工。

（4）质量检验、验收。

4. 实训要点

（1）地面基层清理必须认真，并充分湿润，以保证垫层和基层结合良好。

（2）作试铺时，要用橡皮锤敲击，既要达到铺设高度，也要使垫层砂浆平整密实，根据锤击的空实声，搬起石块，增减调节砂浆。

（3）在铺设时要随时用水平尺和直尺找准，以免产生缝子不匀、最后一块铺不上或者缝子过大的现象。

（4）成品保护要注意做好，养护期间严禁上人走动。

6.2.1.2 施工条件

（1）大理石、花岗石板块进场后，应侧立堆放在室内。光面相对、背面垫松木条，并在板下加垫木方。详细核对品种、规格、数量等是否符合设计要求，有裂纹、缺棱、掉角、翘曲和表面有缺陷时，应予剔除。

（2）室内抹灰（包括立门口）、地面垫层、预埋在垫层内的电管及穿通地面的管线等隐蔽工程已进行验收且合格，隐验会签均已完成。

(3) 房间内四周墙上弹好+50cm水平线。

(4) 施工操作前应画出铺设大理石地面的施工大样图。

(5) 对所有作业人员已进行了技术交底，特殊工种必须持证上岗。

(6) 作业时的环境如天气、温度、湿度等状况应满足施工质量可达到标准的要求。

(7) 门框安装到位，并通过验收。

6.2.1.3 材料准备

(1) 天然大理石、花岗石的品种、规格应符合设计要求，技术等级、光泽度、外观质量要求，应符合国家标准《天然大理石建筑板材》(GB/T 19766—2005)、《天然花岗石建筑板材》(GB/T 18601—2001) 的规定。

(2) 水泥：硅酸盐水泥、普通硅酸盐水泥或矿渣硅酸盐水泥，其强度等级不小于32.5MPa。

白水泥：白色硅酸盐水泥，其强度等级不小于32.5MPa。

(3) 砂：中砂或粗砂，其含泥量不应大于3%。

(4) 矿物颜料（擦缝用）、蜡、草酸，石材表面防护剂。

6.2.1.4 施工机具准备

大理石切割机、铁锹、水桶、铁抹子、大杠、钢卷尺、橡皮锤子、尼龙线、靠尺、笤帚、水平尺或水平胶管等。

任务6.2.2 施工操作

【任务导航】 以电梯厅和接待室地面铺设大理石块地面装饰为例，说明大理石块地面铺贴的装饰过程，要求掌握大理石地面铺设的施工流程、施工方法、技术要领。

6.2.2.1 施工流程

准备工作→基层处理→试拼→弹线→试排→刷素水泥浆及铺砂浆结合层→铺大理石（或花岗岩）板块→灌缝、擦缝→养护上蜡。

6.2.2.2 施工方法

1. 准备工作

以施工大样图和加工单为依据，熟悉了解各部位尺寸和做法，弄清洞口、边角等部位之间的关系。

2. 基层处理

将地面垫层上的杂物清净，用钢丝刷刷掉粘结在垫层上的砂浆，并清扫干净。

3. 试拼

在正式铺设前，对每一地面的大理石（或花岗石）板块，应按图案、颜色、纹理试拼，将非整块板对称排放在靠墙部位，试拼后按两个方向编号排列，然后按编号码放整齐。

4. 弹线

为了检查和控制大理石（或花岗石）板块的位置，在地面内拉十字控制线，弹在混凝土垫层上，并引至墙面底部，然后依据墙面+50cm标高线找出面层标高，在墙上弹出水平标高线。弹水平线时要注意面层标高要一致（图6.10、图6.11）。

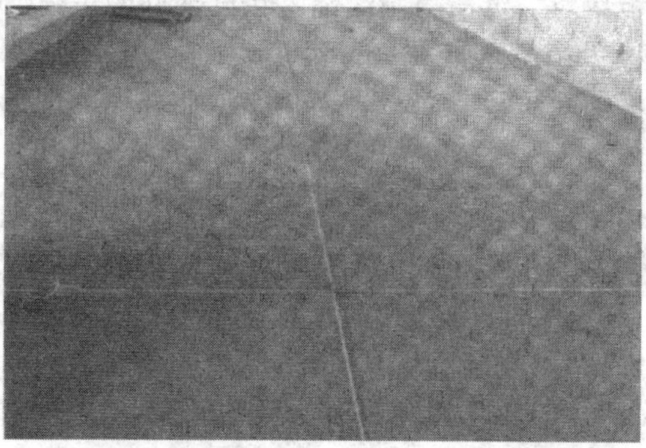

图 6.10 地面拉十字控制线

图 6.11 激光投影仪测线

5. 试排

在房间内的两个相互垂直的方向铺两条干砂，其宽度大于板块宽度，厚度不小于3cm。结合施工大样图及房间实际尺寸，把大理石（或花岗石）板块排好，以便检查板块之间的缝隙，核对板块与墙面、柱、洞口等部位的相对位置。

6. 刷素水泥浆及铺砂浆结合层

试铺后，将干砂和板块移开，清扫干净，用喷壶洒水湿润，刷一层素水泥浆（水灰比为0.4～0.5，不要刷得面积过大，随铺砂浆随刷）。根据板面水平线确定结合层砂浆厚度，拉十字控制线，开始铺结合层干硬性水泥砂浆（一般采用1∶3～1∶2的干硬性水泥砂浆，干硬程度以手捏成团，落地即散为宜），厚度控制在放上大理石（或花岗石）板块时宜高出面层水平线3～4mm。铺好后用大杠刮平（图6.12），再用抹子拍实找平（铺摊面积不得过大）。铺好的地面要通风3天以上，使地面干燥硬化（图6.13）。

图 6.12 大杠刮平砂浆

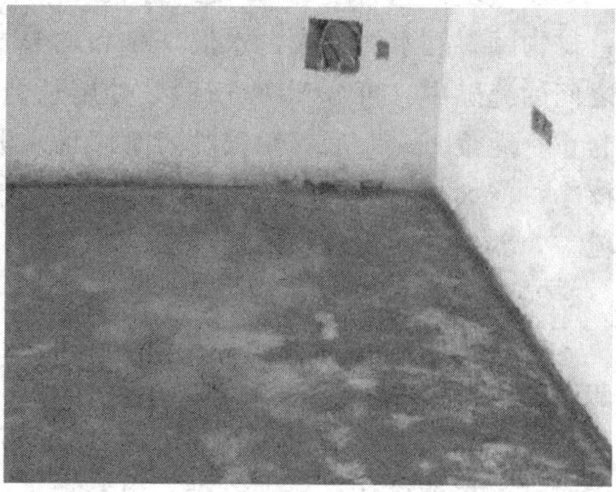

图 6.13 地面通风硬化

7. 铺砌大理石（或花岗石）板块

（1）板块应先用水浸湿，待擦干或表面晾干后方可铺设。

（2）根据地面拉的十字控制线，纵横各铺一行，作为大面积铺砌标筋用。依据试拼时的编号、图案及试排时的缝隙（板块之间的缝隙宽度，当设计无规定时不应大于1mm），在十字控制线交点开始铺砌。先试铺，即搬起板块对好纵横控制线铺落在已铺好的干硬性砂浆结合层上，用橡皮锤敲击木垫板（不得用橡皮锤或木锤直接敲击板块），振实砂浆至铺设高度后，将板块掀起移至一旁，检查砂浆表面与板块之间是否相吻合，如发现空虚之处，应用砂浆填补。

正式镶铺：先在水泥砂浆结合层上满浇一层水灰比为 0.4～0.5 的素水泥浆（用浆壶浇均匀），再铺板块。安放时，四角同时往下落，用橡皮锤或木锤轻击木垫板，根据水平线用铁水平尺找平，铺完第一块，向两侧和后退方向顺序铺砌。铺完纵、横行之后有了标准，可分段分区依次铺砌。一般房间宜先里后外进行，逐步退至门口，便于成品保护，但必须注意与楼道相呼应。也可从门口处往里铺砌，板块与墙角、镶边和靠墙处应紧密砌合，不得有空隙（图 6.14 和图 6.15）。

图 6.14　铺砌板块

图 6.15　轻击振实

8. 灌缝、擦缝

在板块铺砌后 1～2 昼夜进行灌浆擦缝。根据大理石（或花岗石）颜色，选择相同颜色矿物颜料和水泥（或白水泥）拌和均匀，调成 1∶1 的稀水泥浆，用浆壶徐徐灌入板块之间的缝隙中（可分几次进行），并用长把刮板把流出的水泥浆刮向缝隙内，至基本灌满为止。灌浆 1～2h 后，用棉纱团蘸原稀水泥浆擦缝，与板面擦平，同时将板面上的水泥浆擦净，使大理石（或花岗石）面层的表面洁净、平整、坚实，以上工序完成后，面层加以覆盖，养护时间不应少于 7d。

9. 踢脚板安装

根据主墙＋50cm 标高线，测出踢脚板上口水平线，弹在墙上，再用线坠吊线确定出踢脚板的出墙厚度。

大理石、花岗石和预制水磨石踢脚板一般高度为 100～200mm，厚度为 8～10mm。踢脚板施工前应认真清理墙面，提前一天浇水湿润。按需要数量将阳角处的踢脚板的一端用无齿锯切成 45°，并将踢脚板用水刷净，阴干备用。

镶贴时由阳角开始向两侧试贴，检查是否平直，缝隙是否严密，有无缺边掉角等缺陷，合格后方可实贴。用 2∶5～1∶2 的水泥砂浆进行粘贴，并用橡皮锤敲击平整，注意随时用水平尺、靠尺板找平、找直。无论采取什么方法安装，先在墙面两端各镶贴一块踢脚板，其高度应在同一水平线上，出墙厚度要一致，然后沿两块踢脚板上沿拉通线，依次安装，用与地面同色的水泥浆擦缝。

10. 养护上蜡

地面铺完24h后，洒水养护，时间不少于7d，养护期间面层不准上人堆物。当水泥砂浆结合层达到强度（抗压强度1.2MPa）后，方可进行打蜡抛光，要求达到光滑洁亮。

任务6.2.3 成品保护及应注意的质量问题

【任务导航】 掌握大理石地面施工中材料的搬运、存放的注意事项，对已铺砌完成的区域的保护及养护要求，以及施工中应注意的质量问题等。

6.2.3.1 成品保护

（1）存放石材板块，不得雨淋、水泡、长期日晒，采取板块立放、光面相对。板的背面应支垫松木条，板块下方应垫木方，木方与板块之间衬垫胶皮。在施工现场内倒运时，应先按上述要求。

（2）运输石材板块、水泥砂浆时，应采取措施防止碰撞已做完的墙面、门口等。铺设地面用水时防止浸泡，污染其他房间地面、墙面。

（3）试拼应在地面平整的房间或操作棚内进行。调整板块的人员宜穿干净的软底鞋搬动、调整板块。

（4）铺砌石材板块过程中，操作人员应做到随铺砌随擦净，擦净石材表面应用软毛刷或干布擦净。

（5）新铺的石材板面应临时封闭。尽量减少上人踩踏，操作人员和检查人员踩踏时要穿软底鞋，并踩在一块板的中间。

（6）找平层抗压强度达到1.2MPa时才能上人行走。

（7）石材地面完工后，房间封闭，粘贴层上强度后，应在其表面加以覆盖保护。

6.2.3.2 应注意的质量问题

（1）板面与基层空鼓：混凝土垫层清理不干净或浇水湿润不够，刷水泥浆不均匀或刷完时间过长已风干，找平层用的素水泥浆结合层变成隔离层，石材未浸水湿润等因素都引起空鼓。因此，必须严格遵守操作工艺要求，基层必须清理干净，找平层砂浆用于干硬性的，随铺随刷一层素水泥浆，石材板块在铺砌前必须浸水湿润。

（2）末端出现大小头铺砌时未拉通线或不同操作者在同一行铺设时掌握板块之间的缝隙大小不一造成。所以在铺砌前必须拉通线，操作者要跟线铺砌，铺完一层后立即拉通线检查缝隙是否顺直，避免出现大小头现场。

（3）接缝高低不平、缝隙宽窄不均：主要是板块本身有厚薄、宽窄等缺陷。预先严格挑选，不规格有缺陷的砖挑出，不能使用。

（4）过门口处石材活动：铺砌时没有及时将铺砌门口石材与相邻的地面连接。在工序安排上，石材地面以外的房间地面应完成，过门处的石材与房间内的石材连续铺砌。

（5）踢脚板出墙厚度不一致：在镶贴踢脚板时必须拉通线加以控制。

任务6.2.4 质量验收标准与实践评定

【任务导航】 掌握大理石地面质量验收一般规定，以及主控项目和一般项目的质量标准和验收方法；做出学生实践能力成绩评定。

6.2.4.1 质量标准

1. 一般规定

(1) 铺设板块面层时，其水泥类基层的抗压强度不得小于 1.2MPa。

(2) 铺设板块面层的结合层和板块间的填缝采用水泥砂浆，应符合下列规定：

1) 配制水泥砂浆应采用硅酸盐水泥、普通硅酸盐水泥或矿渣硅酸盐水泥，其水泥强度等级不宜小于 32.5。

2) 配制水泥砂浆的砂应符合国家现行行业标准《普通混凝土用砂、石质量及检验方法标准》(JGJ 52—2006) 的规定。

3) 配制水泥砂浆的体积比（或强度等级）应符合设计要求。

(3) 结合层和板块面层填缝的沥青胶结材料应符合国家现行有关产品标准和设计要求。

(4) 板块的铺砌应符合设计要求，当设计无要求时，宜避免出现板块小于 1/4 边长的边角料。

(5) 铺设水泥混凝土板块、水磨石板块、水泥花砖、陶瓷锦砖、陶瓷地砖、缸砖、料石、大理石和花岗石面层等的结合层和填缝的水泥砂浆，在面层铺设后，表面应覆盖、湿润，其养护时间不应少于 7d。当板块面层的水泥砂浆结合层的抗压强度达到设计要求后，方可正常使用。

(6) 板块类踢脚线施工时，不得采用石灰砂浆打底。

(7) 板、块面层的允许偏差应符合表 6.3 的规定。

表 6.3　　板、块面层的允许偏差和检验方法

项次		1	2	3	4	5
项目		表面平整度	缝格平直	接缝高低差	踢脚线上口平直	板块间隙宽度
允许偏差/mm	石板、陶瓷地砖、陶瓷锦砖、高级水磨石面层	2	3	0.5	3	2
	缸砖面层	4	3	1.5	4	2
	水泥花砖面层	3	3	0.5	—	2
	水磨石板块面层	3	3	1	4	2
	大理石、花岗石面层	1	2	0.5	1	1
	塑料板面层	2	3	0.5	2.5	—
	水泥混凝土板块面层	4	3	1.5	4	6
	碎拼大理石、碎拼花岗石面层	3	—	—	1	—
	活动地板面层	2	2.5	0.4	—	0.3
	条石面层	10	8	2	—	—
	块石面层	10	8	—	—	—
检验方法		用 2m 靠尺和楔形塞尺检查	拉 5m 线和用钢尺检查	用钢尺和楔形塞尺检查	拉 5m 线和用钢尺检查	用钢尺检查

2. 主控项目

(1) 面层所用的板块的品种、质量必须符合设计要求。

检验方法：观察检查和检查材质合格证明文件及检测报告。

(2) 面层与下一层的结合（粘结）应牢固，无空鼓。

检验方法：用小锤轻击检查。

注：凡单块砖边角有局部空鼓，且每自然间（标准间）不超过总数的5%的可不计。

3. 一般项目

(1) 砖面层的表面应洁净、图案清晰、色泽一致、接缝平整、深浅一致、周边顺直。板块无裂纹、掉角和缺棱等缺陷。

检验方法：观察检查。

(2) 面层邻接处的镶边用料及尺寸应符合设计要求，边角整齐、光滑。

检验方法：观察和用钢尺检查。

(3) 踢脚线表面应洁净、高度一致、结合牢固、出墙厚度一致。

检验方法：观察和用小锤轻击及钢尺检查。

(4) 楼梯踏步和台阶板块的缝隙宽度应一致、齿角整齐；楼层梯段相邻踏步高度差不应大于10mm；防滑条顺直。

检验方法：观察和用钢尺检查。

(5) 面层表面的坡度应符合设计要求，不倒泛水、无积水；与地漏、管道结合处应严密牢固，无渗漏。

检验方法：观察、泼水或坡度尺及蓄水检查。

6.2.4.2 实践项目成绩评定（表6.4）

表6.4　实践项目成绩评定表

项次	项目	技术及质量要求	实测记录	项目分值	得分
1	工具使用正确			10	
2	弹线、试排方法正确			15	
3	铺装大理石、挂线方法准确			20	
4	文明施工与安全施工			10	
5	施工流程正确			15	
6	施工方法正确			15	
7	检验方法正确			10	
8	完成任务时间			5	
9	合计			100	

练习题

(1) 练习弹线。

(2) 练习试排砖。

(3) 简述施工流程。

(4) 简述检验方法。

任务 6.2.5 相关技术知识——整体式楼地面

【任务导航】 掌握水泥砂浆地面、混凝土面层、水磨石地面等的施工流程、施工工艺和质量标准以及验收方法等。

整体面层（地面面层无接缝）是按设计要求选用不同材质和相应配合比，经现场施工铺设而成。整体面层由基层、垫层和面层组成。整体楼地面施工包括水泥砂浆地面施工、混凝土面层施工及水磨石地面施工。

6.2.5.1 水泥砂浆地面施工

水泥砂浆地面的优点是造价低、施工简便、使用耐久。但如果施工操作不当，易产生起灰、起砂等缺点。

1. 施工条件

(1) 施工应在地面（楼面）的垫层做完，预制空心楼板嵌缝完成，墙面、顶棚抹灰做完，屋面防水做完后进行；施工前要求预埋在地面内的各种管线已安装固定，所有孔洞已用 C20 细石混凝土灌实，地漏和排水口临时封堵以及门框安装完毕，基层的分项检验已完成；墙面 50cm 水平标高线已弹好。

(2) 厨房、浴室、厕所等房间的地面，必须将流水坡度找好，有地漏的房间，要在地漏四周找出不小于 5%的泛水，并要弹好水平线，避免地面“倒泛水”或积水。找平时要注意各室内与走廊高度的关系。

(3) 用 2m 直尺检查垫层表面平整度，将直尺任意放在垫层上，检查相互的空隙。

对砂、砂石、碎石、碎砖垫层，允许最大空隙为 15mm；对灰土、三合土、炉渣、水泥混凝土垫层，允许最大空隙为 10mm，如平整度不符合要求，应铲高补低。

2. 施工材料

(1) 水泥：采用硅酸盐水泥、普通硅酸盐水泥。因为硅酸盐水泥、普通硅酸盐水泥与其他品种水泥相比，具有早期强度高、水化热较高和在凝结硬化过程中干缩值较小等优点，其强度等级不应小于 32.5，不同品种、不同强度等级的水泥严禁混用。

(2) 砂：应为中粗砂（因为细砂拌制的砂浆强度要比粗、中砂拌制的砂浆强度约低 25%～35%，不仅其耐磨性差，而且还有干缩性大、容易产生收缩裂缝等缺点）；当采用石屑时，其粒径应为 1～5mm，且含泥量不应大于 3%。

3. 施工机具

常用的机具设备有砂浆搅拌机、手推车、计量器、筛子、木耙、铁锹、小线、钢尺、水平胶管、木拍板、刮杠、木抹子、铁抹子等。

4. 施工操作

(1) 施工流程：基层处理→弹线、找规矩→水泥砂浆抹面→楼梯、踏步抹灰→养护。

(2) 施工方法：

1) 基层处理。基层清理是防止水泥砂浆面层空鼓、裂纹、起砂等质量通病的关键工序。因此，要求基层应具有粗糙、洁净和潮湿的表面，一切浮灰、油渍、杂质，必须仔细清除。否则，形成一层隔离层，会使面层结合不牢。表面比较光滑的基层，应进行凿毛处理，并用清水冲洗干净。冲洗后的基层，最好不要上人。在混凝土或水泥砂浆垫层、找平层上铺水泥砂浆面层时，其抗压强度须达到1.2MPa以上才能铺设面层，这样才不会破坏其内部结构。

铺设地面前，应再一次将门框找正。方法是先将门框锯口线找平，并注意当地面面层铺设后，门扇与地面的间隙（风路）应符合规定要求。然后将门框固定，防止松动移位。

2）弹线、找规矩。铺设地面前，应先在四周墙上弹出一道水平基准线（0.5m或1.0m水平基准线），作为控制面层标高的依据。根据水平基准线量出地面标高并弹于墙上（水平辅助基准线），作为地面面层上皮的水平基准。

a. 弹准线：地面抹灰前，应先在四周墙上弹出一道水平基准线，作为确定水泥砂浆面层标高的依据（0.5m或1.0m水平基准线），作为控制面层标高的依据。根据水平基准线量出地面标高并弹于墙上（水平辅助基准线），作为地面面层上皮的水平基准。

b. 做标筋：根据水平基准线把楼地面面层上皮的水平辅助基准线弹出。面积不大的房间，可根据水平基准线直接用长木桩抹标筋。施工中，进行几次复尺即可。面积较大的房间，应依据水平基准线，在四周墙角处每隔1.5～2.0m用1：2的水泥砂浆抹标志块，标志块大小一般为8～10cm见方。待标志块结硬后，再以标志块的高度做出纵横方向通长的标筋以控制面层的厚度。地面标筋用1：2的水泥砂浆，宽度一般为8～10cm。做标筋时要注意控制面层厚度，面层的厚度应与门框的锯口线吻合。

3）铺设水泥砂浆面层：

a. 水泥砂浆配合比。面层水泥砂浆的配合比不低于1：2，其稠度（以标准圆锥体沉入度计）不大于3.5cm，水泥砂浆必须拌和均匀、颜色一致。

b. 施工要点。铺设面层前，先将基层浇水湿润。第二天先刷一道水灰比为0.4～0.5的水泥砂浆结合层，随即进行面层铺抹。如果素水泥砂浆结合层过早涂刷，则起不到与基层和面层两者粘结的作用，反而易造成地面空鼓。所以，一定要随刷随抹。地面面层铺抹方法是在标筋之间铺砂浆，随铺随用木抹子拍实，用短木杠按标筋标高刮平。刮时要从房间由里往外刮到门口，符合门框锯口线标高。然后，再用木抹子搓平，并用钢抹子紧跟着压头遍。要压得轻些，使抹子纹浅一些，以压光后表面不出现水纹为宜。

如面层有多余的水分，可根据水分的多少适当均匀地撒一层干水泥或干灰砂来吸取面层表面多余的水分，再压实压光。但要注意，如表面无多余的水分，不得任意撒干水泥，否则会引起面层干缩开裂。

当水泥砂浆开始初凝时，即可开始用钢抹子抹压第二遍。要压实、压光，不漏压，抹子与地面接触时，发出“沙沙”声，并把死坑、砂眼和施工人员踩出的脚印都压平。第二遍压光最重要，表面要清除气泡、孔隙，做到平整光滑。

等到水泥砂浆终凝前，人踩上去有细微脚印，抹子抹上去不再有抹子纹时，再用铁抹子压第三遍。抹压时用劲要稍大些，并把第二遍留下的抹子纹、毛细孔压平、压实、压光。

当地面面积较大，设计要求分格时，应根据地面分格线的位置和尺寸，在墙上或踢脚板上划好分格线位置。在面层砂浆刮抹搓平后，根据墙上或踢脚板上已划好的分格线，先用木抹子搓出一条约一抹子宽的面层，用铁抹子先行抹平，轻轻压光，再用粉线袋弹上分格线，将靠尺放在分格线上，用地面分格器紧贴靠尺顺线划出分格缝。分格缝做好后，要及时把脚印、工具印子等刮平，搓平整。待面层水泥终凝前，再用钢皮抹子压平压光，把分格缝理直压平。水泥砂浆地面压光要三遍成活。每遍抹压的时间要掌握恰当，才能保证工程质量。压光过早或过迟都会造成地面起砂的质量事故。

4）楼梯、踏步抹灰：

a. 抹灰前首先将楼梯踏步和栏板清理干净，用细石混凝土将安装栏板和扶手的预埋件灌实。然后根据休息平台和楼面的标高，在楼梯侧面墙上和栏板上弹出踏步标准线。抹灰时将踏步角对在斜线上，或弹出踏步的宽度和高度再抹灰。

b. 抹灰时先浇水湿润，涂一遍水泥浆，随即用1：3的水泥砂浆抹底层灰，底层灰厚15mm。抹踢脚板时，先用八字靠尺压在上面，一般用砖压尺，根据尺寸留出灰口，依着靠尺进行抹灰，并用木抹子搓平。然后把靠尺支在立面上抹平面灰。

c. 最后做棱角，把底层灰划出麻面，准备抹面层灰。面层灰采用1：2或1：2.5的水泥砂浆，厚8mm。24h后浇水养护一周。

如果踏步板和踢脚板均为水泥砂浆，为保护踏步角免受损坏，可以在角部镶嵌直径为12mm的钢筋或小规格的角钢。若踏步需装防滑条，在底层灰抹完后，先在离踏步40mm处用素水泥浆粘防滑条，再抹面层灰。防滑条应突出踏步板3～4mm。

5. 水泥砂浆面层养护

水泥砂浆面层抹压后，应在常温湿润条件下养护。养护要适时，如浇水过早易起皮，过晚则易产生裂纹或起砂，一般夏天24h后养护，春秋季节应在48h后养护。养护一般不少于7d。最好是铺上锯木屑或其他覆盖材料再浇水养护，浇水时应用喷壶洒水，保持锯木屑湿润即可。水泥砂浆面层强度达不到5MPa前，不准在上面行走或进行其他工作，以免碰坏地面。

6. 质量标准

（1）主控项目：

1）水泥、砂应符合要求。

2）水泥砂浆面层强度等级符合设计要求，且体积比应为1：2；强度等级应不小于M15。

3）面层与下一层应结合牢固，无空鼓、裂缝。

（2）一般项目：

1）面层表面的坡度应符合设计要求，不得有倒泛水和积水现象。

2）面层表面应洁净，无裂纹、脱皮、麻面、起砂等缺陷。

3）踢脚线与墙面应紧密结合，高度一致，出墙厚度均匀。

4）楼梯踏步的宽度、高度应符合设计要求。楼层梯段相邻踏步高度不应大于10mm，每踏步两端宽度差不应大于10mm；旋转楼梯梯段的每踏步两端宽度的允许偏差为5mm。楼梯踏步的齿角应整齐，防滑条应顺直。

（3）整体面层的允许偏差应符合表6.5的规定。

表 6.5　　整体面层的允许偏差和检验方法

项次	项目	允许偏差/mm						检验方法
		水泥混凝土面层	水泥砂浆面层	普通水磨石面层	高级水磨石面层	水泥钢（铁）屑面层	防油渗混凝土和不发火（防爆的）面层	
1	表面平整度	5	4	3	2	4	5	用 2m 靠尺和楔形靠尺检查
2	踢脚线上口平直	4	4	3	3	4	4	拉 5m 线和用钢尺检查
3	缝格平直	3	3	3	2	3	3	

6.2.5.2　混凝土面层施工

混凝土面层绝大多数为细石混凝土面层，现浇钢筋混凝土楼板和混凝土垫层上一般为随捣随抹面层。

1. 施工条件

与水泥砂浆面层施工的施工条件基本相同。

2. 施工材料

面层施工材料为细石混凝土：一般细石混凝土面层的强度等级要求不低于 C20。所用碎石或卵石，要求级配适当，粒径不大于 15mm 或面层厚度的 2/3，浇筑时的混凝土坍落度不得大于 3cm。最好为干硬性，以手捏成团，能出浆为准。

3. 施工机具

混凝土搅拌机、滚筒、手推车、计量器、筛子、木耙、铁锹、小线、钢尺、水平胶管、木拍板、刮杠、木抹子、铁抹子等。

4. 施工操作

（1）施工流程：细石混凝土面层施工流程与水泥砂浆面层铺抹施工流程基本一致。

（2）施工方法：基层处理和找规矩方法与水泥砂浆面层施工相同。

铺设混凝土面层的方法如下：

1）铺细石混凝土时，由里面向门口方向铺设。应比门框锯口线略低 3～4mm。铺设的细石混凝土，按标志筋厚度刮平拍实后，稍待收水，即用钢皮抹子预压一遍。要求抹子放平压紧，将细石的棱角压平，使地面平整无石子显露现象。待进一步收水，即用铁滚筒来回纵横滚压，直至表面泛浆，泛上的浆水如呈均匀的细花纹状，表明已滚压密实，可以进行压光工作。

2）切忌采用撒干水泥或 1∶1 的干水泥砂，借以吸收泛出的水泥浆中多余水分的方法。因为，撒干水泥，往往不易撒匀，有厚有薄，硬化后，表面形成一层厚薄不匀的水泥石。水泥浆比水泥砂浆的干缩值大，容易造成面层因收缩不匀而出现干缩裂缝或脱皮现象。所以，还是应从加强施工管理着手，只要严格控制细石混凝土的水灰比，面层的含水程度就会正常。

3）抹光工作基本同水泥砂浆地面，要求抹 2～3 遍，使其表面色泽一致，全部光滑无抹子印迹。

4）细石混凝土面层与水泥砂浆面层施工一样，必须强调在水泥初凝前完成抹平工作；水泥终凝前完成压光工作。

5. 养护及成品保护

细石混凝土面层铺设后1d内，可用锯木屑、砂或其他覆盖材料覆盖，洒水湿润，并在常温下进行养护，一般不少于7d，使其在湿润的情况下硬化。养护期间，禁止上人走动或进行其他操作活动，以免损伤面层。

6. 质量标准

（1）主控项目：

1）水泥、砂应符合要求。

2）水泥混凝土面层强度等级符合设计要求，且不应小于C20；水泥混凝土垫层兼面层强度等级不应小于C15。

3）面层与下一层应结合牢固，无空鼓、裂缝。

（2）一般项目：

1）面层表面的坡度应符合设计要求，不得有倒泛水和积水现象。

2）面层表面应浇捣密实，平整、光滑、洁净，面层表面不应有裂痕、脱皮、麻面、起砂等缺陷。

3）踢脚线与墙面应紧密结合，高度一致，出墙厚度均匀。

4）楼梯踏步的宽度、高度应符合设计要求。楼层梯段相邻踏步高度不应大于10mm，每踏步两端宽度差不应大于10mm；旋转楼梯梯段的每踏步两端宽度的允许偏差为5mm。楼梯踏步的齿角应整齐，防滑条应顺直。

（3）整体面层的允许偏差应符合表6.5的规定。

6.2.5.3 水磨石地面施工

1. 现浇水磨石面层

水磨石面层美观、平整、光洁、不起尘、防水，常用于建筑物的大厅、走廊、楼梯及卫生间等，施工较水泥地面复杂。水磨石面层有现浇和预制两种，现浇水磨石面层在配制与施工方法上又分为普通水磨石面层和美术（或艺术）水磨石面层。但是，在配制与施工方法上无原则上的区别。面层用普通水泥掺石子所制成的水磨石，称之为普通水磨石。以白水泥或彩色水泥为胶结料，掺入不同色彩的石子所制成的水磨石，称之为美术水磨石。

（1）施工条件：

1）水磨石地面的施工，在地面垫层、墙顶抹灰、屋面防水层完成，基层验收合格后进行。也可以在水磨石楼地面磨光两遍后，进行顶棚、墙面抹灰，但楼、地面必须采取保护措施。

2）施工前地面内的各种管线已安装固定，穿过地面的管洞已堵严；门框已安装好并作好防护。

3）做完地面垫层，按标高留出磨石层厚度（至少3cm）。

4）石粒应分别过筛，并洗净、清除杂物。

（2）施工材料：

1）水泥：白色或浅色的水磨石面层，应采用白色硅酸盐水泥；深色的水磨石面层，采用硅酸盐水泥、普通硅酸盐水泥或矿渣硅酸盐水泥；无论是白水泥还是普通水泥，其强度等级均不小于42.5。

白水泥的白度分四级，各级白度不同，应根据水磨石样板要求，尽可能以同一批水泥制作同一单项工程地面（包括抹浆、修补用），力求颜色一致。普通水泥的色度虽无具体要求，但做同一颜色的地面，应尽可能使用同一批水泥。同一彩色面层应使用同厂、同批的颜料，以求得色光和着色力一致。颜料应用耐光、耐碱的矿物颜料，不得使用酸性颜料。其掺入量宜为水泥重量的3%～6%或由试验确定，采用中砂，过8mm孔径筛，含泥量不大于3%。

2）石粒：用在水磨石中的石粒，主要是大理石、花岗石的石粒，石粒在水磨石中起着很重要的作用。在水泥浆中掺入不同色彩、不同粒径的石粒，可以丰富面层的色彩。石粒在水泥浆凝结硬化过程中，基本上不发生化学反应。它可以抑制水泥石由各种原因引起的体积变化，从而可以减少由此产生的应力，保证水磨石的稳定。石粒的抗压强度和抗折强度一般均比水泥石高。如大理石的抗压强度和抗折强度，会因产地及成分不同而有差异，一般均在10MPa和15MPa左右，远远高于水泥石。石粒同水泥浆牢固粘结，在水磨石中起到骨架的作用。同时也因面层有大量耐磨石子，提高了整个地面的使用年限。所以，水磨石中掺入石粒是装饰效果的需要，也是构造的需要。

石粒由于是石料破碎而成，往往形状不太统一，边角都呈尖状。使用除考虑色彩因素外，也要考虑石粒的粒径。一般说粒径大的石粒装饰效果更好。所以，较高级的水磨石地面应优先考虑采用大石粒。但是，粒径过大，磨光的工作量则大，至于怎样选用要看设计的地面而定，石粒的最大，粒径以比水磨石面层厚小1～2mm为宜（表6.6）。

表6.6　　石粒粒径要求

水磨石面层厚度/mm	10	15	20	25	30
石子最大粒径/mm	9	14	18	23	28

各种石粒应按不同的品种、规格、颜色分别存放，切不可互相混杂。使用时按比例搭配。

采用中砂，过8mm孔径筛，含泥量不大于3%。石子用坚硬可磨的白云石、大理石等岩石加工颗粒，石粒应洁净、无杂物。粒径除特殊要求外，宜为6～15mm。石粒粒径过大，不易压平，石粒之间也不易挤密实。各种石粒应按不同的品种、规格、颜色分别存放，切不可互相混杂。使用时，按适当比例配合。

3）颜料：在组成水磨石面层中，颜料用量虽不大于水泥重量的12%，但从水磨石面层质量及装饰效果来说，却十分重要。要求颜料具有色光、着色力、遮盖力以及耐光性、耐候性、耐水性和耐酸碱性。因此应优先选用矿物颜料如氧化铁红、氧化铁黄、氧化铁黑等。颜料性能因出厂不同、批号不同，色光难以完全一致。故每一单项工程应按样板选用同一批号，以求得色光和着色力一致。

4）分格镶条：也称分格条或嵌条。通常主要选用铜条、铝条和玻璃条作为分格条。其规格分别为1200mm×10mm×(1.2～1.3)mm、1200mm×10mm×(1.0～3)mm等。

5）草酸：草酸是水磨石地面面层的化学抛光材料。草酸为无色透明晶体。有块状或粉末状。草酸是有毒的化工原料，不能接触食物，对皮肤有一定的腐蚀性，应注意保存。

6）氧化铝：系白色粉末，不溶于水，与草酸溶液混合，可用于水磨石地面面层抛光。

7）地板蜡：用于水磨石地面面层抛光后做保护层。地板蜡有成品出售，也可自配蜡液使用，但要注意防火。蜡液的配合比为川蜡：煤油：松香水：鱼油＝1：(4～5)：0.6：0.1。先将川蜡和煤油在桶内加热至120～130℃，边加热边搅拌至全部溶解，冷却后备用。使用时加入松香水和鱼油（由桐油和半干性油炼制而成）调匀后即可使用。

（3）水泥石粒浆的配合比。水磨石面层的水泥石粒浆的配合比，首先要体现设计的装饰意图，然后根据给定的组合石粒进行配合比设计计算。

1）花色设计。花色设计是施工中贯彻美术水磨石设计意图的重要一环。水磨石的基本花色确定之后，方可进行石粒与石粒之间、石粒与色彩之间的调配。

a. 同色配合：按浓淡程度不同相互配合。如石粒为桃红色，色浆为粉红色，石粒为深绿色，色浆为浅绿色都是同色配合。同色配合有调和一致的感觉，但浓淡程度不宜过分接近，否则区别就不明显。

b. 相似色配合：绿色由黄色与蓝色配合而成，绿色中含有黄色和蓝色的成分，因此，绿色与黄色或蓝色的配合，则是相似色配合，给人以优美和谐的感觉。

c. 对比色配合：例如红与绿、紫与黄、橙与蓝，都是互为补色。补色配合时颜色的对比非常强烈，看上去醒目突出，但使用不当易产生粗俗感。因此，在水磨石中使用对比色时，色相不可太纯，色度不可太深。例如，石粒为桃红或铁红色时，色粉只能用淡绿或淡黄色，而不能用深绿色去配合，否则便有呆滞粗俗之弊。

d. 极色配合：黑、白色称为极色，金、银色称为亮色。当石粒与石粒间或者石粒与色粉间颜色不够协调时，加入一些具有珍珠光泽的螺壳、贝壳，不仅能使颜色协调，还会产生富丽堂皇的美术效果。用具有光泽的金属条或彩色的塑料条镶边、分格，对调和色调也有一定的作用。

2）配合比的组成：

a. 彩色水泥浆粉的比例：红、黄、蓝为三原色，可组成各种颜色。橙、绿、紫为间色。由红＋黄＝橙、黄＋蓝＝绿、蓝＋红＝紫而成，又称为第二次色。间色和间色相混合调出来的颜色称作复色，又称之为第三次色，例如：绿＋橙＝柠檬色。复色和间色相配，可以变成无数色。千变万化的色彩还要靠色相、明度、纯度等要素进行区别和衡量。

色相是色彩的相貌，也称色泽。色相总数约在2万种以上。明度是指彩色的明暗程度，如绿色可分为明绿、正绿和暗绿。纯度是指颜色的饱和程度。色相图中的颜色纯度最高、最鲜明，是标准色。

彩色水泥浆配制时，可运用上述原理，将水泥（白水泥或青水泥）本身的颜色作为主色，把少量着色力强的原色氧化铁红、氧化铁黄等作为副色，以不同的组分进行配合，经混合搅拌均匀，制成各种颜色的彩色水泥粉的色标，以供设计花色和确定颜料配合比时查用。其方法是：在水泥中掺入不同重量的颜料，作有规律的变化对比，并做好记录，供设计者选定后作为样板用。配制步骤为：先将绘图纸裁开，并在其上面画好记录格作为着色框备用；再称取水泥100g放入研钵中，加入适量的颜料，充分研磨并混合均匀成色粉；用不锈钢匙取出少量色粉，然后滴入适量胶水，调匀后用毛笔涂于纸上，厚度约0.2mm；最后将不同组分的色浆编号，并将其水泥及颜料用量、配制日期等进行记录。

b. 石粒间的比例：如水磨石面层使用两种或两种以上的行粒，一般应以一种色调的石粒为主，其他色调的石粒为辅。同时注意石粒粒径大小的搭配。

c. 彩色水泥粉与石粒间的比例：主要取决于石粒级配的好坏，可参见表6.7。彩色水泥粉与石粒间的比例是否恰当，可通过搅拌后用肉眼观察（坍落度要求在2～3cm）。彩色水泥砂浆太少，不能填满石粒的空隙，易把石粒磨掉。如果太多，石粒不易挤紧，则会增加研磨时的难度。恰当的用量是彩色水泥浆正好把石粒间空隙填满，或低于石粒表面0.5～1mm。

表6.7　　彩色水泥粉与石粒间的比例

石粒的空隙率/%	<40	40～45	46～50	>50
色粉：石粒（重量比）	1：(2.5～3)	1：(2～2.5)	1：(1.5～2.5)	1：(1～1.5)

d. 水灰比：水磨石面层彩色石粒浆的用水量过多，会降低水磨石的强度、耐磨性，且多余的水分蒸发后，在表面会留下许多微小气孔。面层不密实，虽精磨也很难磨出亮光。用水量较少，硬化后强度高，耐磨性好，质地密实，磨平后易出亮光。恰当的用水量是使石粒浆的坍落度达到30cm为宜，即水的重量约占干料（水泥、颜料、石粒）总重的11%～12%，或占色粉重的38%～42%。

e. 按重量比配合方法：水磨石的配制应按重量比计算，这样有利于计划用料。大面积面层施工时还能保证质量。

3）样板的制作。通常做水磨石地面，应做样板，水磨石各组分比例是否恰当，通过样板进行观察。如果不一致可修改配合比，直到与标准样板基本一致为止。样板的尺寸，可根据石粒的最大粒径，以20cm×15cm×(2～3)cm或15cm×10cm×(1～1.5)cm为宜。经滚压平整密实，自然养护24h，浸水养护1～2d，再经粗磨、细磨至表面平整光滑。在样板表面有水的情况下进行观察，对其配合比是否恰当作出判断。然后，对样板进行擦浆修补、养护、细磨、擦草酸、上蜡抛光后加以保存。

（4）施工机具。磨石机用于研磨水磨石地面面层。湿式磨光机，采用单项串激式电动机，手握操作较灵活，适用于水磨石地面面层边角处及形状复杂的表面研磨。滚筒，滚压水磨石地面用。

此外还有灰浆搅拌机、胶轮、钢抹子、水平尺、天平、木抹子、靠尺板、洒水壶等。

（5）施工操作：

1）施工流程：基层处理→设置标筋、铺设找平层→抹底灰→弹线、镶嵌分格条→罩面→水磨→打蜡。

2）施工操作要点：

a. 基层处理。基层处理是保证水磨石经久耐用的重要因素，有的工程由于基层质量不好，引起水磨石面层空鼓、裂缝，甚至局部塌陷。水磨石面层损坏后难以修复，即使修复，色泽花纹也很难完全一致。因此，基层各分项必须满足设计要求的密度、强度和平整度。并将基层上的浮灰、污物清理干净。

b. 设置标筋、铺设找平层。根据水平标高线，测出水磨石面层标高，铺设水泥砂浆找平层时，先将基层面洒水湿润，再刷一道水灰比为0.4～0.5的水泥浆，并根据墙上水平基准线，纵横相隔1.5～2m用1：2的水泥砂浆做出标志块；待标志块达到一定强度后，以标志块为高度做标筋，标筋宽度8～10cm，待标筋砂浆凝结、硬化后，即可铺设1：3的水泥砂浆找平层，用木抹子搓实、压平，至少两遍，24h洒水养护。找平层表面要求平整、粗糙、无油渍。找平层的平整度与水磨石面层的表面平整度直接有关，否则，镶嵌的分格条有高有低，影响面层的平整。

c. 抹底灰。抹底灰前，地漏或安装管道处要临时堵塞。在基层清理好后，应刷以水灰比为0.4～0.5的水泥浆。根据墙上水平基准线，纵横相隔1.5～2m用1：2的水泥砂浆做出标志块。待标志块达到一定强度后，以标志块为高度做标筋，标筋宽度为8～10cm，待标筋砂浆凝结、硬化后，即可铺设底灰（其目的是找平）。然后，用木抹子搓实，至少两遍。24h后洒水养护。其表面不用压光，要求平整、毛糙、无油渍。找平层的平整度与水磨石面层的表面平整度直接有关。否则，镶嵌的分格条有高有低，影响面层的平整。

d. 弹线、镶嵌分格条。待底灰有一定强度后，方可进行弹线分格。先在底灰表面按设计要求弹上纵横垂直平线或图案分格埋线，然后按墨线固定嵌条，并予以埋牢。作为铺设面层的标志，嵌条宽度与水磨石面层厚度相同，长度则按设计要求加工。

水磨石分格条的嵌固是一项很重要的工序，应特别注意水泥浆的粘嵌高度和水平方向的角度。用素水泥浆将分格条固定在分格线上，水泥抹成30°～45°的八字形，高度应低于分格条顶部6mm左右。固定铜、铝分格条，将钢丝穿入已钻好的两端孔中，然后，锚固在下口八字形水泥浆中。

白水泥美术水磨石用玻璃作分格条时，应在镶条处先抹一条50mm宽的白水泥带，然后，镶玻璃分格条。分格条的十字交叉处，交点的40～50mm内不抹水泥浆。分格条应平直，水泥固定牢，接头严密。镶好分格条后，检查平直度和接头处的空隙。平直偏差不大于1～2mm，接头处空隙不大于1mm，做成曲线分格的，应弯曲自然。检查无误，12h后开始浇水养护2d。养护期间应封闭场地，禁止各工序进行。分格条粘嵌好后，经24h即可洒水养护，一般养护3～5d。

分格条十字交叉接头处粘嵌水泥浆时，如不留空隙，则在铺设水泥石粒浆时，石粒就不可能靠近交叉处，磨光后，也会出现没有石粒的“秃斑”，影响美观。在十字交叉的四周，留出15～20mm的空隙，以确保铺设水泥石粒浆饱满，磨光后，外形美观。

分格条间距按设计设置，一般不超过1m，否则砂浆收缩会产生裂缝。通常间距以90cm左右为标准。

e. 罩面。分格条固定3d左右，待分格条稳定，便可抹面灰。

首先应清理找平层（底灰），对于浮灰渣或破碎分格条要清扫干净。为了面层砂浆与底灰粘结牢固，在抹面层前湿润找平层。然后，再刷一道素水泥浆。抹面层宜自里向外，抹完一块，用铁抹子轻轻拍打，再将其抹平。最后用小靠尺搭在两侧分格条上。检查平整与标高，最后用滚筒滚压。

如果局部超高，用铁抹子将多余部分挖掉，再将挖去的部分拍打抹平，切忌用刮杠在其上面刮平。因为，这样易造成石料分布不匀，或局部石粒偏少，造成整体不统一。用抹子拍打用力要适度，以面平和石粒稳定即可。面层抹灰宜比分格条高出1～2mm，待磨光后，面层与分格条能够保持一致。

如果采用美术水磨石，宜先将同一色彩的面层砂浆抹完，再做另一种色彩，免得相混或色彩上有差异。在同一地面中使用深浅不同的面层，铺灰时宜先铺深色部分，再铺浅色部分。面层颜料的搅拌与掺量，石粒不同规格与不同色彩的掺量，应由专人负责。特别是添加的颜料数量，应严格计量。颜料拌入水泥中，先干拌均匀，然后再将洗净的石粒与水泥搅拌。水泥石粒浆的稠度为6cm左右。大面积施工前宜先做小样板。经设计单位确认后，方可大面积施工。

f. 水磨。水磨这道工序是表现水磨石效果的重要工序。水磨的主要目的是将面层的水泥浆磨掉，将表面的石粒磨平。

水磨多用机械磨。水磨主要控制两点：一是控制好开磨时间；二是掌握好水磨的遍数。如果开磨时间掌握不好，会给工效及质量带来影响。开磨时间早，水泥石粒浆强度低，则造成石粒松动甚至脱落；开磨时间晚，水泥石粒浆强度高，给磨光带来困难。要想达到同样的效果，花费的时间应该相应长一些。

开磨时间视所用水泥、色粉品种及气温条件而定。要想获得合适的开磨时间，最好的办法是通过试磨后确定。总的原则是开、磨时以不掉石粒为原则。表6.8是不同温度情况下开磨时间的参考。

磨光的遍数，不同等级的水磨石地面所磨的遍数有所区别。现浇水磨石地面一般要经过不少于“两浆三遍”才能达到理想的效果。高级美术水磨石应适当增加磨光的遍数及提高油石的细度。通常情况下，第一遍磨光要选用比较粗一些的砂轮，常用60～80号。这一遍要求磨平、磨均，使石子和分格条全部做到清晰显露。第一遍磨光完毕，将浑浊的浆水收掉，用清水冲洗表面。然后，用靠尺检查表面平整度情况。第一遍由于砂轮较粗，表面具有一定程度的磨痕。另外，将水泥浆磨掉一层，表面的缺陷得以露出，如砂眼、小孔洞、气泡等。对这些表面缺陷要用同面层相同色彩的水泥浆进行修补，俗称补浆。养护2～3d，便可进行第二次水磨。

表6.8　　开磨时间参考表

方　式	温　度		
	5～10℃	10～20℃	20～30℃
机械磨光/d	5～6	3～4	2～3
人工磨光/d	2～3	1.5～2.5	1～2

注　天数以水磨石压实抹光完成算起。

第二次水磨要选用比第一次细一些的砂轮，磨的方法同第一遍。这一遍要求做到将磨痕去掉，表面磨光。对于局部的麻面及小缺陷，再用相同色彩的水泥浆修补，俗称补浆。养护2～3d，便可进行第三遍水磨。

第三遍要用180～240号的细磨石。这一遍要达到表面光滑平整、无砂眼、无细孔、石子显露均匀。边角部位由于机械不好控制，应适当用手工补磨，最后用水冲洗干净。

g. 清洗打蜡。草酸擦洗应在各工种完工后进行，避免草酸擦洗后面层再受污染。打蜡的目的是使水磨石地面更光亮、光滑、美观。同时也使表面易于保养与清洁。打蜡在面层完全干燥后方能开始。打蜡前，为了使蜡液更好地同面层粘结，要对面层进行草酸擦洗。擦草酸的作用主要是清理面层的残余水泥浆和细石粉，使沉淀在表面的少量悬浮浆、粉末物质，通过草酸的作用得以清除。草酸即乙二酸，是无色晶体，易溶于水。草酸与水泥中的氢氧化钙易发生化学反应，对面层有轻弱的腐蚀和表面去污作用。所以，在打蜡前用草酸擦洗，能够保证蜡液与面层的粘结，提高打蜡的效果。

草酸在使用时，先用水溶解成10%的草酸溶液，均匀地洒到面层，再用油石清磨一遍。磨后用水冲净，待地面干燥后，即可进行打蜡。打蜡也称擦蜡，一般采用地板蜡，是保护与装饰地面的蜡制品，由天然蜡或从石油中提取的固体石蜡和溶剂配合而成。也可用四川虫蜡0.5kg、煤油2kg，放在铁桶里经130℃（冒白烟）熬制，使用时加300g松香水（或200号溶剂汽油）、50g鱼油调制成。

打蜡常用办法：一种是用棉纱蘸成品蜡向表面满擦一层，待干燥后，用磨石机扎上磨袋卷摩擦几遍，直到光滑洁亮为止；另一种是将成品蜡抹在面层，用喷灯烤，使熔化的蜡液渗到孔隙内，然后再磨光。打蜡后须铺锯末进行养护。

2. 现浇水磨石饰面楼梯一般做法

(1) 楼梯防滑条：

1) 材质：在楼梯防滑条中，有不锈钢、黄铜、铝、铁等金属制品；此外，还有瓷砖、合成树脂品。合成树脂有硬质合成橡胶、硬质氯乙烯等。黄铜制品一般用在显眼的地方。铁制品因耐久性好，多用在仓库、地下室等地方。

2) 形状：金属防滑条的形状有两种形式：一是嵌填型，另一种为非嵌填型。

3) 附属件：在用锚固螺栓安装防滑条时，作为其附属件的锚脚和安装用的螺栓是必要的。锚脚为宽15mm、厚2.3mm、长100mm左右的扁钢，安装位置是从端部进来30mm处及中间每300mm一档。防滑条用锚脚固定的小螺栓应在两个以上，用一个螺栓时，要用防止转动的部件来增强。

(2) 防滑条施工方法。对于混凝土结构基底，防滑条的施工方法有三种：①瓷砖式防滑条采用砂浆安装；②黄铜、铁制品防滑条采用锚固安装；③黄铜、铝、不锈钢、合成树脂制品防滑条采用粘结法安装。

1) 砂浆安装法。是用砂浆将防滑条仔细铺贴，待硬化后装修踏步面的施工方法。

2) 锚固安装施工方法：

a. 预先在规定位置临时固定安装了锚固件的防滑条，再用水泥砂浆等固定。此时，在主体工程中的防滑条锚脚位置上埋入木砖。

b. 安装时将锚脚用小螺栓或木螺栓安装在防滑条上，其高度及水平位置与拉线符合要求后，用木槌轻轻敲击。

3) 粘结安装法。先在基底与防滑条背面涂布胶粘剂，使防滑条粘贴在基底。粘结时，粘结面的浮浆、横板支撑等要清除干净，基底充分干燥后进行施工。

(3) 成品保护：

1）铺抹水泥砂浆找平层时，注意不得碰坏水、电管路及其他设备。

2）运输材料时注意保护好门框。

3）进行机磨水磨石面层时，研磨的水泥废浆应及时清除，不得流入排水口及地漏内，以防堵塞。

4）磨石机应设罩板，防止研磨时溅污墙面及设施等，重要部位及设备应加覆盖。

3. 质量标准

（1）主控项目：

1）选用材质：品种、强度（配合比）及颜色应符合设计要求和施工规范的规定。

2）面层与基层的结合必须牢固，无空鼓、裂纹等缺陷。

（2）一般项目：

1）面层：

a. 普通水磨石：表面光滑，无裂纹、砂眼和磨纹，石粒密实，显露均匀，图案符合设计要求，颜色一致，不混色，分格条牢固、清晰、顺直。

b. 高级水磨石：表面平整光洁，无裂纹、砂眼和磨纹，石粒密实，显露均匀一致，相邻颜色不混色，分格条牢固、顺直、清晰，阴阳角收边方正。

2）踢脚板：

a. 普通水磨石：高度一致，出墙厚度均匀，与墙面结合牢固，局部虽有空鼓，但其长度不大于200mm，且在检查范围内不多于2处。

b. 高级水磨石：表面平整光洁，与墙面结合牢固，出墙厚度一致，上口平直。

3）楼梯和台阶相邻两步的宽度和高差不超过10mm，棱角整齐，防滑条顺直。

4）地面镶边：

a. 普通水磨石：镶边的用料及尺寸应符合设计和施工规范的规定，边角整齐光滑，不同面层颜色相邻处不混色。

b. 高级水磨石：尺寸正确，拼接严密，相邻处不混色，分色线顺直，边角整齐光滑、清晰美观。

5）打蜡质量：蜡洒布均匀不露底，色泽一致，厚薄均匀，光滑明亮，图纹清晰，表面洁净。

（3）整体面层的允许偏差应符合表6.5的规定。

子项目6.3 地面铺设拼花实木地板

【任务导航】 完成董事长休息室铺设实木地板的地面装饰施工，掌握实木地板地面的施工准备、施工流程、施工技术和质量验收标准。

任务6.3.1 施工准备

【任务导航】 掌握施工前要了解的项目概况、对人员的要求、具备的施工条件，以及材料和施工机具的准备要求等。

6.3.1.1 项目概况

1. 装饰说明

董事长休息室地面铺设实木地板，铺设方案为拼花，做法为实铺双层构造。平面布置方案见图6.16所示。

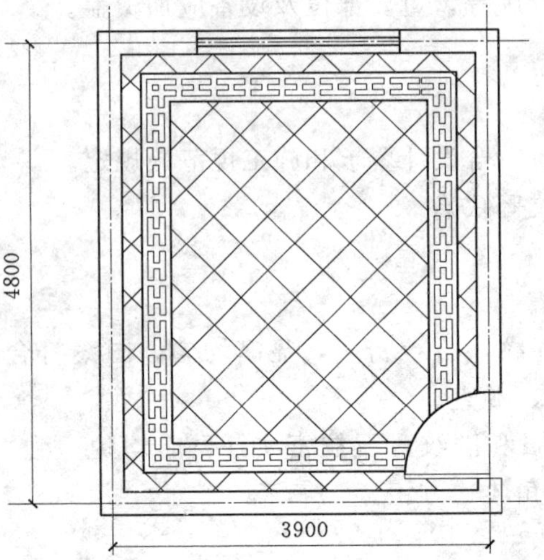

图6.16 拼花实木地板施工图

2. 对施工人员（学员）的要求

（1）认真学习该项目的施工技术，严谨施工。

（2）掌握室内实木地板的流程和施工方法。

（3）掌握质量标准和质量验收的方法。

3. 实训步骤

（1）练习木格栅的安装方法。

（2）练习毛地板和实木地板的铺装方法。

（3）按施工流程进行施工。

（4）质量检验、验收。

4. 实训要点

（1）地面水泥砂浆找平层完全硬化，表面清理干净。

（2）木格栅安装稳固、水平，做好防潮、防腐、防虫处理。

（3）所有木材料要有质量保证，规格统一标准。

（4）注意拼缝企口处理，避免收口粗糙。

（5）成品保护要注意做好，避免后续工序撞伤或刮擦。

6.3.1.2 施工条件

（1）室内木地板基层施工完毕。

（2）基层地面应平整、坚实、干燥，含水率南方地区不大于12%、北方地区不大于8%；严禁基层空鼓、起皮、脱落、开裂；平整度不大于2mm。

（3）木地板安装前需清扫干净地面灰尘。

（4）安装前地暖管试压合格，且带压施工直至完毕。

6.3.1.3 材料准备

（1）面层材料：

1）材质：宜选用耐磨、纹理清晰、有光泽、耐朽、不易开裂、不易变形的优质木材，其宽度不大于120mm，厚度应符合设计要求。

2）规格：通常为条形企口板。

3）拼缝：木地板拼缝可以有多种形式，但是用得较多的是企口缝、截口缝和平头接缝。在上述三种拼缝中，以企口缝应用最为普遍。究其原因主要是拼缝紧密，有利于相邻板之间传力，整体性能好，拼装方便等优点。企口缝可用暗钉固定，美观、牢固，故在施工中常用。

（2）基层材料。规格：包括木格栅（亦称木楞、木龙骨）、垫木、压檐条、剪刀撑和毛地板等。

6.3.1.4 施工机具准备

切割机、手枪钻、冲击钻、水平尺、角尺、粉线袋、螺钉旋具、剪刀或裁刀等。

任务 6.3.2 施工操作

【任务导航】 以董事长休息室地面铺设实木地板地面装饰为例，说明实木地板地面安装的装饰过程，要求掌握实木地板地面安装的施工流程、施工方法、技术要领。

6.3.2.1 施工流程

地面基层清理、做防潮层→弹线、设埋件→设木垫块和木格栅→钉毛地板→做面层板→刨平、刨光→油漆、打蜡。

6.3.2.2 施工方法

1. 地面基层清理、做防潮层

将地面浮尘、杂碎的颗粒打扫清理干净。为避免地面木质材料受潮腐朽，可以在正式安装前给地面做防潮层，比较简便的做法是涂刷防潮剂，如涂刷无机防潮液，此类防潮剂具有无色、无毒、无味，渗入地面后即起到防潮作用，施工简便，涂刷2遍即可；或涂刷防潮涂料（也是一种无机防潮剂，环保性好，施工方便）。

2. 弹线、设埋件

依照墙面上弹的水平控制线（+50cm），弹设木地板安装的木格栅位置，距离一般是400mm。先在地面做预埋件，以固定木龙骨，预埋件为螺栓及铅丝，预埋件间距为800mm，从地面钻孔下入。

3. 设木垫块和木格栅

铺钉防腐、防水35mm×50mm松木地板格栅，400mm中距。木格栅应用防水防腐20mm×40mm×50mm木垫块垫实架空，垫块中距400mm，与格栅钉牢，如图6.17所示。同时将地板格栅用10号镀锌铁丝两根与钢筋鼻子绑牢，格栅间加钉50mm×50mm防腐、防火松木横撑，中距800mm。地板格栅及横撑的含水率不得大于18%，格栅顶面必须刨平刨光，并每隔1000mm中距，凿10mm×10mm×50mm（按格栅宽处）通风槽一道，如图6.18所示。

图6.17 木格栅安装

图6.18 木横撑示意图

4. 钉毛地板

地板木格栅安装完毕，须对格栅进行找平检查，各条格栅的顶面标高，均须符合设计要求，如有不合要求之处，须彻底修正找平。符合要求后，按45°斜铺22mm厚防腐、防火松木毛地板一层，毛地板的含水率应严格控制并不得大于12%。铺设毛地板时接缝应落在木格栅中心线上，钉位相互错开。毛地板铺完应刨修平整。用多层胶合板做毛地板使用时，应将胶合板的铺向与木地板的走向垂直，如图6.19所示。

图6.19　毛地板安装

5. 做面层板

(1) 木地板的拼花组合造型：木地板的拼花组合造型，有等长地板条错缝组合式、长短地板条错缝组合式、单人字形组合式、双人字形组合式、席纹组合式、方格组合式、阶梯组合式以及设计要求的其他组合形式等。

(2) 弹线：根据具体设计，在毛地板上用墨线弹出木地板组合造型施工控制线，即每块地板条或每行地板条的定位线。凡不属地板条错缝组合造型的拼花木地板、席纹木地板，则应以房间中心为中心，先弹出相互垂直并分别与房间纵横墙面平行的标准十字线两条，或与墙面成45°角交叉的标准十字线两条，然后根据具体设计的木地板组合造型具体图案，以地板条宽度及标准十字线为准，弹出每条或每行地板的施工定位线，以便施工。弹线完毕，将木地板进行试铺，试铺后编号分别存放备用。

(3) 将毛地板上所有垃圾、杂物清理干净，加铺防潮纸一层，然后开始铺装实木地板。可从房间一边墙根（也可从房间中部）开始（根据具体设计，将地板周围镶边留出空位），并用木块在墙根所留镶边空隙处将地板条（块）顶住，然后顺序向前铺装，直铺到对面墙根时，同样用木块在该墙根镶边空隙处将地板顶住，然后将开始一边墙根处的木块楔紧，待安装镶边条时再将两边木块取掉。

(4) 铺定实木地板条按地板条定位线及两顶端中心线，将地板条铺正、铺平、铺齐，用长度为地板条厚度2～2.5倍的圆钉，从地板条企口榫凹角处斜向将地板条钉于地板格栅上。钉头须预先打扁，冲入企口表面以内，以免影响企口接缝严密，必要时在木地板条上可先钻眼后钉钉。钉钉个数应符合设计要求，设计无要求时，地板长度小于 300mm 时侧边应钉 2 个钉，长度大于 300mm 小于 600mm 时应钉 3 个钉，600～900mm 钉 4 个钉，板的端头应钉 1 个钉固定。所有地板条应逐块错缝排紧钉牢，接缝严密。板与板之间，不得有任何松动、不平、不牢。

（5）粘铺地板：按设计要求及有关规范规定处理基层，粘铺木地板用胶要符合设计要求，并进行试铺，符合要求后再大面积展开施工。铺贴时要用专用刮胶板将胶均匀地涂刮于地面及木地板表面，待胶不粘手时，将地板按定位线就位粘贴，并用小锤轻敲，使地板条与基层粘牢。涂胶时要求涂刷均匀，厚薄一致，不得有漏涂之处。地板条应铺正、铺平、铺齐，并应逐块错缝排紧粘牢。板与板之间不得有任何松动、不平、缝隙及溢胶之处。

6. 刨平、刨光

地面磨光用磨光机，转速应在 5000r/min 以上，所用砂布应先粗后细，砂布应绷紧绷平，长条地板应顺木纹磨，拼花地板应与木纹成 45°斜磨。磨时不应磨得太快，磨深不宜过大，一般不超过 1.5mm，要多磨几遍，磨光机不用时应先提起再关闭，防止啃咬地面，机器磨不到的地板要用角磨机或手工去磨，直到符合要求为止。

7. 油漆、打蜡

应在房间内所有装饰工程完工后进行。硬木拼花地板花纹明显，所以，多采用透明的清漆涂刷，这样可透出木纹，增强装饰效果。打蜡可用地板蜡，以增加地板的光洁度，使木材固有的花纹和色泽最大限度地显示出来。

任务 6.3.3 成品保护及应注意的质量问题

【任务导航】 掌握实木地板施工中各种材料的搬运、存放的注意事项，对已安装完成的地面如何采取保护防止撞伤或擦伤，以及施工中应注意的质量问题等。

6.3.3.1 成品保护

（1）施工作业人员和质量检查人员应穿软底鞋，到面层施工时还应加套软鞋套，走路要轻。

（2）不得在已铺好的面层上施工作业，特别是敲砸等，严禁将电动工具等放在已铺好的木地板上，以防止损坏面层。

（3）地板施工应注意施工环境温、湿度的变化。施工完毕用软布将地板擦拭干净，覆盖塑料薄膜，以防止开裂和变形。

（4）地板磨光后应及时刷油和打蜡。

（5）指定专人负责成品保护工作，特别是门口交接处和交叉作业施工时，须协调好各项工作。

（6）防止卫生间水和涂料油漆的污染。

（7）木地板铺贴完成后及时使用彩条布或纸板等进行成品保护，如图 6.20 所示。

6.3.3.2 应注意的质量问题

（1）铺完地板后，人行走时有响声：主要是木格栅没有垫实、垫平，捆绑不牢固、有

图 6.20　用纸板保护的木地板

孔隙，木格栅间距过大，地板弹性大所致。要求在钉毛地板前，先检查格栅的施工质量，验收合格后，再铺毛地板。

（2）拼缝不严：铺地板时接口处要插严，钉子的入木方向应该是斜向的，一般常采用45°或60°角斜钉入木，促使接缝挤压紧密。

（3）木踢脚板出墙厚度不一致：在铺钉木踢脚板时，先检查墙面垂直偏差和平整度，如超出允许偏差时，应先处理墙面，达标准要求后再钉踢脚板。

（4）地板面平整度超出允许偏差：主要是木格栅上未找平就钉铺木地板。铺钉之前应对格栅顶进行拉线找平。

（5）刨地板时吃力不要过深，走刀速度不应过快，防止产生戗茬，刨光机的刨刃应勤磨。

（6）采用粘贴方法施工的拼花木地板空鼓：主要原因是地面基层未清理干净就进行粘结，或者是清理后刷胶粘剂时间过长、胶粘剂失效（未经试验室试验就使用）、温度过低，也易造成粘结不牢而空鼓。

任务 6.3.4　质量验收标准与实践评定

【任务导航】 掌握实木拼花地面质量验收一般规定，以及主控项目和一般项目的质量标准和验收方法；做出学生实践能力成绩评定。

6.3.4.1　质量标准

1. 主控项目

（1）实木地板面层所采用的材质和铺设时的木材含水率必须符合设计要求。木格栅、垫木和毛地板等必须做防腐、防蛀处理。

检验方法：观察和检查材质合格证明文件及检验报告。

（2）木格栅安装应牢固、平直，其间距和稳固方法必须符合设计要求。

检验方法：观察、脚踩检验。

(3) 面层铺设应牢固，粘结无空鼓。

检验方法：观察、脚踩或用小锤轻击检验。

2. 一般项目

(1) 实木地板面层应刨平、磨光、无明显刨痕和毛刺等现象；图案清晰，颜色均匀一致。

检验方法：观察、手摸和脚踩检查。

(2) 面层缝隙应严密；接头位置应错开，表面洁净。

检验方法：观察检查。

(3) 拼花地板接缝应对齐，粘、钉严密；缝隙宽度均匀一致；表面洁净，胶粘无溢胶。

检验方法：观察检查。

(4) 踢脚线表面应光滑，接缝严密，高度一致。

检验方法：观察和钢尺检查。

(5) 实木面层的允许偏差应符合表 6.9 的规定。

表 6.9　实木面层的允许偏差及检验方法

项目	项　次	允　许　偏　差/mm			检　验　方　法
		松木长条木板	硬木长条木板	拼花木板	
1	表面平整度	2	1	1	用 2m 靠尺、楔形塞尺检查
2	踢脚线上口平直	3	3	3	拉 5m 线，不足 5m 拉通线和尺量检查
3	板面拼缝平直	2	1	1	拉 5m 线，不足 5m 拉通线和尺量检查
4	板面拼缝平直	2	0.3	<0.1	用塞尺与目测检查

6.3.4.2　实践项目成绩评定（表 6.10）

表 6.10　实践项目成绩评定表

项次	项　目	技术及质量要求	实测记录	项目分值	得分
1	工具使用正确			10	
2	弹线、试排方法正确			10	
3	安装毛地板方法准确			15	
4	安装拼花地板方法准确			20	
5	文明施工与安全施工			10	
6	施工流程正确			15	
7	施工方法正确			10	
8	检验方法正确			10	
9	完成任务时间			5	
10	合计			100	

练　　习　　题

（1）练习弹线。

（2）练习试排拼花地板。

（3）简述施工流程。

（4）简述毛地板的安装方法。

（5）简述拼花地板质量标准与检验方法。

子项目 6.4　地面铺设强化复合木地板

【任务导航】 完成餐厅地面铺设强化复合木地板的装饰施工，掌握强化复合木地板的施工准备、施工流程、施工技术和质量验收标准。

任务 6.4.1　施工准备

【任务导航】 掌握复合木地板的装饰设计做法、对施工人员的要求，以及材料和施工机具的准备要求等。

6.4.1.1　项目概况

1. 装饰说明

餐厅地面铺设强化复合木地板，铺设方案为悬浮式铺设法。

2. 对施工人员（学员）的要求

（1）认真学习该项目的施工技术，严谨施工。

（2）掌握室内复合木地板的流程和施工方法。

（3）掌握质量标准和质量验收的方法。

3. 实训步骤

（1）练习塑料地膜的铺设方法。

（2）练习复合木地板的铺装和踢脚线的安装。

（3）按施工流程进行施工。

（4）质量检验、验收。

4. 实训要点

（1）地面基层要求清理平整，无高低凹凸现象，无粉尘，干燥。

（2）铺设前要根据房间的尺寸结构进行试铺。

（3）铺塑料薄膜地垫时要铺实，接口搭接要大于 50mm。

（4）铺设方向应从房间的里面向外赶铺，接缝处涂胶要均匀，不外泄。

（5）要用专用工具（木锯、连系钩等）或木楔夹紧板缝。

（6）离墙四周要注意留有伸缩缝。

（7）铺贴时要用锤子隔着木板敲击严密。

（8）专用胶要注满三分之一的企口。

(9) 周边用踢脚板压紧收口或压条，门口用铜压条打胶固定或用螺钉固定。

(10) 铺设完工后 24h 内不得上人，以免引起脱胶开裂。

6.4.1.2 施工条件

(1) 施工最大相对湿度不高于 80%，且不宜做浴室、卫生间、厨房等潮湿环境的房间。

(2) 地板安装前先将地面找平，并且干燥后清理干净。底层地面应作防潮处理。

(3) 使用的强化复合木地板的规格符合现场和设计要求。在使用前对地板进行挑选，要求地板的纹理、色泽协调。

(4) 在墙上弹出 50cm 水平线。

6.4.1.3 材料准备

1. 地板

(1) 地板面层：中密度（强化）复合木地板面层的材料材质应符合设计要求，并采用具有商品检验合格证的产品，其技术等级及质量要求、环保要求均应符合国家现行标准的规定。

(2) 地板基层：要求地板的基层材料具有足够的强度（通常采用密度板），面层与基层粘结紧密。复合木地板应具有阻燃、防腐和无环境污染性能。其技术等级及质量要求应符合设计要求。规格通常为条形企口板或条形锁扣板。

2. 胶粘剂

地板块之间的胶粘剂应具相应的检测证明和合格证，无环境污染等性能指标。

3. 塑料薄膜地垫

在地板的下部采用防潮、隔声膜，要求其具有一定的弹性、防潮、防腐性。应具有相应的质量证明和合格证。

6.4.1.4 施工机具准备

手电锯、手锯、锤子、手刨、扁铲、拐尺、尺子、墨斗子、小白线、水平尺、铅锤、连系钩等（图 6.21、图 6.22）。

图 6.21 电动圆盘锯

图 6.22 手刨

任务 6.4.2 施工操作

【任务导航】 以餐厅地面铺设强化复合木地板地面装饰为例，说明强化复合木地板安装的装饰过程，要求掌握强化复合木地板安装的施工流程、施工方法、技术要领。

6.4.2.1 施工流程

基层清理→铺设塑料薄膜地垫→铺贴复合木地板→安装踢脚板。

6.4.2.2 施工方法

1. 基层清理

清理地板基面上的杂物、砂浆，地坪必须干燥、无杂物，基层应达到表面干净、平整、不起砂、不起皮、不起灰、不空鼓、无油渍。基层含水率不大于8%。

2. 铺设塑料薄膜地垫

地板的铺贴方向应与底垫展开主向成直角，塑料薄膜地垫相互搭接不小于50mm。地垫铺设要平整、规矩，然后把上面杂物等清理干净。

3. 铺贴复合木地板

挂出房间的中线，以中线弹出两个边线，再挂出垂直于中线的边线，以此边线为铺地板的起始点。铺贴第一行时，需把复合木地板带槽的一边朝墙摆放，复合木地板与墙间用木楔块留出10mm的伸缩缝，第一层板的位置必须准确，必要时需在垫层上划线。安装第二块复合地板时，应将第二块板的端头槽与第一块板的端尾榫接插，以此类推，直至墙边。装紧靠墙的一块板时，取一整块板，一端靠墙，并用木楔块留出10mm空隙，与已摆放好的前一块板并行放置。然后用角尺在板上划线，再顺线用锯截断，最后平转180°，端头槽与上一块板的端尾榫接插。截下部分的长度如大于300mm，则可用于第二行的行尾块。而第二行的首块，紧靠第一行的板块，即每行按之字形首尾相靠。相邻板材接头位置应错开不小于300mm距离。前两行的位置调整好后，即可开始涂胶拼装。将复合木地板用胶水均匀地涂于板的纵和横向的榫头侧边，胶水量如同打胶。然后，用锤子和木块将已铺的地板挤紧，并将挤出的胶液立即用湿布擦干净。锁扣的地板，不用打胶，锁好扣即可（图6.23）。

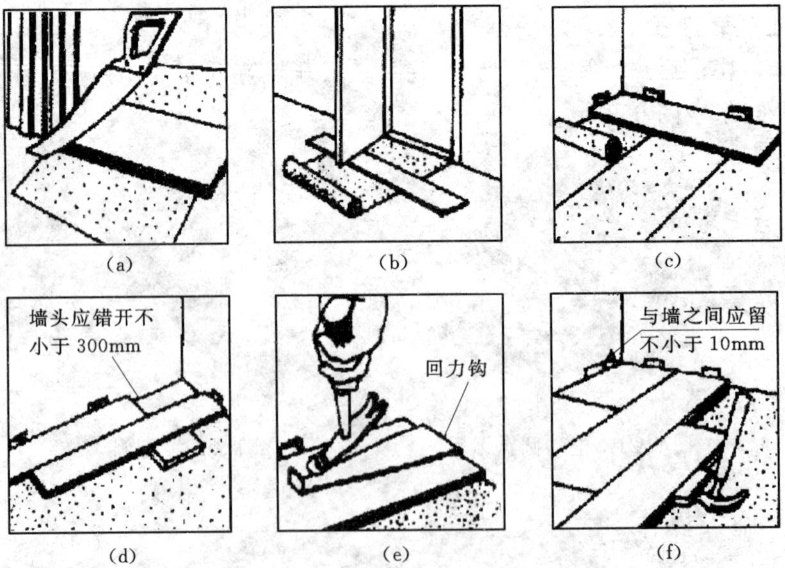

图6.23 强化复合木地板浮铺式施工工艺示意图

4. 安装踢脚板

复合木地板配套的踢脚板如图6.24所示安装：先量出踢脚板塑料扣的高度，然后在墙上以塑料扣的高度在该面墙的两边定点弹线，用墨斗弹出塑料胀塞螺钉的定位高度线，沿墙角处以墨线高度开始定点，再按400mm间距等距划分。用冲击钻在定点处钻孔，在钻孔处插入塑料胀塞，拧上塑料扣。最后把塑料踢脚板扣上即可。

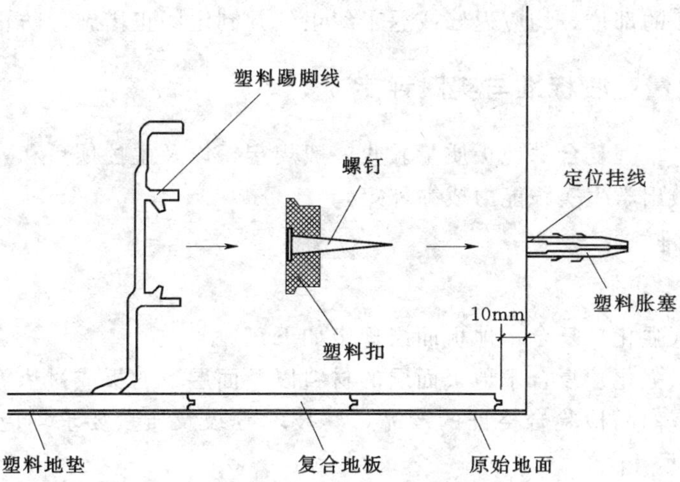

图6.24 踢脚板安装示意图

任务6.4.3 成品保护及应注意的质量问题

【任务导航】 掌握复合木地板施工中对隐蔽工程的保护措施，对已安装完成的地面如何采取保护防止撞伤或擦伤及其他损害，以及施工中应注意哪些问题等。

6.4.3.1 成品保护

（1）施工时应注意对定位定高的标准杆、尺、线的保护不得触动位移。

（2）对覆盖的隐蔽工程要有可靠的措施，不得因铺设复合木地板面层造成漏水、堵塞、破坏或者降低等级。

（3）复合木地板面层完工后应进行遮盖和拦挡，避免破坏。

（4）后续工程在强化复合木地板面层上施工时，必须进行遮盖、支垫，严禁直接在强化复合木地板面层上操作。

（5）严禁直接在板面层上动火、焊接、和灰、调漆、支铁梯、搭脚手架等。

6.4.3.2 应注意的质量问题

1. 作业环境

在施工过程中应注意对已经完成的隐蔽工程管线和机电设备的保护，各工种间搭接应合理，同时注意施工环境，不得在扬尘、湿度大等不利条件下作业，基层应干燥。

2. 行走有声响

（1）格栅固定不牢固、毛地板与格栅间连接不牢固、面层与毛地板间连接不牢固都会造成走动有声响。

(2) 地板的平整度不够，格栅或毛地板有凸起的地方。

(3) 地板的含水率过大，铺设后变形。

3. 板面不洁净

地面铺完后未做有效的成品保护，受到外界污染。

4. 不合格

凡检验不合格的部位，均应返修或返工纠正，并制定纠正措施，防止再次发生。

任务 6.4.4 质量验收标准与实践评定

【任务导航】 掌握复合木地板质量验收一般规定，以及主控项目和一般项目的质量标准和验收方法；做出学生实践能力成绩评定。

6.4.4.1 质量标准

1. 一般规定

对于中密度（强化）复合木地板面层规定如下：

(1) 中密度（强化）复合木地板面层的材料以及面层下的板或衬垫等材质应符合设计要求，并采用具有商品检验合格证的产品，其技术等级及质量要求均应符合现行标准的规定。

(2) 中密度（强化）复合木地板面层铺设时，相邻条板端头应错开不小于 300mm；衬垫层及面层与墙之间应留不小于 10mm 的空隙。

2. 主控项目

(1) 中密度（强化）复合木地板面层所采用的材料，其技术等级及质量要求应按设计要求。木格栅、垫木和毛地板等应作防腐、防蛀处理。

检验方法：观察检查和检查材质合格证明文件及检测报告。

(2) 木格栅安装应牢固、平直。

检验方法：观察、脚踩检查。

(3) 面层铺设应牢固。

检验方法：观察、脚踩检查。

3. 一般项目

(1) 中密度（强化）复合木地板面层图案和颜色应符合设计要求，图案清晰、一致，板面无翘曲。

检验方法：观察、用 2m 靠尺和楔形塞尺检查。

(2) 面层的接头应错开、缝隙严密、表面洁净。

检验方法：观察检查。

(3) 踢脚线表面应光滑，接缝严密，高度一致。

检验方法：观察和钢尺检查。

(4) 中密度（强化）复合木地板面层的允许偏差应符合木、竹面层的允许偏差和检验方法规定，见表 6.11。

表 6.11 木、竹面层的允许偏差和检验方法

项目	项次	允许偏差/mm				检验方法
		实木地板面层			实木复合地板、中密度（强化）复合木地板	
		松木地板	硬木地板	拼花木地板		
1	板面缝隙宽度	1	0.5	0.2	0.5	用钢尺检查
2	表面平整度	3	2	2	2	用2m靠尺和楔形塞尺检查
3	踢脚线上口平直	3	3	3	3	拉5m线，不足5m拉通线和用钢尺检查
4	板面拼缝平直	3	3	3	3	
5	相邻板材高差	0.5	0.5	0.5	0.5	用钢尺与楔形塞尺检查
6	踢脚线与面层的接缝	1				楔形塞尺检查

6.4.4.2 质量记录

（1）材质合格证明文件及检测报告。

（2）实木复合地板面层分项工程质量验收评定记录。

（3）木材防火、防虫、防腐处理记录。

（4）胶粘剂、人造板等有害物质检测记录和复试报告。

（5）中密度（强化）复合地板面层施工工艺标准。

6.4.4.3 实践项目成绩评定（表6.12）

表 6.12 实践项目成绩评定表

项次	项目	技术及质量要求	实测记录	项目分值	得分
1	工具使用正确			10	
2	塑料地膜铺设方法正确			10	
3	复合地板的铺装方法准确			15	
4	踢脚线的安装方法准确			15	
5	文明施工与安全施工			10	
6	施工流程正确			15	
7	施工方法正确			15	
8	检验方法正确			5	
9	完成任务时间			5	
10	合计			100	

练习题

（1）练习强化复合木地板的铺设。

（2）简述复合木地板铺设的方法。

（3）简述复合木地板施工流程与方法。

（4）简述复合地板质量标准与检验方法。

子项目6.5　地面铺设地毯

【任务导航】完成董事长办公室、会议室、接待区地面铺设地毯的装饰施工，掌握地毯的施工准备、施工流程、施工技术和质量验收标准。

任务6.5.1　施工准备

【任务导航】掌握地毯铺设前应了解的装饰做法、对施工人员的要求、对施工条件的要求，以及对材料和施工机具的准备要求等。

6.5.1.1　项目概况

1. 装饰说明

董事长办公室、会议室、接待区地面均铺设地毯，铺设方案为固定式铺设法。

2. 对施工人员（学员）的要求

（1）认真学习该项目的施工技术，严谨施工。

（2）掌握地毯铺设的施工流程和施工方法。

（3）掌握质量标准和质量验收的方法。

3. 实训步骤

（1）练习地毯裁剪方法，掌握钉倒刺板的施工要求。

（2）练习地毯的拼缝。

（3）练习地毯的铺装、张平方法、固定方法、收边方法及修整方法。

（4）按施工流程进行施工。

（5）质量检验、验收。

4. 实训要点

（1）地毯对花拼接应按毯面绒毛和织纹走向的同一方向进行。

（2）当使用倒刺板固定地毯时，应沿房间四周将倒刺板与基层固定牢固。

（3）地毯铺装方向，应是毯面绒毛走向的背光方向。

（4）铺满地毯，应用扁铲将毯边塞入卡条和墙壁间的间隙中或者塞入踢脚下面。

（5）裁剪楼梯地毯时，长度应留有一定余量，以便在使用中可挪动常磨损的位置。

6.5.1.2　施工条件

（1）在地毯铺设之前，室内装饰施工必须完毕。室内所有重型设备均已就位并已调试、运转，并经核验全部达到合格标准。

（2）基层处理及要求：一般是水泥地面，也可以是木地板或其他材质的地面。水泥类面层（或基层）表面应坚硬、平整、光洁、干燥，无凹坑、麻面、裂缝，并应清除油污、钉头和其他突出物，基层面所粘结的油脂等应擦干净。基层表面的凸起部分要用砂轮机磨平，如不平程度较严重（高低不平之差大于6mm，且有多处凹坑），就应用水泥砂浆找平。水泥砂浆地面、混凝土地面，在施工后28d以上，基层表面的含水率要小于8%，表面平整偏差不大于4mm，并有一定的强度，方可铺设地毯。

（3）粘贴法固定地毯时的环境要求：以铺设前72h到铺设后的72h应满足：①温度在18～35℃；②相对湿度12％～65％。

（4）预铺：地毯、衬垫和胶粘剂等进场后应检查核对数量、品种、规格、颜色、图案等是否符合设计要求，如符合应按其品种、规格分别存放在干燥的仓库或房间内。成卷地毯应在铺设前24h内运至铺设现场，打开，展平，消除卷曲应力，以便铺设。用前要预铺、配花、编号。应事先把需铺设地毯的房间、走道等四周的踢脚板做好。踢脚板下口离开地面8mm左右，以便将地毯毛边掩入踢脚板下。

（5）测量尺寸：测量房间尺寸要精确，长宽尺寸即为裁毯下料依据，要按房间和用毯型号逐一登记好。大面积施工前应先放出施工大样，并做样板，经质检部门鉴定合格后方可组织按样板要求施工。

6.5.1.3 材料准备

地毯具有吸声、隔声、保温、隔热、防滑、弹性好、质地柔软、脚感舒适以及外观优雅等使用性能和装饰特点。

地毯的品种、规格、颜色、花色、胶料和辅料及其材质必须符合设计要求和国家现行地毯产品标准的规定。

（1）地毯：地毯的品种、规格、主要性能和技术指标必须符合设计要求。

（2）胶粘剂：无毒、不霉、快干，0.5h之内使用张紧器时不脱缝以及对地面有足够的粘结强度、可剥离、施工方便的胶粘剂，均可用于地毯与地面、地毯与地毯拼缝处的粘结。一般采用天然乳胶添加增稠剂、防霉剂等制成的胶粘剂。地毯与地面的粘结或地毯与地毯对缝的拼接均需要胶粘剂。地毯与地毯拼接时，下衬一条10cm宽的狭条麻布带，然后分别在地毯和麻布带上涂胶粘贴。大面积地毯粘贴时，在地面上涂刷出一条条宽150mm左右的带状胶迹，每条胶迹相隔200mm左右。

（3）拼缝烫带：地毯拼缝的另一种方法，是用成品的烫带粘贴，施工时可将烫带按在拼缝处，用电熨斗压后即可将两地毯拼缝接好。

（4）倒刺钉板条：地毯有木卡条、金属卡条等，在1200mm×24mm×6mm的三合板条上钉有两排斜钉（间距为35～40mm），还有五个高强钢钉均匀分布在全长上（钢钉间距约400mm左右，距两端各约100mm左右），可钩住地毯。使用木卡条的地毯铺设，通常需与地毯弹性垫配合方可使地毯面平整。

（5）铝合金倒刺条：用于地毯端头露明处，起固定和收头作用。多用在外门口或其他材料的地面相接处。

（6）铝压条宜采用厚度为2mm左右的铝合金材料制成，用于门框下的地面处，压住地毯的边缘，使其免于被踢起或损坏。

（7）地毯弹性垫：是一种软橡胶制品，铺设在地毯下面，可使地毯踏上后有柔软舒适的感觉。

6.5.1.4 施工机具准备

张紧器、裁毯刀、扁铲、电熨斗、裁剪剪刀、尖嘴钳、刷子、角尺、钉锤、弹线粉袋、冲击钻等。

（1）张紧器：又称“地毯撑子”，有大撑子及小撑子两种。大撑子用于大房间内大面积铺地毯，通过可伸缩的杠杆撑头及铰接承脚将地毯张拉平整，撑头与承脚之间可以任意接装连接管，以适应房间的尺寸，使承脚顶住对面墙。小撑子用于墙角或操作面窄小处，操作者用膝盖顶住撑子尾部的空气橡胶垫，两手可自由操作。地毯撑子的扒齿长短可调，以适应不同厚度的地毯材料。注意不使用时应将扒齿缩回，以免齿尖伤人。

（2）扁铲：用于墙根地毯掩边之处。

（3）裁毯刀：有手推裁刀和手握裁刀两种。前者用于铺设操作时少量裁切，后者用于施工前大批量下料裁剪。

（4）电熨斗：用于地毯拼缝烫带的热压合。

（5）其他工具：裁剪剪刀、尖嘴钳、刷子、角尺、钉锤、弹线粉袋、冲击钻等。

部分施工机具如图 6.25 所示。

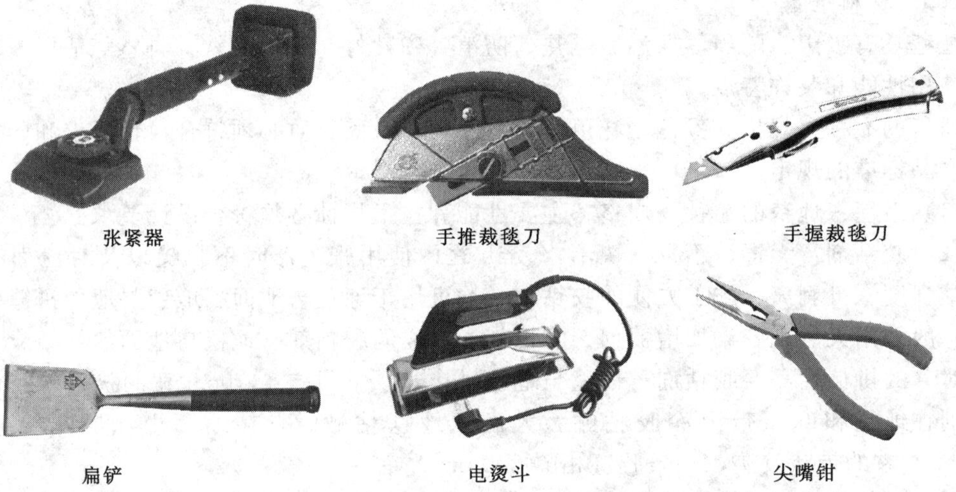

图 6.25　地毯部分施工机具

任务 6.5.2　施工操作

【任务导航】 以董事长办公室、会议室以及接待室地面铺设地毯装饰为例，说明地毯安装的装饰过程，要求掌握地毯安装的施工流程、施工方法、技术要领。

6.5.2.1　施工流程

清理基层→地毯裁割→钉倒刺板→铺地毯垫→地毯拼缝→张平→固定、收边→修整、清理。

6.5.2.2　施工方法

1. 清理基层

铺设地毯的基层要求具有一定的强度。基层表面必须平整，无凹坑、麻面、裂缝，并保持清洁干净。若有油污，须用丙酮或松节油擦洗干净，高低不平处应预先用水泥砂浆填嵌平整。

2. 地毯裁割

（1）首先应量准房间实际尺寸，按房间长度加 2cm 下料。地毯宽度，应扣去地毯边缘后计算（地毯边部约5cm宽的圈绒比其他部位稀疏，为了易于铺设者辨认，离地毯边约5cm处有一彩线，铺设者须沿此线裁边），根据计算的下料尺寸在地毯背面弹线。

（2）大面积地毯用手握裁刀或手推裁刀裁割，从地毯背部截割时，吃刀深度掌握在正好割透背部的麻线而不损伤正面的绒毛；从地毯正面裁割，可先将地毯折叠，使叠缝两边绒毛向外分开，露出背部麻绒，然后将刀刃插入两道麻线间，沿麻线进行裁割。

（3）裁好的地毯应立即编号与铺设位置对应，准备拼缝的两块地毯应在缝边注明方向。

3. 钉倒刺板

（1）沿墙边或柱边钉倒刺板，倒刺板离踢脚线8～10mm。

（2）钉倒刺板应用水泥钢钉，相邻两个钉的距离控制在30～40mm。

（3）大面积厅堂铺地毯，沿墙、柱钉双倒刺板，两条倒刺板之间净距约2cm。

4. 铺地毯垫

（1）地毯垫应按倒刺板之间下料，避免铺设后地毯垫皱折，覆盖倒刺板或远离倒刺板。

（2）设置地毯垫拼缝时应考虑到与地毯拼缝至少错开15cm。

5. 地毯拼缝

（1）拼缝前要判断好地毯编织方向，以避免缝两边的地毯绒毛排列方向不一致。

（2）纯毛地毯多用缝接，将地毯翻过来，背面对齐缝接，用线缝实后，刷5～6cm宽的一道白胶，再贴上牛皮纸。

（3）麻布衬底的化纤地毯多用粘结，将地毯胶刮在麻布上，然后将地毯对缝粘平。

（4）胶带接缝法以简便、快速、高效的优点而得到越来越广泛的应用，在地毯拼缝位置的地面上弹一直线，按线将胶带铺好，两侧地毯对缝压在胶带上，然后用熨斗在胶带上熨烫使胶质融化，随熨斗的移动立即把地毯紧压在胶带上。

（5）接缝以后用剪子把接口不齐的绒毛修齐。

6. 张平

（1）将地毯短边的一角用扁铲塞进踢脚板下的缝隙，用撑子把这一短边撑平后，再用扁铲把整个短边都塞入踢脚板下的缝隙。

（2）大撑子支撑脚顶住地毯固定端的墙式柱，用大撑子扒齿抓住地毯另一端，接装连接管，通过大撑子头的杠杆伸缩，将地毯拉平整（图6.26）。

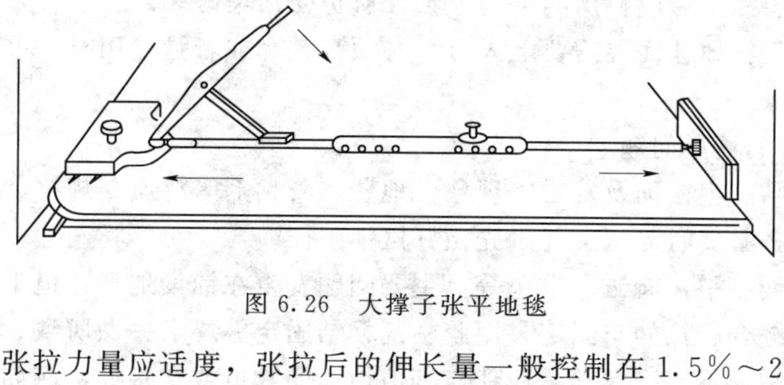

图6.26 大撑子张平地毯

（3）大撑子张拉力量应适度，张拉后的伸长量一般控制在1.5%～2%。伸长量过大会撕破地毯，过小则达不到张平的目的，以将地毯展平为准。

(4) 小范围不平整可用小撑子展平，用手压住撑子，用扒齿抓住地毯，通过膝盖撞击后部的胶垫将地毯推向前方，使地毯张平。

7. 固定、收边

(1) 地毯挂在倒刺板上要轻轻敲击一下，使倒刺板全部钩住地毯，以免挂不实，而引起地毯松弛。

(2) 地毯全部伸张拉直后，应把多余的毯边截去，再用扁铲将地毯边缘塞入踢脚板和倒刺板之间（图 6.27 和图 6.28）。

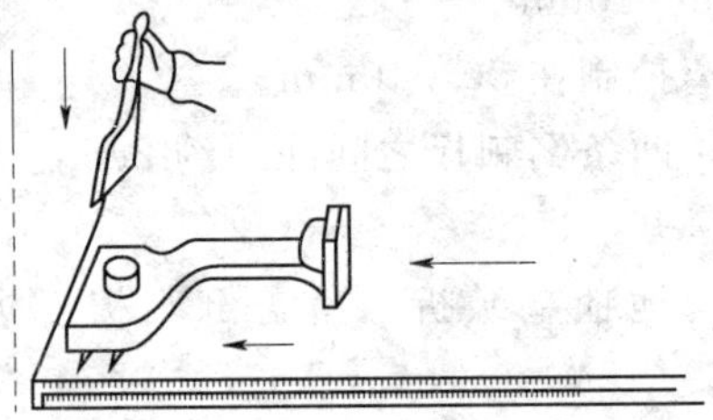

图 6.27 扁铲、小撑子用法

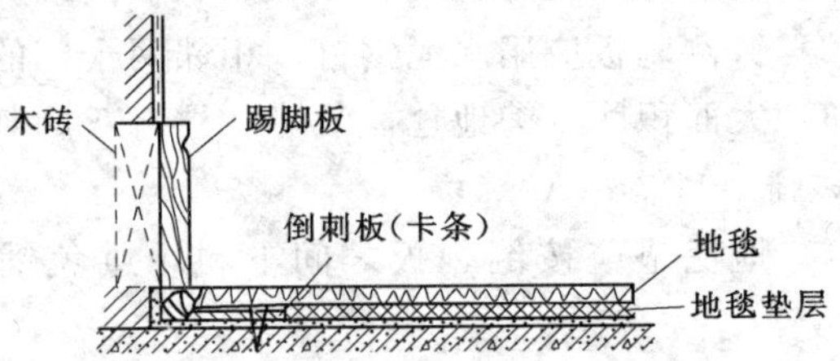

图 6.28 将地毯边缘塞入踢脚板下

(3) 在门口或与其他地面的分界处，弹线后用螺钉固定铝压条，再将地毯塞入铝压条口内，使之压紧地毯。

8. 修整、清理

铺设工作完成后，因接缝、收边裁下的边料和用扒齿拉伸下的绒毛、纤维应打扫干净，并用吸尘器将地毯表面全部清理一遍。

任务 6.5.3 成品保护及应注意的质量问题

【任务导航】 掌握地毯施工中施工人员应注意的事项，对已安装完成的地面如何采取保护防止撞伤或擦伤，以及施工中应注意的质量问题等。

6.5.3.1 成品保护

(1) 地毯进场应随进随铺，库存时要防潮、防雨、防踩踏和重压。

(2) 铺设时和铺设完毕应及时清理毯头、倒刺板条段、钉子等散落物，严格防止将其铺入毯下。

(3) 地毯面层完工后应将房间关门上锁，避免受污染破坏。

(4) 后续工程在地毯面层需要上人时，必须带鞋套或者是专用鞋，严禁在地毯面上进行其他各种施工操作。

6.5.3.2 应注意的质量问题

(1) 压边粘结产生松动及发霉等现象：地毯、胶粘剂等材质、规格、技术指标，要有产品出厂合格证，必要时复试。并事先做好试铺工作。

(2) 地毯表面不平，起皱、鼓包等：主要问题发生在铺设地毯这道工序时，为认真安装操作工艺中的缝合、拉伸与固定、用胶粘剂粘结固定等要求去做所致。

(3) 拼缝不平，不实：尤其是地毯与其他地面的收口或交接处，例如门口、过道与门厅、拼花及变换材料等部位，往往容易出现拼缝不平、不实。因此在施工时要特别注意上述部位的基层本身接缝是否平整，如严重者应返工处理，如问题不太大，可采取加衬垫的方法用胶粘剂把衬垫粘牢，同时要把面层和垫层拼缝处的胶粘好，要严密、紧凑、结实，避过满刷胶粘剂粘牢固。

（4）涂刷胶粘剂时由于不注意，往往容易污染踢脚板、门框扇及地弹簧等，应认真精心操作，并采取轻便可移动的保护挡板或随污染随时清擦等措施保护成品。

（5）暖气片、空调回水和立管根部及卫生间与走道应设有防水坎等，防止渗漏，以免将已铺好的地毯成品泡湿损坏。

（6）应具备质量记录：地毯及其衬垫的出厂合格证、地毯铺设分项质量检验评定资料。

任务 6.5.4　质量验收标准与实践评定

【任务导航】 掌握地毯面质量验收一般规定，以及主控项目和一般项目的质量标准和验收方法；做出学生实践能力成绩评定。

6.5.4.1　质量标准

1. 一般规定

（1）毯面层采用方块、卷材地毯在水泥类面层（或基层）上铺设。

（2）水泥类面层（或基层）表面应坚硬、平整、光洁、干燥、无凹坑、麻面、裂缝，并应清除油污、钉头和其他突出物。

（3）棉衬垫应满铺平整，地毯拼缝处不露底衬。

（4）固定式地毯铺设应符合下列规定：

1）固定地毯用的金属卡条（倒刺板）、金属压条、专用双面胶带等必须符合设计要求。

2）铺设的地毯张拉应适宜，四周卡条固定牢；门口处应用金属压条等固定。

3）地毯周边应塞入卡条和踢脚线之间的缝中。

（5）贴地毯应用胶粘剂与基层粘贴牢固。

（6）活动式地毯铺设应符合下列规定：

1）地毯拼成整块后直接铺在洁净的地上，地毯周边应塞入踢脚线下。

2）与不同类型的建筑地面连接处，应按设计要求收口。

3）小方块地毯铺设，块与块之间应挤紧服帖。

（7）梯地毯铺设，每梯段顶级地毯应用压条固定于平台上，每级阴角处应用卡条固定牢。

2. 主控项目

（1）地毯的品种、规格、颜色、花色、胶料和辅料及其材质必须符合设计要求和国家现行地毯产品标准的规定。

检验方法：观察检查和检查材质合格记录。

（2）地毯表面应平服，拼缝处粘贴牢固、严密平整、图案吻合。

检验方法：观察检查。

3. 一般项目

(1) 地毯表面不应起鼓、起皱、翘边、卷边、显拼缝、露线，应无毛边，绒面毛顺光一致，毯面干净，无污染和损伤。

检验方法：观察检查。

(2) 地毯同其他面层连接处、收口处和墙边、柱子周围应顺直、压紧。

检验方法：观察检查。

6.5.4.2 实践项目成绩评定（表 6.13）

表 6.13　练习项目及成绩评定表

项次	项　目	技术及质量要求	实测记录	项目分值	得分
1	工具使用正确			10	
2	地毯裁剪方法			10	
3	地毯的拼缝			10	
4	地毯的铺装方法			15	
5	收边方法、修整方法			10	
6	文明施工与安全施工			10	
7	施工流程正确			15	
8	施工方法正确			10	
9	检验方法正确			5	
10	完成任务时间			5	
	合计			100	

练　习　题

(1) 练习地毯的裁剪方法。

(2) 练习地毯的铺设方法。

(3) 简述地毯铺设质量标准与检验方法。

附录一　装饰工程电动工具使用注意事项

(1) 使用刃具的机具，应保持刀刃锋利，完好无损，安装正确，牢固可靠。

(2) 使用砂轮的机具，应检查砂轮与接盘间的软垫并安装稳固，螺母不宜拧得过紧，凡受潮、变形、裂纹、破碎、磕边缺口或接触过油、碱类的砂轮均不得使用，并不得将受潮的砂轮片自行烘干使用。

(3) 在潮湿地区或在金属构架、压力容器、管道等导电良好的场所作业时，必须使用双重绝缘或加强绝缘的电动工具。

(4) 非金属壳体的电动机、电器，在存放和使用时不应受压、受潮，并不得接触汽油等溶剂。

(5) 作业前的检查应符合下列要求。

1) 外壳、手柄不出现裂缝、破损。

2) 电缆软线及插头等完好无损，开关动作正常，保护接零连接正确、牢固可靠。

3) 各部防护罩齐全牢固，电气保护装置可靠。

(6) 机具启动后，应空载运转，应检查并确认机具联动灵活无阻。作业时，加力应平衡，不得用力过猛。

(7) 严禁超载使用。作业中应注意音响及温升，发现异常应立即停机检查。在作业时间过长，机具温升超过60℃时，应停机，自然冷却后再行作业。

(8) 作业中，不得用手触摸刃具、模具和砂轮，发现其有磨钝、破损情况时，应立即停机或更换，然后再继续进行作业。

(9) 机具转动时，不得撒手掌管。

(10) 使用冲击电钻或电锤时，应符合下列要求。

1) 作业时应掌握电钻或电锤手柄，打孔时将钻头抵在工作表面，然后开动，用力适度，避免晃动；转速若急剧下降，应减少用力，防止电机过载，严禁用木杠加压。

2) 钻孔时，应注意避开混凝土中的钢筋。

3) 电钻和电锤为40%断续工作制，不得长时间连续使用。

4) 作业孔径在25mm以上时，应有稳固的作业平台，周围应设护栏。

(11) 使用瓷片切割机时应符合下列要求。

1) 作业时应防止杂物、泥尘混入电动机内，并应随时观察机壳温度，当机壳温度过高及产生炭刷火花时，应立即停止检查处理。

2) 切割过程中用力应均匀适当，推进刀片时不得用力过猛。当发生刀片卡死时，应立即停机，慢慢退出刀片，应在重新对正后方可再切割。

(12) 使用角向磨光机时应符合下列要求。

1) 砂轮应选用增强纤维树脂型，其安全线速度不得小于80m/s。配用的电缆与插头应具有加强绝缘性能，并不得任意更换。

2）磨削作业时，应使砂轮与工件面保持15°～30°的倾斜位置；切削作业时，砂轮不得倾斜，并不作横向摆动。

（13）使用电剪时应符合下列要求。

1）作业前应先根据钢板厚度调节刀头间隙量。

2）作业时不得用力过猛，当遇刀轴往复次数急剧下降时，应立即减少推力。

（14）使用射钉枪时应符合下列要求。

1）严禁用手掌推压钉管和将枪口对准人。

2）击发时，应将射钉枪垂直压紧在工作面上，当两次扣动扳机，射钉弹均不击发时，应保持原射击位置数秒后，再退出射钉弹。

3）在更换零件或断开射钉枪之前，射枪内均不得装有射钉弹。

（15）使用拉铆枪时应符合下列要求。

1）被铆接物体上的铆钉孔应与铆钵滑配合，并不得过盈量太大。

2）铆接时，当铆钉轴未拉断时，可重复扣动扳机，直到拉断为止，不得强行扭断或撬断。

3）作业中，接铆头子或柄帽若有松动，应立即拧紧。

附录二　建筑装饰工程施工及验收规范与强制性条文

第一章　总　　则

第 1.0.1 条　本规范适用于工业与民用建筑装饰工程的施工及验收。

注：有防放射性、防腐蚀、防火等要求的装饰工程，应按设计要求或有关规定执行。

第 1.0.2 条　装饰工程所用的材料，应按设计要求选用，并应符合现行材料标准的规定。对材料质量发生怀疑时，应抽样检查，合格后方可使用。

第 1.0.3 条　装饰工程所用的砂浆、石灰膏、玻璃、涂料等，宜集中加工和配制。

第 1.0.4 条　装饰材料和饰件以及有饰面的构件，在运输、保管和施工过程中，必须采取措施防止损坏和变质。

第 1.0.5 条　抹灰、涂料和刷浆工程的等级及适用范围，应符合设计要求。

第 1.0.6 条　装饰工程应在基体或基层的质量检验合格后，方可施工。

第 1.0.7 条　高级装饰工程施工前，应预先做样板（样品或标准间），并经有关单位认可后，方可进行。其他等级的装饰工程是否需做样板，应由设计确定。

第 1.0.8 条　室外抹灰和饰面工程的施工，一般应自上而下进行。高层建筑采取措施后，可分段进行。

第 1.0.9 条　室内装饰工程的施工，应待屋面防水工程完工后，并在不致被后继工程所损坏和玷污的条件下进行。室内抹灰在屋面防水工程完工前施工时，必须采取防护措施。

第 1.0.10 条　室内吊顶、隔断的罩面板和花饰等工程，应待室内地（楼）面湿作业完工后施工。

第 1.0.11 条　室内装饰工程的施工顺序，应符合下列规定。

（1）抹灰、饰面、吊顶和隔断工程，应待隔墙、钢木门窗框、暗装的管道、电线管和电器预埋件、预制钢筋混凝土楼板灌缝等完工后进行。

（2）钢木门窗及其玻璃工程，根据地区气候条件和抹灰工程的要求，可在湿作业前进行；铝合金、塑料、涂色镀锌钢板门窗及其玻璃工程，宜在湿作业完工后进行，如需在湿作业前进行，必须加强保护。

（3）有抹灰基层的饰面板工程、吊顶及轻型花饰安装工程，应待抹灰工程完工后进行。

（4）涂料、刷浆工程，以及吊顶、隔断罩面板的安装，应在塑料地板、地毯、硬质纤维板等地（楼）面的面层和明装电线施工前，以及管道设备试压后进行。木地（楼）板面层的最后一遍涂料，应待裱糊工程完工后进行。

（5）裱糊工程，应待顶棚、墙面、门窗及建筑设备的涂料和刷浆工程完工后进行。

第1.0.12条 室内外装饰工程施工的环境温度，应符合下列规定。

（1）刷浆、饰面和花饰工程以及高级的抹灰，溶剂型混色涂料工程不应低于5℃。

（2）中级和普通的抹灰，溶剂型混色涂料工程，以及玻璃工程应在0℃以上。

（3）裱糊工程不应低于10℃。

（4）使用胶粘剂时，应按胶粘剂产品说明要求的温度施工。

（5）涂刷清漆不应低于8℃，乳胶涂料应按产品说明要求的温度施工。

（6）室外涂刷石灰浆不应低于3℃。

注：①环境温度是指施工现场最低温度；

②室内温度应在靠近外墙离地面高500mm处测量。

第1.0.13条 装饰工程必须作好成品保护，施工用水和管道设备试压的水，不得污损装饰工程。

第1.0.14条 装饰工程施工安全技术、劳动保护、防火、防毒等的要求，应按国家现行的有关规定执行。其材料堆放应注意安全防火。

第二章 抹 灰 工 程

第一节 一 般 规 定

第2.1.1条 本章适用于一般抹灰和装饰抹灰工程的施工及验收。

第2.1.2条 抹灰工程采用的砂浆品种，应按设计要求选用，如设计无要求，应符合下列规定。

（1）外墙门窗洞口的外侧壁、屋檐、勒脚、压檐墙等的抹灰——水泥砂浆或水泥混合砂浆。

（2）湿度较大的房间和车间的抹灰——水泥砂浆或水泥混合砂浆。

（3）混凝土板和墙的底层抹灰——水泥混合砂浆、水泥砂浆或聚合物水泥砂浆。

（4）硅酸盐砌块、加气混凝土块和板的底层抹灰——水泥混合砂浆或聚合物水泥砂浆。

（5）板条、金属网顶棚和墙的底层和中层抹灰——麻刀石灰砂浆或纸筋石灰砂浆。

第2.1.3条 抹灰砂浆的配合比和稠度等应经检查合格后，方可使用。水泥砂浆及掺有水泥或石膏拌制的砂浆，应控制在初凝前用完。

第2.1.4条 砂浆中掺用外加剂时，其掺入量应由试验确定。

第2.1.5条 木结构与砖石结构、混凝土结构等相接处基体表面的抹灰，应先铺钉金属网，并绷紧牢固。金属网与各基体的搭接宽度不应小于100mm。

第2.1.6条 抹灰前，砖石、混凝土等基体表面的灰尘、污垢和油渍等，应清除干净，并洒水润湿。

第2.1.7条 平整光滑的混凝土表面，如设计无要求时，可不抹灰，用刮腻子处理。

第2.1.8条 抹灰前，应先检查基体表面的平整度，并用与抹灰层相同砂浆设置标志或标筋。

第 2.1.9 条　抹灰前，应检查钢、木门窗框位置是否正确，与墙连接是否牢固。连接处的缝隙应用水泥砂浆或水泥混合砂浆（加少量麻刀）分层嵌塞密实。

第 2.1.10 条　室内墙面、柱面和门洞口的阳角，宜用 1：2 水泥砂浆做护角，其高度不应低于 2m，每侧宽度不应小于 5mm。

第 2.1.11 条　室内抹灰工程，应待上下水、煤气等管道安装后进行。抹灰前必须将管道穿越的墙洞和楼板洞填嵌密实。散热器和密集管道等背后的墙面抹灰，宜在散热器和管道安装前进行，抹灰面接槎应顺平。

第 2.1.12 条　外墙抹灰工程施工前，应安装好钢木门窗框、阳台栏杆和预埋铁件等，并将墙上的施工孔洞堵塞密实。

第 2.1.13 条　外墙窗台、窗楣、雨篷、阳台、压顶和突出腰线等，上面应做流水坡度，下面应做滴水线或滴水槽，滴水槽的深度和宽度均不应小于 10mm，并整齐一致。

第 2.1.14 条　各种砂浆的抹灰层，在凝结前，应防止快干、水冲、撞击和振动；凝结后，应采取措施防止玷污和损坏。

第 2.1.15 条　水泥砂浆的抹灰层，应在湿润的条件下养护。

第 2.1.16 条　冬期施工，抹灰砂浆应采取保温措施。涂抹时，砂浆的温度不宜低于 5℃。

第 2.1.17 条　砂浆抹灰层硬化初期不得受冻。气温低于 5℃时，室外抹灰所用的砂浆可掺入混凝土防冻剂，其掺量应由试验确定。做涂料墙面的抹灰砂浆中，不得掺入含氯盐的防冻剂。

第 2.1.18 条　冬期施工，抹灰层可采取加温措施加速干燥。如采用热空气时，应设通风设备排除湿气。

第二节　材 料 质 量 要 求

第 2.2.1 条　石灰膏应用块状生石灰淋制，淋制时必须用孔径不大于 3mm×3mm 的筛过滤，并贮存在沉淀池中。

熟化时间，常温下一般不少于 15d；用于罩面时，不应少于 30d。使用时，石灰膏内不得含有未熟化的颗粒和其他杂质。

第 2.2.2 条　在沉淀池中的石灰膏应加以保护。防止其干燥、冻结和污染。

第三节　一 般 抹 灰

第 2.3.1 条　抹灰层的平均总厚度，不得大于下列规定。

（1）顶棚：板条、空心砖、现浇混凝土——15mm，预制混凝土——18mm，金属网——20mm。

（2）内墙：普通抹灰——18mm，中级抹灰——20mm，高级抹灰——25mm。

（3）外墙——20mm，勒脚及突出地面部分——25mm。

（4）石墙——35mm。

第 2.3.2 条　涂抹水泥砂浆每遍厚度宜为 5～7mm。涂抹石灰砂浆和水泥混合砂浆每遍厚度宜为 7～9mm。

第 2.3.3 条 面层抹灰经赶平压实后的厚度，麻刀石灰不得大于 3mm；纸筋石灰、石膏灰不得大于 2mm。

第 2.3.4 条 水泥砂浆和水泥混合砂浆的抹灰层，应待前一层抹灰层凝结后，方可涂抹后一层；石灰砂浆的抹灰层，应待前一层 7～8 成干后，方可涂抹后一层。

第 2.3.5 条 混凝土大板和大模板建筑的内墙面和楼板底面，宜用腻子分遍刮平，各遍应粘结牢固，总厚度为 2～3mm。

如用聚合物水泥砂浆、水泥混合砂浆喷毛打底，纸筋石灰罩面，以及用膨胀珍珠岩水泥砂浆抹面，总厚度为 3～5mm。

第 2.3.6 条 加气混凝土表面抹灰前，应清扫干净，并应作基层表面处理，随即分层抹灰，防止表面空鼓开裂。

第 2.3.7 条 板条、金属网顶棚和墙的抹灰，尚应符合下列规定。

(1) 板条、金属网装钉完成，必须经检查合格后，方可抹灰。

(2) 底层和中层宜用麻刀石灰砂浆或纸筋石灰砂浆，各层应分遍成活，每遍厚度为 3～6mm。

(3) 底层砂浆应压入板条缝或网眼内，形成转脚以使结合牢固。

(4) 顶棚的高级抹灰，应加钉长 350～450mm 的麻束，间距为 400mm，并交错布置，分遍按放射状梳理抹进中层砂浆内。

(5) 金属网抹灰砂浆中掺用水泥时，其掺量应由试验确定。

第 2.3.8 条 灰线抹灰尚应符合下列规定。

(1) 抹灰线用的抹子，其线型、棱角等应符合设计要求，并按墙面、柱面找平后的水平线确定灰线位置。

(2) 简单的灰线抹灰，应待墙面、柱面、顶棚的中层砂浆抹完后进行。多线条的灰线挂灰，应在墙面、柱面的中层砂浆抹完后，顶棚抹灰前进行。

(3) 灰线抹灰应分遍成活，底层、中层砂浆中宜掺入少量麻刀。罩面灰应分遍连续涂抹，表面应赶平、修整、压光。

第 2.3.9 条 罩面石膏灰应掺入缓凝剂，其掺量应由试验确定，宜控制在 15～20min 内凝结。涂抹应分两遍连续进行，第一遍应涂抹在干燥的中层上。

注：罩面石膏灰不得涂抹在水泥砂浆层上。

第 2.3.10 条 水泥砂浆不得涂抹在石灰砂浆层上。

第 2.3.11 条 抹灰的面层应在踢脚板、门窗贴脸板和挂镜线等安装前涂抹。安装后与抹灰面相接处如有缝隙，应用砂浆或腻子填补。

第 2.3.12 条 采用机械喷涂抹灰，尚应符合下列规定。

(1) 喷涂石灰砂浆前，宜先做水泥砂浆护角、踢脚板、墙裙、窗台板的抹灰，以及混凝土过梁等底层的抹灰。

(2) 喷涂时，应防止玷污门窗、管道和设备，被玷污的部位应及时清理干净。

(3) 砂浆稠度：用于混凝土面为 90～100mm，用于砖墙面为 100～120mm。

第 2.3.13 条 混凝土表面的抹灰，宜使用机械喷涂，用手工涂抹时，宜先凿毛，再刷水泥浆（水灰比为 0.37～0.4），或用界面处理剂处理。

第四节　装　饰　抹　灰

第 2.4.1 条　本节适用于面层为水刷石、水磨石、斩假石、干粘石、假面砖、拉条灰、拉毛灰、洒毛灰、喷砂、喷涂、滚涂、弹涂、仿石和彩色抹灰等的施工。

第 2.4.2 条　装饰抹灰面层的厚度、颜色、图案应符合设计要求。

第 2.4.3 条　装饰抹灰面层应做在已硬化、粗糙而平整的中层砂浆面上，涂抹前应洒水润湿。

第 2.4.4 条　装饰抹灰面层有分格要求时，分格条应宽窄厚薄一致，粘贴在中层砂浆面上应横平竖直，交接严密，完工后应适时全部取出。

第 2.4.5 条　装饰抹灰面层的施工缝，应留在分格缝、墙面阴角、水落管背后或独立装饰组成部分的边缘处。

第 2.4.6 条　装配式混凝土外墙板，其外墙面和接缝不平处以及缺棱掉角处，用水泥砂浆或聚合物水泥砂浆修补后，可直接进行喷涂、滚涂、弹涂。

第 2.4.7 条　水刷石、水磨石、斩假石和干粘石所用的彩色石粒应洁净，统一配料，干拌均匀。

第 2.4.8 条　水刷石、水磨石、斩假石面层涂抹前，应在已浇水润湿的中层砂浆面上刮水泥浆（水灰比为 0.37～0.4）一遍，以使面层与中层结合牢固。

第 2.4.9 条　水刷石面层必须分遍拍平压实，石子应分布均匀、紧密。凝结前应用清水自上而下洗刷，并采取措施防止玷污墙面。

第 2.4.10 条　水磨石面层的施工，尚应符合下列规定。

（1）水磨石分格嵌条应在基层上镶嵌牢固，横平竖直，圆弧均匀，角度准确。

（2）白色和浅色的美术水磨石面层，应采用白水泥。

（3）面层宜分遍磨光，开磨前应经试磨，以石子不松动为准。

（4）表面应用草酸清洗干净，晾干后方可打蜡。

第 2.4.11 条　斩假石面层的施工，尚应符合下列规定。

（1）斩假石面层应赶平压实，斩剁前应经试剁，以石子不脱落为准。

（2）在墙角、柱子等边棱处，宜横剁出边条或留出窄小边条不剁。

第 2.4.12 条　干粘石面层的施工，尚应符合下列规定。

（1）中层砂浆表面应先用水润湿，并刷水泥浆（水灰比为 0.4～0.5）一遍，随即涂抹水泥砂浆或聚合物水泥砂浆粘结层。

（2）石粒粒径为 4～6mm。

（3）水泥砂浆或聚合物水泥砂浆粘结层的厚度一般为 4～6mm，砂浆稠度不应大于 80mm，将石粒粘在粘结层上，随即用辊子或抹子压平压实。石粒嵌入砂浆的深度不得小于粒径的 1/2。

（4）水泥砂浆或聚合物水泥砂浆粘结层在硬化期间，应保持湿润。

（5）房屋底层不宜采用干粘石。

第 2.4.13 条　假面砖、喷涂、滚涂、弹涂和彩色抹灰所用的彩色砂浆，应先统一配料，干拌均匀过筛后，方可加水搅拌。

第2.4.14条 外墙假面砖的面层砂浆涂抹后，先按面砖尺寸分格划线，再划沟、划纹。沟纹间距、深浅应一致，接缝平直。

第2.4.15条 室内拉条灰面层的施工，尚应符合下列规定。

（1）按墙面尺寸确定拉模宽度，弹线划分竖格，粘贴拉模导轨应垂直平行，轨面平整。

（2）拉条灰面层，应用水泥混合砂浆（掺细纸筋）涂抹，表面用细纸筋石灰揉光。

（3）拉条灰面层应按竖格连续作业，一次抹完，上下端灰口应齐平。

第2.4.16条 涂抹拉毛灰和洒毛灰面层，宜自上而下进行。涂抹的波纹应大小均匀，颜色一致，接槎平整。

第2.4.17条 喷砂抹灰的面层，应用聚合物水泥砂浆涂抹，其配合比应由试验确定。

第2.4.18条 外墙面喷涂、滚涂、弹涂面层的施工，尚应符合下列规定。

（1）中层砂浆表面的裂缝和麻坑，应处理并清扫干净。

（2）门墙和不做喷涂、弹涂的部位，应采取措施，防止玷污。

（3）喷涂、弹涂应分遍成活，每遍不宜太厚，不得流坠。面层厚度：喷涂为3～4mm，弹涂为2～3mm，滚涂厚度按花纹大小确定，并一次成活。

（4）每个间隔分块必须连续作业，不显接槎。

（5）外墙漆喷涂、弹涂所用砂浆的配合比为：

1）配色底浆（重量比）：普通水泥∶水∶107胶＝100∶90∶20；白水泥∶水∶107胶＝100∶80∶13；颜料使用量参照样板调配。

2）配色点浆（重量比）：水泥∶水∶107胶＝100∶40∶10，颜料使用量参照样板调配。

按上述配合比，将颜料和胶混合拌匀，倒入水泥中，拌成稀浆。

第2.4.19条 仿石和彩色抹灰的面层，接槎应平整，仿石表面涂饰的纹理应均匀。

第五节 工 程 验 收

第2.5.1条 检查数量室外，以4m左右高为一检查层，每20m长，抽查1处（每处3延长米），但不少于3处；室内，按有代表性的自然间抽查10%，过道按10延长米，礼堂、厂房等大间可按两轴线为1间，但不少于3间。

第2.5.2条 检查所用材料的品种、面层的颜色及花纹等是否符合设计要求。

第2.5.3条 抹灰工程的面层，不得有爆灰和裂缝。各抹灰层之间及抹灰层与基体之间应粘结牢固，不得有脱层、空鼓等缺陷。

第2.5.4条 抹灰分格缝的宽度和深度应均匀一致，表面光滑、无砂眼，不得有错缝，缺棱掉角。

第2.5.5条 一般抹灰面层的外观质量，应符合下列规定。

（1）普通抹灰：表面光滑、洁净，接槎平整。

（2）中级抹灰：表面光滑、洁净，接槎平整，灰线清晰顺直。

（3）高级抹灰：表面光滑，洁净，颜色均匀、无抹纹，灰线平直方正、清晰美观。

第2.5.6条 装饰抹灰面层的外观质量，应符合下列规定。

(1) 水刷石——石粒清晰，分布均匀，紧密平整，色泽一致，不得有掉粒和接槎痕迹。

(2) 水磨石——表面应平整、光滑，石子显露均匀，不得有砂眼、磨纹和漏磨处。分格条应位置准确，全部露出。

(3) 斩假石——剁纹均匀顺直，深浅一致，不得有漏剁处。阳角处横剁和留出不剁的边条，应宽窄一致，棱角不得有损坏。

(4) 干粘石——石粒粘结牢固，分布均匀，颜色一致，不露浆，不漏粘，阳角处不得有明显黑边。

(5) 假面砖——表面应平整，沟纹清晰，留缝整齐，色泽均匀，不得有掉角、脱皮、起砂等缺陷。

(6) 拉条灰——拉条清晰顺直，深浅一致，表面光滑洁净，上下端头齐平。

(7) 拉毛灰、洒毛灰——花纹、斑点分布均布，不显接槎。

(8) 喷砂——表面应平整，砂粒粘结牢固、均匀、密实。

(9) 喷涂、滚涂、弹涂——颜色一致，花纹大小均匀，不显接槎。

(10) 仿石、彩色抹灰——表面应密实，线条清晰。仿石的纹理应顺直；彩色抹灰的颜色应一致。

(11) 干粘石、拉毛灰、洒毛灰、喷砂、滚涂和弹涂等，在涂抹面层前，应检查其中层砂浆表面的平整度。

第 2.5.7 条　一般抹灰工程质量的允许偏差，应符合表 2.5.7 的规定。

表 2.5.7　**一般抹灰质量的允许偏差**

项次	项目	允许偏差/mm			检验方法
		普通抹灰	中级抹灰	高级抹灰	
1	表面平整	5	4	2	用 2m 直尺和楔形塞尺检查
2	阴、阳角平直	—	4	2	用 2m 托线板和尺检查
3	立面垂直	—	5	3	
4	阴、阳角方正	—	4	2	用 200mm 方尺检查
5	分格条（缝）平直	—	3	—	拉 5m 线和尺检查

注　1. 外墙一般抹灰，立面总高度的垂直偏差应符合现行《砖石工程施工及验收规范》《混凝土结构工程施工及验收规范》和《装配式大板居住建筑结构设计和施工规程》的有关规定。
2. 中级抹灰，本表第 4 项阴角方正可不检查。
3. 顶棚抹灰，本表第 1 项表面平整可不检查，但应顺平。

第 2.5.8 条　装饰抹灰工程质量的允许偏差，应符合表 2.5.8 的规定。

表 2.5.8　**装饰抹灰质量的允许偏差**

项次	项目	允许偏差/mm													检验方法
		水刷石	水磨石	斩假石	干粘石	假面砖	拉条灰	拉毛灰	洒毛灰	喷砂	喷涂	滚涂	弹涂	仿石彩色抹灰	
1	表面平整	3	2	3	5	4	4	4	4	5	4	4	4	3	用 2m 直尺和楔形塞尺检查

续表

项次	项目	允许偏差/mm													检验方法
		水刷石	水磨石	斩假石	干粘石	假面砖	拉条灰	拉毛灰	洒毛灰	喷砂	喷涂	滚涂	弹涂	仿石彩色抹灰	
2	阴、阳角平直	4	2	3	4	—	4	4	4	4	4	4	4	3	用2m托线板和尺检查
3	立面垂直	5	3	4	5	5	5	5	5	5	5	5	5	4	
4	阴、阳角方正	3	2	3	4	4	4	4	4	3	4	4	4	3	用200mm方尺检查
5	墙裙上口平直	3	3	3	—	—	—	—	—	—	—	—	—	3	拉5m线检查，不足5m拉通线检查
6	分格条（缝）平直	3	2	3	3	3	—	—	—	3	3	3	3	3	

注 1. 外墙面装饰抹灰，立面总高度的垂直偏差见表2.5.7注1。

2. 水刷石、斩假石、假面砖、拉毛灰、洒毛灰等装饰抹灰，表中第4项阴角方正可不检查。

第三章 门窗工程

第一节 一般规定

第3.1.1条 本章适用于工业与民用建筑铝合金门窗、涂色镀锌钢板门窗、钢门窗、塑料门窗的安装及验收。

第3.1.2条 门窗安装前应按下列要求进行检查。

(1) 根据门窗图纸，检查门窗的品种、规格、开启方向及组合杆、附件，并对其外形及平整度检查校正，合格后方可安装。

(2) 按设计要求检查洞口尺寸，如与设计不符合应予以纠正。

第3.1.3条 门窗的存放、运输应符合下列规定。

(1) 门窗应在室内竖直排放，并用枕木垫平。严禁与酸碱等物一起存放，室内应清洁、干燥、通风。

(2) 塑料门窗应存放在设有靠架的室内并与热源隔开，以免受热变形。

(3) 门窗露天存放时，应采取措施避免日晒雨淋。

(4) 铝合金、涂色镀锌钢板和塑料门窗运输时，应竖立排放并固定牢靠。樘与樘间应用非金属软质材料隔开，防止相互磨损及压坏玻璃和五金件。

第3.1.4条 门窗框扇安装过程中，应符合下列规定。

(1) 不得在门窗框扇上安放脚手架、悬挂重物或在框扇内穿物起吊，以防门窗变形和损坏；

(2) 吊运时，表面应用非金属软质材料衬垫，选择牢靠平稳的着力点，以免门窗表面擦伤。

第3.1.5条 安装门窗必须采用预留洞口的方法，严禁采用边安装边砌口或先安装后砌口。

门窗固定可采用焊接、膨胀螺栓或射钉等方式，但砖墙严禁用射钉固定。

第 3.1.6 条　安装过程中应及时清理门窗表面的水泥砂浆、密封膏等，以保护表面质量。

第二节　门窗质量要求

第 3.2.1 条　门窗及零附件质量均应符合现行国家标准、行业标准的规定，按设计要求选用。不得使用不合格产品。

第 3.2.2 条　铝合金门窗选用的零附件及固定件，除不锈钢外，均应经防腐蚀处理。

第 3.2.3 条　塑料门窗不得有开焊、断裂等损坏现象，如有损坏，应予以修复或更换。

第三节　铝合金门窗安装

第 3.3.1 条　铝合金门窗装入洞口应横平竖直，外框与洞口应弹性连接牢固，不得将门窗外框直接埋入墙体。

第 3.3.2 条　横向及竖向组合时，应采取套插，搭接形成曲面组合，搭接长度宜为10mm，并用密封膏密封。

第 3.3.3 条　安装密封条时应留有伸缩余量，一般比门窗的装配边长 20～30mm，在转角处应斜面断开，并用胶粘剂粘贴牢固，以免产生收缩缝。

第 3.3.4 条　若门窗为明螺丝连接时，应用与门窗颜色相同的密封材料将其掩埋密封。

第 3.3.5 条　安装后的门窗必须有可靠的刚性，必要时可增设加固件，并应作防腐处理。

第 3.3.6 条　门窗外框与墙体的缝隙填塞，应按设计要求处理。若设计无要求时，应采用矿棉条或玻璃棉毡条分层填塞，缝隙外表留 5～8mm 深的槽口。

第四节　钢门窗安装

第 3.4.1 条　钢门窗安装时，应先把钢门窗在洞口内摆正，用木楔临时固定，横平竖直。

门窗地脚与预埋件宜采用焊接牢固，如不采用焊接，应在安装完地脚后，用水泥砂浆或豆石混凝土将洞口缝隙填实。

第 3.4.2 条　水泥砂浆凝固前，不得取出定位木楔或在钢门窗上安装五金零件，应待凝固后取出木楔并用水泥砂浆抹缝。

第 3.4.3 条　双层钢窗的安装间距必须符合设计要求。

第 3.4.4 条　钢门窗零附件安装应符合下列规定。

(1) 安装零附件前，应检查钢门窗开启是否灵活，关闭后是否严密，否则应予以调整后才能安装。

(2) 安装零附件宜在墙面装饰后进行，安装时应按生产厂方的说明进行。

(3) 密封条应在门窗涂料干燥后，按型号进行安装和压实。

第五节　塑料门窗安装

第3.5.1条　在塑料门窗上安装五金零件时，必须先钻孔后，用自攻螺钉拧入，严禁直接锤击钉入，以防损坏门窗。

第3.5.2条　与墙体连接的固定件应用自攻螺钉等紧固于门窗框上，将门窗框装入洞口并用木楔临时固定，调整至横平竖直。固定件与墙体宜用尼龙胀管螺栓连接牢固。

第3.5.3条　门窗框与洞口的间隙应用泡沫塑料条或油毡卷条填塞，填塞不宜过紧，以免框架变形。门窗框四周的内外接缝应用密封膏嵌缝严密。

第六节　工程验收

第3.6.1条　检查数量按不同门窗品种、类型的樘数各抽查5%，但均不少于3樘。

第3.6.2条　所用门窗的品种、规格、开启方向及安装位置应符合设计要求。

第3.6.3条　门窗安装必须牢固，横平竖直，高低一致。框与墙体缝隙应填嵌饱满密实，表面平整光滑，无裂缝，填塞材料与方法等应符合设计要求。

第3.6.4条　预埋件的数量、位置、埋设连接方法必须符合设计要求。

第3.6.5条　门窗扇应开启灵活，无倒翘、阻滞及反弹现象。五金配件应齐全，位置正确。关闭后密封条应处于压缩状态。

第3.6.6条　门窗安装后外观质量应表面洁净。大面无划痕、碰伤、锈蚀；涂膜大面平整光滑、厚度均匀、无气孔。

第3.6.7条　门窗工程质量允许偏差应符合表3.6.7-1～表3.6.7-3的规定。

表3.6.7-1　铝合金门窗安装质量的允许偏差及检验方法

项次	项目		允许偏差/mm	检验方法
1	门窗槽口宽度高度	≥2000mm <2000mm	±1.5 ±2	用3m钢卷尺检查
2	门窗槽口对边尺寸之差	≥2000mm <2000mm	≤2 ≤2.5	用3m钢卷尺检查
3	门窗槽口对角线尺寸之差	≥2000mm <2000mm	≤2 ≤3	用3m钢卷尺检查
4	门窗框（含拼樘料）的垂直度	≥2000mm <2000mm	≤2 ≤2.5	用线坠、水平靠尺检查
5	门窗框（含拼樘料）的水平度	≥2000mm <2000mm	≤1.5 ≤2	用水平靠尺检查
6	门窗框扇搭接宽度差	$\geq 2m^2$ $< 2m^2$	±1 ±1.5	用深度尺或钢板尺检查
7	门窗开启力		≤60N	用100N弹簧秤检查
8	门窗横框标高		≤5	用钢板尺检查
9	门窗竖向偏离中心		≤5	用线坠、钢板尺检查
10	双层门窗内外框、框（含拼樘料）中心距		≤4	用钢板尺检查

表 3.6.7-2　　涂色镀锌钢板门窗安装质量的允许偏差

项次	项　目		允许偏差/mm	检验方法
1	门窗槽口宽度高度	≥1500mm <1500mm	±1.5 ±2	用 3m 钢卷尺检查
2	门窗槽口对角线尺寸之差	≥2000mm <2000mm	≤2 ≤2.5	用 3m 钢卷尺检查
3	门窗框（含拼樘料）的垂直度	≥2000mm <2000mm	≤2 ≤2.5	用线坠、水平靠尺检查
4	门窗框（含拼樘料）的水平度	≥2000mm <2000mm	≤1.5 ≤2	用水平靠尺检查
5	门窗横框标高		≤5	用钢板尺检查
6	门窗竖向偏离中心		≤5	用线坠、钢板尺检查
7	双层门窗内外框、框（含拼樘料）中心距		≤4	用钢板尺检查

表 3.6.7-3　　塑料门窗安装质量的允许偏差

项次	项　目		允许偏差/mm	检验方法
1	门窗槽口对角线尺寸之差	≥2000mm <2000mm	≤3 ≤5	用 3m 钢卷尺检查
2	门窗框（含拼樘料）的垂直度	≥2000mm <2000mm	≤2 ≤3	用线坠、水平靠尺检查
3	门窗框（含拼樘料）的水平度	≥2000mm <2000mm	≤2 ≤3	用水平靠尺检查
4	门窗横框标高		≤5	用钢板尺检查
5	门窗竖向偏离中心		≤5	用线坠、钢板尺检查
6	双层门窗内外框、框（含拼樘料）中心距		≤4	用钢板尺检查

第四章　玻　璃　工　程

第一节　一　般　规　定

第 4.1.1 条　本章适用于平板、吸热、热反射、中空、夹层、夹丝、磨砂、钢化、压花、彩色玻璃和玻璃砖等的安装及验收。

第 4.1.2 条　采光天棚玻璃，如设计无要求时，宜采用夹层玻璃、钢化玻璃、夹丝玻璃，以及由其组合而成的中空玻璃。

第 4.1.3 条　玻璃工程应在框、扇校正和五金件安装完毕后，以及框、扇最后一遍涂料前进行。

第 4.1.4 条　冬期施工，从寒冷处运到暖和处的玻璃和镶嵌用的合成橡胶等型材应待其缓暖后方可进行裁割和安装。

预装门窗玻璃，宜在采暖房间内进行。

外墙铝合金、塑料框、扇玻璃不宜在冬期安装。

第 4.1.5 条　玻璃的运输和存放应符合下列规定。

(1) 玻璃的运输和存放应符合现行《普通平板玻璃》(GB 11614—2009) 的有关规定。

(2) 玻璃不应搁置和倚靠在可能损伤玻璃边缘和玻璃面的物体上。

(3) 应防止玻璃被风吹倒。

第 4.1.6 条 当用人力搬运玻璃时应符合下列规定。

(1) 应避免玻璃在搬运过程中破损。

(2) 搬运大面积玻璃时应注意风向，以确保安全。

第 4.1.7 条 玻璃宜集中裁割，边缘不得有缺口和斜曲。钢木框、扇玻璃按设计尺寸或实测尺寸，长宽各应缩小一个裁口宽度的 1/4 裁割。

铝合金及塑料框、扇玻璃的裁割尺寸应符合现行国家标准对玻璃与玻璃槽之间配合尺寸的规定，并满足设计和安装的要求。

第 4.1.8 条 玻璃安装时的朝向应符合设计要求。

第 4.1.9 条 当焊接、切割、喷砂等作业可能损伤玻璃时，应采取措施予以保护。

严禁焊接等火花溅到玻璃上。

第 4.1.10 条 玻璃安装后，应对玻璃与框、扇同时进行清洁工作。

严禁用酸性洗涤剂或含研磨粉的去污粉清洗热反射玻璃的镀膜面层。

第二节 材料质量要求

第 4.2.1 条 玻璃和玻璃砖的品种、规格和颜色应符合设计要求；质量应符合有关产品标准。

第 4.2.2 条 油灰应用熟桐油等天然干性油拌制，用其他油料拌制的油灰，必须经试验合格后，方可使用。

第 4.2.3 条 油灰应具有塑性，嵌抹时不断裂、不出麻面，在常温下，应在 20 昼夜内硬化。

用于钢门窗玻璃的油灰，应具有防锈性。

第 4.2.4 条 夹丝玻璃的裁割边缘上宜刷涂防锈涂料。

第 4.2.5 条 镶嵌条、定位垫块和隔片、填充材料、密封膏等的品种、规格、断面尺寸、颜色、物理及化学性质应符合设计要求。

上述材料配套使用时，其相互间的材料性质必须相容。

当安装中空玻璃或夹层玻璃时，上述材料和中空玻璃的密封膏或玻璃的夹层材料，在材料性质方面必须相容。

安装中空玻璃使用的橡胶定位垫块的硬度宜为邵氏硬度 80 度以上。

第三节 钢木框、扇玻璃及玻璃砖安装

第 4.3.1 条 安装玻璃前，应将裁口内的污垢清除干净，并沿裁口的全长均匀涂抹 1～3mm 厚的底油灰。

第 4.3.2 条 安装长边大于 1.5m 或短边大于 1m 的玻璃，应用橡胶垫并用压条和螺钉镶嵌固定。

第 4.3.3 条 安装木框、扇玻璃，应用钉子固定，钉距不得大于 300mm，且每边不

少于两个，并用油灰填实抹光；用木压条固定时，应先涂干性油，并不应将玻璃压得过紧。

第 4.3.4 条　安装钢框、扇玻璃，应用钢丝卡固定，间距不得大于 300mm，且每边不少于两个，并用油灰填实抹光；采用橡胶垫时，应先将橡胶垫嵌入裁口内，并用压条和螺钉固定。

第 4.3.5 条　工业厂房斜天窗玻璃，如设计无要求时，应采用夹丝玻璃。如采用平板玻璃，应在玻璃下面加设一层保护网。

斜天窗玻璃应顺流水方向盖叠安装，其盖叠长度：斜天窗坡度为 1/4 或大于 1/4，不小于 30mm；坡度小于 1/4，不小于 50mm。盖叠处应用钢丝卡固定，并在盖叠缝隙中用密封膏嵌塞密实。

第 4.3.6 条　拼装彩色玻璃、压花玻璃应按设计图案裁割，拼缝应吻合，不得错位、斜曲和松动。

第 4.3.7 条　安装玻璃砖应符合下列规定。

（1）墙、隔断和顶棚镶嵌玻璃砖的骨架，应与结构连接牢固。

（2）玻璃砖应排列均匀整齐，表面平整，嵌缝的油灰或密封膏应饱满密实。

第 4.3.8 条　楼梯间和阳台等的围护结构安装钢化玻璃时，应用卡紧螺丝或压条镶嵌固定。玻璃与围护结构的金属框格相接处，应衬橡胶垫或塑料垫。

第 4.3.9 条　安装磨砂玻璃和压花玻璃时，磨砂玻璃的磨砂面应向室内，压花玻璃的花纹宜向室外。

第 4.3.10 条　安装玻璃隔断时，隔断上框的顶面应留有适量缝隙，以防止结构变形，损坏玻璃。

第四节　铝合金、塑料框、扇玻璃安装

第 4.4.1 条　安装玻璃前，应清除槽口内的灰浆、杂物等，畅通排水孔。

第 4.4.2 条　使用密封膏前，接缝处的玻璃、金属和塑料的表面必须清洁、干燥。

第 4.4.3 条　安装中空玻璃及面积大于 $0.65m^2$ 的玻璃时，应符合下列规定。

（1）安装于竖框中的玻璃，应搁置在两块相同的定位垫块上，搁置点离玻璃垂直边缘的距离宜为玻璃宽度的 1/4，且不宜小于 150mm。

（2）安装于扇中的玻璃，应按开启方向确定其定位垫块的位置。定位垫块的宽度应大于所支撑的玻璃件的厚度，长度不宜小于 25mm，并应符合设计要求。

第 4.4.4 条　玻璃安装就位后，其边缘不得和框、扇及其连接件相接触，所留间隙应符合国家有关标准的规定。

第 4.4.5 条　玻璃安装时所使用的各种材料均不得影响泄水系统的通畅。

第 4.4.6 条　迎风面的玻璃镶入框内后，应立即用通长镶嵌条或垫片固定。

第 4.4.7 条　玻璃镶入框、扇内，填塞填充材料、镶嵌条时，应使玻璃周边受力均匀。

镶嵌条应和玻璃、玻璃槽口紧贴。

第 4.4.8 条　密封膏封贴缝口时，封贴的宽度和深度应符合设计要求，充填必须密实，外表应平整光洁。

第五节　工　程　验　收

第 4.5.1 条　检查数量按有代表性的自然间抽查 10%，过道按 10 延长米，礼堂厂房等大间按两轴线为 1 间，但不少于 3 间。

第 4.5.2 条　验收时应检查玻璃品种、规格、色彩、朝向及安装质量等是否符合设计和本规范规定的要求。

第 4.5.3 条　玻璃工程质量应符合下列规定。

(1) 安装好的玻璃应平整、牢固，不得有松动现象。

(2) 油灰与玻璃及裁口应粘贴牢固，四角成八字形，表面不得有裂缝、麻面和皱皮。

(3) 油灰与玻璃及裁口接触的边缘应齐平，钉子、钢丝卡不得露出油灰表面。

(4) 木压条接触玻璃处，应与裁口边缘齐平。木压条应互相紧密连接，并与裁口紧贴。

(5) 密封条与玻璃、玻璃槽口的接触应紧密、平整，并不得露在玻璃槽口外面，用橡胶垫镶嵌玻璃，橡胶垫应与裁口、玻璃及压条紧贴，并不得露在压条外面；密封膏与玻璃、玻璃槽口的边缘应粘结牢固，接缝齐平。

(6) 墙、隔断及顶棚安装的玻璃砖，不得移位、翘曲和松动，其接缝应均匀、平直、密实。

(7) 拼接彩色玻璃、压花玻璃的接缝应吻合，颜色、图案应符合设计要求。

第 4.5.4 条　竣工后的玻璃工程，表面应洁净，不得留有油灰、浆水、密封膏、涂料等斑污。

第五章　吊　顶　工　程

第一节　一　般　规　定

第 5.1.1 条　本章适用于以轻钢龙骨、铝合金龙骨、木龙骨为骨架，以各类石膏板、矿棉装饰吸声板、胶合板、纤维板、钙塑装饰板、塑料板、纤维水泥加压板、金属装饰板等为罩面板的吊顶工程的安装及验收。

第 5.1.2 条　吊顶工程所用材料的品种、规格、颜色以及基层构造、固定方法应符合设计要求。

第 5.1.3 条　吊顶龙骨在运输安装时，不得扔摔、碰撞。龙骨应平放，防止变形：罩面板在运输和安装时，应轻拿轻放，不得损坏板材的表面和边角。运输时应采取相应措施，防止受潮变形。

第 5.1.4 条　吊顶龙骨宜存放在地面平整的室内，并应采取措施，防止龙骨变形、生锈。

罩面板应按品种、规格分类存放于地面平整、干燥、通风处，并根据不同罩面板的性质，分别采取措施，防止受潮变形。

第 5.1.5 条　罩面板安装前的准备工作应符合下列规定。

（1）在现浇板或预制板缝中，按设计要求设置预埋件或吊杆。

（2）吊顶内的通风、水电管道及上人吊顶内的人行或安装通道，应安装完毕。消防管道安装并试压完毕。

（3）吊顶内的灯槽、斜撑、剪刀撑等，应根据工程情况适当布置。轻型灯具应吊在主龙骨或附加龙骨上，重型灯具或电扇不得与吊顶龙骨连接，应另设吊钩。

（4）罩面板应按规格、颜色等进行分类选配。

第5.1.6条　罩面板安装前，应根据构造需要分块弹线。带装饰图案罩面板的布置应符合设计要求。若设计无要求，宜由顶棚中间向两边对称排列安装。地面与顶棚的接缝应交圈一致。

第5.1.7条　罩面板与墙面、窗帘盒、灯具等交接处应严密，不得有漏缝现象。

第5.1.8条　搁置式的轻质罩面板，应按设计要求设置压卡装置。

第5.1.9条　罩面板不得有悬臂现象，应增设附加龙骨固定。

第5.1.10条　施工用的临时马道应架设或吊挂在结构受力构件上，严禁以吊顶龙骨作为支撑点。

第5.1.11条　吊顶施工过程中，土建与电气设备等安装作业应密切配合，特别是预留孔洞、吊灯等处的补强应符合设计要求，以保证安全。

第5.1.12条　罩面板安装后，应采取保护措施，防止损坏。

第二节　材料质量要求

第5.2.1条　各类罩面板不应有气泡、起皮、裂纹、缺角、污垢和图案不完整等缺陷，表面应平整，边缘应整齐，色泽应一致。穿孔板的孔距应排列整齐，暗装的吸声材料应有防散落措施。胶合板、木质纤维板不应脱胶、变色和腐朽；各类罩面板的质量均应符合现行国家标准、行业标准的规定。

第5.2.2条　吊顶工程所用的木龙骨、轻钢龙骨、铝合金龙骨及其配件应符合有关现行国家标准。

第5.2.3条　安装罩面板的紧固件，宜采用镀锌制品，预埋的木砖应作防腐处理。

第5.2.4条　胶粘剂的类型应按所用罩面板的品种配套选用，现场配制的胶粘剂，其配合比应由试验确定。

第三节　龙骨安装

第5.3.1条　安装吊顶龙骨的基体质量，应符合有关现行国家标准的规定。

第5.3.2条　根据吊顶的设计标高在四周墙上弹线。弹线应清楚，位置准确，其水平允许偏差±5mm。

第5.3.3条　主龙骨吊点间距，应按设计推荐系列选择，中间部分应起拱，金属龙骨起拱高度应不小于房间短向跨度的1/200，主龙骨安装后应及时校正其位置和标高。

第5.3.4条　吊杆距主龙骨端部距离不得超过300mm，否则应增设吊杆，以免主龙骨下坠。

当吊杆与设备相遇时，应调整吊点构造或增设吊杆，以保证吊顶质量。

第 5.3.5 条 吊杆应通直并有足够的承载能力。当预埋的吊杆需接长时，必须搭接焊牢，焊缝均匀饱满。

第 5.3.6 条 次龙骨（中或小龙骨，下同）应紧贴主龙骨安装。当用自攻螺钉安装板材时，板材的接缝处，必须安装在宽度不小于 40mm 的次龙骨上。

第 5.3.7 条 根据板材布置的需要，应事先准备尺寸合格的横撑龙骨，用连接件将其两端连接在通长次龙骨上。明龙骨系列的横撑龙骨与通长次龙骨的间隙不得大于 1mm。

第 5.3.8 条 边龙骨应按设计要求弹线，固定在四周墙上。

第 5.3.9 条 全面校正主、次龙骨的位置及水平度。连接件应错位安装。明龙骨应目测无明显弯曲。通长次龙骨连接处的对接错位偏差不得超过 2mm。

校正后应将龙骨的所有吊挂件、连接件拧夹紧。

第 5.3.10 条 检查安装好吊顶骨架，应牢固可靠。

第 5.3.11 条 吊顶木龙骨的安装，应按现行《木结构工程施工及验收规范》的有关规定执行。

注：按国家标准《建筑用轻钢龙骨》（GB 11981—89）规定，主龙骨称为承载龙骨，次龙骨称为覆面龙骨。

第四节 石膏板安装

第 5.4.1 条 石膏板的安装（包括各种石膏平板、穿孔石膏板以及半穿孔吸声石膏板等），应符合下列规定。

（1）钉固法安装，螺钉与板边距离应不小于 15mm，螺钉间距以 150～170mm 为宜，均匀布置，并与板面垂直。钉头嵌入石膏板深度以 0.5～1mm 为宜，钉帽应涂刷防锈涂料，并用石膏腻子抹平。

（2）粘结法安装，胶粘剂应涂抹均匀，不得漏涂，粘实粘牢。

第 5.4.2 条 深浮雕嵌装式装饰石膏板的安装，应符合下列规定。

（1）板材与龙骨应系列配套。

（2）板材安装应确保企口的相互咬接及图案花纹的吻合。

（3）板与龙骨嵌装时，应防止相互挤压过紧或脱挂。

第 5.4.3 条 纸面石膏板的安装，应符合下列规定。

（1）板材应在自由状态下进行固定，防止出现弯棱、凸鼓现象。

（2）纸面石膏板的长边（即包封边）应沿纵向次龙骨铺设。

（3）自攻螺钉与纸面石膏板边距离：面纸包封的板边以 10～15mm 为宜，切割的板边以 15～20mm 为宜。

（4）固定石膏板的次龙骨间距一般不应大于 600mm，在南方潮湿地区，间距应适当减小，以 300mm 为宜。

（5）钉距以 150～170mm 为宜，螺钉应与板面垂直。弯曲、变形的螺钉应剔除，并在相隔 50mm 的部位另安螺钉。

（6）安装双层石膏板时，面层板与基层板的接缝应错开，不得在同一根龙骨上接缝。

（7）石膏板的接缝，应按设计要左进行板缝处理。

（8）纸面石膏板与龙骨固定，应从一块板的中间向板的四边固定，不得多点同时作业。

（9）螺钉头宜略埋入板面，并不使纸面破损。钉眼应作除锈处理并用石膏腻子抹平；

（10）拌制石膏腻子，必须用清洁水和清洁容器。

第五节　其他罩面板安装

第 5.5.1 条　矿棉装饰吸声板安装，应符合下列规定。

（1）房间内湿度大时不宜安装。

（2）安装时，吸声板上不得放置其他材料，防止板材受压变形。

（3）安装时，应使吸声板背面的箭头方向和白线方向一致，以保证花样、图案的整体性。

（4）采用复合粘贴法安装，胶粘剂未完全固化前，板材不得有强烈震动，并应保持房间内的通风。

（5）采用搁置法安装，应留有板材安装缝，每边缝隙不宜大于 1mm。

第 5.5.2 条　胶合板、纤维板安装，应符合下列规定。

（1）胶合板可用钉子固定，钉距为 80～120mm，钉长为 25～35mm，钉帽应打扁，并进入板面 0.5～1.0mm，钉眼用油性腻子抹平。

（2）纤维板可用钉子固定，钉距为 80～120mm，钉长为 20～30mm，钉帽进入板面 0.5mm，钉眼用油性腻子抹平。硬质纤维板应用水浸透，自然阴干后安装。

（3）胶合板、纤维板用木条固定时，钉距不应大于 200mm，钉帽应打扁，并进入木压条 0.5～1.0mm，钉眼用油性腻子抹平。

（4）胶合板面如涂刷清漆时，相邻板面的木纹和颜色应近似。

（5）带纸面的穿孔装饰板用螺钉固定时，钉距不宜大于 120mm，钉帽应与板面齐平，排列整齐，并用与板面相同颜色的涂料涂饰。

第 5.5.3 条　钙塑装饰板的安装，应符合下列规定。

（1）钙塑装饰板用胶粘剂粘贴时，涂胶应均匀；粘贴后，应采取临时固定措施，并及时擦去挤出的胶液；用钉固定时，钉距不宜大于 150mm，钉帽应与板面齐平，排列整齐，并用与板面颜色相同的涂料涂饰。

（2）钙塑装饰板的交角处，用塑料装饰小花固定时，应使用木螺钉，并在小花之间沿板边按等距离加钉固定；用压条固定时，压条应平直，接口严密，不得翘曲。

第 5.5.4 条　塑料板安装，应符合下列规定。

（1）粘贴板材的水泥砂浆基层，必须坚硬平整、洁净，含水率不得大于 8%。基层表面如有麻面，宜采用乳胶腻子修平整，再用乳胶水溶液涂刷一遍，以增加粘结力。

（2）塑料板粘贴前，基层表面应按分块尺寸弹线预排。粘贴时，每次涂刷胶粘剂的面积不宜过大，厚度应均匀，粘贴后，应采取临时固定措施，并及时擦去挤出的胶液。

（3）安装塑料贴面复合板时，应先钻孔，后用木螺钉和垫圈或金属压条固定；用木螺钉时，钉距一般为 400～500mm，钉帽应排列整齐。用金属压条时，先用钉将塑料贴面复合板临时固定，然后加盖金属压条，压条应平直、接口严密。

第5.5.5条 纤维水泥加压板安装，应符合下列规定。

(1) 龙骨间距、螺钉与板边距离及螺钉间距等应满足设计要求和有关产品的要求。

(2) 纤维水泥加压板与龙骨固定时，所用手电钻钻头直径应比选用螺钉直径小0.5～1.0mm，固定后，钉帽作防锈处理，并用油性腻子嵌平。

(3) 用密封膏、石膏腻子或掺聚乙烯醇缩甲醛（107）胶的水泥砂浆嵌涂板缝并刮平，硬化后用砂纸磨光，板缝宽度应小于5mm。

(4) 板材的开孔和切割，应按产品的有关要求进行。

第5.5.6条 金属装饰板的安装（包括各种金属条板、金属方板和金属格栅）应符合下列规定。

(1) 条板式吊顶龙骨一般可直接吊挂，也可增加主龙骨，主龙骨间距不大于1.2m，条板式吊顶龙骨形式应与条板配套；方板吊顶次龙骨分明装T型和暗装卡口两种，根据金属方板式样选定次龙骨，次龙骨与主龙骨间用固定件连接；金属格栅的龙骨可明装也可暗装，龙骨间距由格栅做法确定。

(2) 金属板吊顶与四周墙面所留空隙，用露明的金属压缝条或补边吊顶找齐，金属压缝条材质应与金属面板相同。

第六节 工 程 验 收

第5.6.1条 检查数量按有代表性的自然间抽查10%，过道按10延长米，礼堂、厂房等大间按两轴线为1间，但不少于3间。

第5.6.2条 检查吊顶工程所用材料的品种、规格、颜色以及基层构造、固定方法等是否符合设计要求。

第5.6.3条 罩面板与龙骨应连接紧密，表面应平整，不得有污染、折裂、缺棱掉角、锤伤等缺陷，接缝应均匀一致，粘贴的罩面板不得有脱层，胶合板不得有刨透之处。

第5.6.4条 搁置的罩面板不得有漏、透、翘角现象。

第5.6.5条 吊顶罩面板工程质量的允许偏差，应符合表5.6.5的规定。

表5.6.5 吊顶罩面板工程质量允许偏差

项次	项目	允许偏差/mm											检验方法
		石膏板			无机纤维板		木质板		塑料板				
		石膏装饰板	深装浮饰雕石嵌膏式板	纸面石膏板	矿棉装饰吸声板	超细玻璃棉板	胶合板	纤维板	钙塑装饰板	聚氯乙烯塑料板	纤维水泥加压板	金属装饰板	
1	表面平整	3			2		2	3	3	2		2	用2m靠尺和楔形塞尺检查观感平整
2	接缝平直	3	3		3		3		4	3		<1.5	拉5m线检查，不足5m拉通线检查
3	压条平直	3			3		3		3		3	3	
4	接缝高低	1			1		0.5		1		1	1	用直尺和楔形塞尺检查
5	压条间距	2			2		2		2		2	2	用尺检查

第六章　隔　断　工　程

第一节　一　般　规　定

第 6.1.1 条　本章适用于以木龙骨、轻钢龙骨为骨架，以纸面石膏板（以下简称石膏板）、胶合板、纤维板等为罩面板的隔断及石膏增强空心条板（以下简称石膏条板）隔断工程的施工及验收。

第 6.1.2 条　隔断工程所用材料的品种、规格、颜色以及隔断的构造、固定方法，应符合设计要求。

第 6.1.3 条　隔断龙骨在运输和安装时，不得扔摔、碰撞。龙骨应平放，防止变形；罩面板及石膏条板在运输和安装时，应轻拿轻放，不得损坏板材的表面和边角，运输时应采取措施，防止受潮变形。

第 6.1.4 条　隔断龙骨宜存放在地面平整的室内，并应采取措施，防止龙骨变形、生锈；石膏板应按品种、规格分类存放于地面平整、干燥、通风处，并根据不同罩面板的性质分别采取措施，防止受潮变形；石膏条板堆放场地应平整、清洁、干燥，并应采取措施，防止石膏条板浸水损坏，受潮变形。

第 6.1.5 条　民用电器等的底座，应装嵌牢固，其表面应与罩面的底面齐平。

第 6.1.6 条　门窗框或筒子板与隔断相接处应符合设计要求。

第 6.1.7 条　隔断的下端如用木踢脚板覆盖，罩面板应离地面 20～30mm；用大理石，水磨石踢脚板时，罩面板下端应与踢脚板上口齐平，接缝严密。

第 6.1.8 条　罩面板安装前，应按其品种、规格、颜色等进行分类选配；安装后，应采取保护措施，防止损坏。

第二节　材 料 质 量 要 求

第 6.2.1 条　罩面板应表面平整、边缘整齐，不应有污垢、裂纹、缺角、翘曲、起皮、色差和图案不完整等缺陷。胶合板、木质纤维板不应脱胶、变色和腐朽。各类罩面板的质量均应符合现行国家标准、行业标准的规定。

第 6.2.2 条　隔断工程所用木龙骨、轻钢龙骨及其配件应符合有关的现行国家和行业标准。

第 6.2.3 条　石膏条板的质量应符合设计要求及产品质量的有关规定。

第 6.2.4 条　安装罩面板宜使用镀锌的螺钉、钉子。接触砖石、混凝土的木龙骨和预埋的木砖应作防腐处理。

第 6.2.5 条　胶粘剂应按罩面板的品种选用，现场配制胶粘剂，其配合比应由试验确定。

第三节　龙 骨 安 装

第 6.3.1 条　安装隔断龙骨的基体质量，应符合现行国家标准的规定。

第 6.3.2 条 在隔断与上、下及两边基体的相接处，应按龙骨的宽度弹线。弹线清楚，位置准确。

第 6.3.3 条 沿弹线位置固定沿顶、沿地龙骨，各自交接后的龙骨，应保持平直。

第 6.3.4 条 沿弹线位置固定边框龙骨，龙骨的边线应与弹线重合。龙骨的端部应固定，固定点间距应不大于 1m，固定应牢固。

边框龙骨与基体之间，应按设计要求安装密封条。

第 6.3.5 条 选用支撑卡系列龙骨时，应先将支撑卡安装在竖向龙骨的开口上，卡距为 400～600mm，距龙骨两端的距离为 20～25mm。

第 6.3.6 条 安装竖向龙骨应垂直，龙骨间距应按设计要求布置。

第 6.3.7 条 选用通贯系列龙骨时，低于 3m 的隔断安装一道；3～5mm 隔断安装两道；5m 以上安装三道。

第 6.3.8 条 罩面板横向接缝处，如不在沿顶沿地龙骨上，应加横撑龙骨固定板缝。

第 6.3.9 条 门窗或特殊节点处，使用附加龙骨，安装应符合设计要求。

第 6.3.10 条 对于特殊结构的隔断龙骨安装（如曲面、斜面隔断等）应符合设计要求。

第 6.3.11 条 安装罩面板前，应检查隔断骨架的牢固程度，如有不牢固处应进行加固。骨架的允许偏差，应符合表 6.3.11 的规定。

表 6.3.11 隔断骨架允许偏差

项次	项目	允许偏差/mm	检验方法
1	立面垂直	3	用 2m 托线板检查
2	表面平整	2	用 2m 直尺和楔形塞尺检查

第 6.3.12 条 隔断木龙骨的安装，应按现行《木结构工程施工及验收规范》的有关规定执行。

第四节 罩面板安装

第 6.4.1 条 石膏板安装应符合下列规定。

(1) 安装石膏板前，应对预埋隔断中的管道和有关附墙设备采取局部加强措施。

(2) 石膏板宜竖向铺设，长边（即包封边）接缝宜落在竖龙骨上。但隔断为防火墙时，石膏板应竖向铺设；曲面墙所用石膏板宜横向铺设。

(3) 龙骨两侧的石膏板及龙骨一侧的内外两层石膏板应错缝排列，接缝不得落在同一根龙骨上。

(4) 石膏板用自攻螺钉固定。沿石膏板周边螺钉间距不应大于 200mm，中间部分螺钉间距不应大于 300mm，螺钉与板边缘的距离应为 10～16mm。

(5) 安装石膏板时，应从板的中部向板的四边固定。钉头略埋入板内，但不得损坏纸面。钉眼应用石膏腻子抹平。

（6）石膏板宜使用整板。如需对接时，应靠紧，但不得强压就位。

（7）石膏板的接缝，应按设计要求进行板缝处理。

（8）隔断端部的石膏板与周围的墙或柱应留有3mm的槽口。施工时，先在槽口处加注嵌缝膏，然后铺板，挤压嵌缝膏使其和邻近墙柱面紧紧接触。

（9）石膏板隔断以丁字或十字形相接时，阴角处应用腻子嵌满，贴上接缝带；阳角处应做护角。

（10）安装防火墙石膏板时，石膏板不得固定在沿顶、沿地龙骨上，应另设横撑龙骨加以固定。

第6.4.2条　胶合板和纤维板安装，应符合下列规定。

（1）安装胶合板的基体表面，用油毡、油纸防潮时，应铺设平整，搭接严密，不得有皱折、裂缝和透孔等。

（2）胶合板如用钉子固定，钉距为80～150mm，钉帽打扁并进入板面0.5～1mm，钉眼用油性腻子抹平。

（3）胶合板面如涂刷清漆时，相邻板面的木纹和颜色应近似。

（4）纤维板如用钉子固定，钉距为80～120mm，钉长为20～30mm，钉帽宜进入板面0.5mm，钉眼用油性腻子抹平。硬质纤维板应用水浸透，自然阴干后安装。

（5）墙面用胶合板、纤维板装饰，在阳角处宜做护角。

（6）胶合板、纤维板用木压条固定时，钉距不应大于200mm，钉帽应打扁，并进入木压条0.5～1mm，钉眼用油性腻子抹平。

第五节　石膏条板安装

第6.5.1条　石膏条板安装前，应进行合理选配，将厚度误差大或因受潮变形的石膏条板挑出，以保证隔断（墙）的质量。

第6.5.2条　墙位放线应弹线清楚、位置准确。隔墙下端光滑的楼（地）面表面应先凿毛，在填细石混凝土前应把杂物清扫干净。

第6.5.3条　安装石膏条板时，宜使用简易支架。

第6.5.4条　使用下楔法立板时，应使板垂直向上挤压严实。

第六节　工程验收

第6.6.1条　检查数量按有代表性的自然间抽查10%，过道按10延长米，礼堂、厂房等大间按两轴线为1间，但不少于3间。

第6.6.2条　检查隔断工程所用材料的品种、规格、式样以及隔断的构造、固定方法等是否符合设计要求。

第6.6.3条　隔断工程的质量，应符合下列规定。

（1）隔断骨架与基体结构的连接应牢固，无松动现象。

（2）粘贴和用钉子或螺钉固定罩面板，表面应平整，粘贴的罩面板不得脱层。

（3）石膏板、胶合板、纤维板表面不得有污染、折裂、缺棱、掉角、锤伤等缺陷。

（4）石膏板铺设方向应正确，安装牢固，接缝密实、光滑、表面平整。

(5) 胶合板不得有刨透处。

(6) 石膏条板板与板之间及板与主体结构之间应粘结密实、牢固，接缝平整。

(7) 粘贴的踢脚板不得有大面积空鼓。

第 6.6.4 条 隔断罩面板工程质量的允许偏差，应符合表 6.6.4 的规定。

表 6.6.4 **隔断罩面板工程质量允许偏差**

项次	项目	允许偏差/mm				检验方法
		石膏板	胶合板	纤维板	石膏条板	
1	表面平整	3	2	3	4	用 2m 直尺和楔形塞尺检查
2	立面垂直	3	3	4	5	用 2m 托线板检查
3	接缝平直		3	3		拉 5m 线检查，不足 5m 拉通线检查
4	压条平直		3	3		
5	接缝高低	0.5	0.5	1		用直尺和楔形塞尺检查
6	压条间距		2	2		用尺检查

第七章 饰面板（砖）工程

第一节 一般规定

第 7.1.1 条 本章适用于天然石饰面板、人造石饰面板和饰面砖镶贴的室内外饰面工程以及装饰混凝土板、金属饰面板饰面工程的施工及验收。

第 7.1.2 条 饰面工程的材料品种、规格、图案、固定方法和砂浆种类，应符合设计要求。

第 7.1.3 条 镶贴、安装饰面的基体，应具有足够的强度、稳定性和刚度，其表面质量应符合现行《砖石工程施工及验收规范》、《混凝土结构工程施工及验收规范》、《木结构工程施工及验收规范》以及本规范的有关规定。

第 7.1.4 条 饰面板应镶贴在粗糙的基体或基层上；用胶粘剂粘贴的饰面薄板基层应平整；饰面砖应镶贴在平整粗糙的基层上。光滑的基体或基层表面，镶贴前应处理。残留的砂浆、尘土和油渍等应清除干净。

第 7.1.5 条 饰面板、饰面砖应镶贴平整，接缝宽度应符合设计要求，并填嵌密实，以防渗水。

第 7.1.6 条 金属饰面板应安装牢固，且板的压茬尺寸及方向应符合设计要求。

第 7.1.7 条 镶贴室外突出的檐口、腰线、窗口、雨篷等饰面，必须有流水坡度和滴水线（槽）。

第 7.1.8 条 装配式墙板上镶贴饰面砖，宜在预制阶段完成。在运输、堆放、安装时应注意保护，防止损坏面层。现场用水泥砂浆镶贴面砖时，应做到面层与基层粘结牢固无空鼓。

第 7.1.9 条　装配式挑檐、托座等的下部与墙或柱相接处，镶贴饰面板、饰面砖应留有适量的缝隙。

镶贴变形缝处的饰面板、饰面砖的留缝宽度，应符合设计要求。

第 7.1.10 条　夏期镶贴室外饰面板、饰面砖应防止曝晒。

第 7.1.11 条　冬期施工，砂浆的使用温度不得低于 5℃。砂浆硬化前，应采取防冻措施。

第 7.1.12 条　饰面工程镶贴后，应采取保护措施。

第二节　材料质量要求

第 7.2.1 条　饰面板、饰面砖应表面平整、边缘整齐；棱角不得损坏，并应具有产品合格证。

第 7.2.2 条　装饰面板用的铁制锚固件、连接件，应镀锌或经防锈处理。镜面和光面的大理石，花岗石饰面板，应用铜或不锈钢制的连接件。

第 7.2.3 条　天然大理石、花岗石饰面板，表面不得有隐伤、风化等缺陷。不宜采用易褪色的材料包装。

注：天然大理石、光面花岗石饰面板镶贴后，如有轻微损坏处，经有关单位同意，可用胶粘剂或腻子修补。

第 7.2.4 条　人造石饰面板，应表面平整，几何尺寸准确，面层石粒均匀、洁净、颜色一致。

第 7.2.5 条　外墙釉面砖、无釉面砖，表面应光洁，质地坚固，尺寸、色泽一致，不得有暗痕和裂纹，其性能指标均应符合现行国家标准的规定，吸水率不得大于 10%。

第 7.2.6 条　金属装饰板表面应平整、光滑，无裂缝和皱折，颜色一致，边角整齐，涂膜厚度均匀。龙骨的规格、尺寸以及保温材料的品种、堆集密度、导热性，均应符合设计要求。

第 7.2.7 条　陶瓷锦砖及玻璃锦砖应质地坚硬，边棱整齐，尺寸正确。锦砖脱纸时间不得大于 40min。

第 7.2.8 条　施工时所用胶结材料的品种、掺和比例应符合设计要求并具有产品合格证。

第 7.2.9 条　拌制砂浆应用不含有害物质的洁净水。

第三节　饰面板安装

第 7.3.1 条　墙面和柱面安装饰面板，应先抄平，分块弹线，并按弹线尺寸及花纹图案预拼和编号。

第 7.3.2 条　系固饰面板用的钢筋网，应与锚固件连接牢固。锚固件宜在结构施工时埋设。

固定饰面板的连接件，其直径或厚度大于饰面板的接缝宽度时，应凿槽埋置。预留孔洞，不得大于设计孔径 2mm。

第 7.3.3 条　饰面板安装前，应按厂牌、品种、规格和颜色进行分类选配，并将其侧面和背面清扫干净，修边打眼，每块板的上、下边打眼数量均不得少于两个。并用防锈金属丝穿入孔内，以作系固之用。

第7.3.4条 饰面板的接缝宽度如设计无要求时，应符合表7.3.4的规定。

表7.3.4 **饰面板的接缝宽度**

项次	名称		接缝宽度/mm
1	天然石	光面、镜面	1
2		粗糙面、麻面、条纹面	5
3		天然面	10
1	人造石	水磨石	2
2		水刷石	10
3		大理石、花岗岩	1

第7.3.5条 饰面板安装，应找正吊直后采取临时固定措施，以防灌注砂浆时板位移动。

第7.3.6条 饰面板安装，接缝宽度可垫木楔调整。并应确保外表面的平整、垂直及板的上沿平顺。灌注砂浆时，应先在竖缝内填塞15～20mm深的麻丝或泡沫塑料条以防漏浆，待砂浆硬化后，将填缝材料清除。

注：光面、镜面和水磨石饰面板的竖缝，可用石膏灰临时封闭，并在缝内填塞泡沫塑料条，待灌注砂浆硬化后去掉石膏灰和泡沫塑料条，清洗板面。

第7.3.7条 灌注砂浆前，应浇水将饰面板背面和基体表面润湿，再分层灌注1：2.5水泥砂浆，每层灌注高度为150～200mm，且不得大于板高的1/3，插捣密实，待其初凝后，应检查板面位置，如移动错位应拆除重新安装；若无移动，方可灌注上层砂浆，施工缝应留在饰面板水平接缝以下50～100mm处。

第7.3.8条 突出墙面勒脚的饰面板安装，应待上层的饰面工程完工后进行。

第7.3.9条 楼梯栏杆、栏板及墙裙的饰面板安装，应在楼梯踏步地（楼）面层完工后进行。

第7.3.10条 天然石饰面板的接缝，应符合下列规定。

（1）室内安装光面和镜面的饰面板，接缝应干接，接缝处宜用与饰面板相同颜色的水泥浆填抹。

（2）室外安装光面和镜面的饰面板，接缝可干接或在水平缝中垫硬塑料板条，垫塑料板条时，应将压出部分保留，待砂浆硬化后，将塑料板条剔出，用水泥细砂浆勾缝。干接缝应用与饰面板相同颜色水泥浆填平。

（3）粗磨面、麻面、条纹面、天然面饰面板的接缝在勾缝应用水泥砂浆。勾缝深度应符合设计要求。

第7.3.11条 人造石饰面板的接缝宽度、深度应符合设计要求，接缝宜用与饰面板相同颜色的水泥浆或水泥砂浆抹勾严实。

第7.3.12条 碎拼大理石饰面施工前，应进行试拼，宜先拼图案，后拼其他部位。拼缝应协调，不得有通缝，缝宽为5～20mm。

第 7.3.13 条 花岗石薄板或厚度为 10～12mm 的镜面大理石，宜采用挂钩或胶粘法施工。

第 7.3.14 条 饰面板完工后，表面应清洗干净。光面和镜面的饰面板经清洗晾干后，方可打蜡擦亮。

第 7.3.15 条 冬期饰面工程宜采用暖棚法施工。无条件搭设暖棚时，亦可采用冷作法施工。但应根据室外气温，在灌注砂浆或豆石混凝土内掺入无氧盐抗冻剂，其掺量应根据试验确定，严禁砂浆及混凝土在硬化前受冻。

第 7.3.16 条 冬期施工，在采取措施的情况下，每块板的灌浆次数可改为二次，缩短灌注时间，及时裹挂保温层，保温养护 7～9d。

第四节 饰面砖镶贴

第 7.4.1 条 饰面砖应镶贴在湿润、干净的基层上，并应根据不同的基体，进行如下处理。

(1) 纸面石膏板基体：将板缝用嵌缝腻子。嵌填密实，并在其上粘贴玻璃丝网格布（或穿孔纸带）使之形成整体。

(2) 砖墙基体：将基体用水湿透后，用 1：3 水泥砂浆打底，木抹子搓平，隔天浇水养护。

(3) 混凝土基体（可酌情选用下述三种方法中的一种）。

1) 将混凝土表面凿毛后用水湿润，刷一道聚合物水泥浆，抹 1：3 水泥砂浆打底，木抹子搓平，隔天浇水养护。

2) 将 1：1 水泥细砂浆（内掺 20%107 胶）喷或甩到混凝土基体上，作“毛化处理”，待其凝固后，用 1：3 水泥砂浆打底，木抹子搓平，隔天浇水养护。

3) 用界面处理剂处理基体表面，待表干后，用 1：3 水泥砂浆打底，木抹子搓平，隔天浇水养护。

(4) 加气混凝土基体（可酌情选用下述两种方法中的一种）。

1) 用水湿润加气混凝土表面，修补缺棱掉角处。修补前，先刷一道聚合物水泥浆，然后用 1：3：9 混合砂浆分层补平，隔天刷聚合物水泥浆并抹 1：1：6 混合砂浆打底，木抹子搓平，隔天浇水养护。

2) 用水湿润加气混凝土表面，在缺棱掉角处刷聚合物水泥浆一道，用 1：3：9 混合砂浆分层补平，待干燥后，钉金属网一层并绷紧。在金属网上分层抹 1：1：6 混合砂浆打底，砂浆与金属网应结合牢固，最后用木抹子轻轻搓平，隔天浇水养护。

第 7.4.2 条 饰面砖镶贴前应先选砖预排，以使拼缝均匀。在同一墙面上的横竖排列，不宜有一行以上的非整砖。非整砖行应排在次要部位或阴角处。

第 7.4.3 条 饰面砖的镶贴形式和接缝宽度应符合设计要求。如设计无要求时可做样板，以决定镶贴形式和接缝宽度。

第 7.4.4 条 釉面砖和外墙面砖，镶贴前应将砖的背面清理干净，并浸水两小时以上，待表面晾干后方可使用。冬期施工宜在掺入 2%盐的温水中浸泡两小时，晾干后方可使用。

第 7.4.5 条 釉面砖和外墙面砖宜采用 1∶2 水泥砂浆镶贴，砂浆厚度为 6～10mm。镶贴用的水泥砂浆，可掺入不大于水泥重量 15%的石灰膏以改善砂浆的和易性。

第 7.4.6 条 釉面砖和外墙面砖也可采用胶粘剂或聚合物水泥浆镶贴；采用聚合物水泥浆时，其配合比由试验确定。

第 7.4.7 条 镶贴饰面砖基层表面，如遇有突出的管线、灯具、卫生设备的支承等，应用整砖套割吻合，不得用非整砖拼凑镶贴。

第 7.4.8 条 镶贴饰面砖前必须找准标高，垫好底尺，确定水平位置及垂直竖向标志，挂线镶贴，做到表面平整，不显接茬，接缝平直，宽度符合设计要求。

第 7.4.9 条 镶贴釉面砖和外墙面砖墙裙、浴盆、水池等上口和阴阳角处应使用配件砖。

第 7.4.10 条 釉面砖和外墙面砖的接缝，应符合下列规定。

(1) 室外接缝应用水泥浆或水泥砂浆勾缝。

(2) 室内接缝宜用与釉面砖相同颜色的石膏灰或水泥浆嵌缝。

注：潮湿的房间不得用石膏灰嵌缝。

第 7.4.11 条 镶贴陶瓷、玻璃锦砖尚应符合下列规定。

(1) 宜用水泥浆或聚合物水泥浆镶贴。

(2) 镶贴应自上而下进行，每段施工时应自下而上进行，整间或独立部位宜一次完成。一次不能完成者，可将茬口留在施工缝或阴角处。

(3) 镶贴时应位置准确，仔细拍实，使其表面平整，待稳固后，将纸面湿润、揭净。

(4) 接缝宽度的调整应在水泥浆初凝前进行，干后用与面层同颜色的水泥浆将缝嵌平。

第 7.4.12 条 嵌缝后，应及时将面层残存的水泥浆清洗干净，并做好成品保护。

第五节　装饰混凝土板

第 7.5.1 条 装饰混凝土板制作和安装的质量，除应符合现行《混凝土结构工程施工及验收规范》和《装配式大板居住建筑结构设计和施工规程》外，尚应符合下列规定。

(1) 正打印花、压花外墙板、阳台栏板面层涂抹必须平整，边棱整齐，表面不显接茬。

(2) 反打外墙板、阳台栏板的花纹、线条应与墙板、阳台栏板一同浇筑成型，其质感应清晰，表面不得有酥皮、麻面和缺棱掉角等。

(3) 外墙板外立面突出的檐口、窗套和腰线，应留有流水坡度的滴水槽，槽的深浅、宽窄应一致。

第 7.5.2 条 正贴、反打带饰面砖的外墙板，饰面砖与墙体必须粘结牢固，不得有空鼓，饰面砖不得有开裂及缺棱掉角现象，板面平整垂直，接缝尺寸符合设计要求，接缝横平竖直，板面洁净。

第 7.5.3 条 正贴、反打锦砖外墙板，饰面层与墙体必须结合牢固，不得有脱层皱折现象，缝格平直，不显接茬，表面应清洗干净，不得有胶痕、污物，颜色均匀一致。

第六节　金属饰面板安装

第 7.6.1 条　金属饰面板的品种、质量、颜色、花型、线条应符合设计要求，并应有产品合格证。

第 7.6.2 条　墙体骨架如采用钢龙骨时，其规格、形状应符合设计要求，并应进行除锈、防锈处理。

第 7.6.3 条　墙体材料为纸面石膏板时，应按设计要求进行防水处理，安装时纵、横碰头缝应拉开 5～8mm。

第 7.6.4 条　金属饰面板安装，当设计无要求时，宜采用抽芯铝铆钉，中间必须垫橡胶垫圈。抽芯铝铆钉间距以控制在 100～150mm 为宜。

第 7.6.5 条　安装突出墙面的窗台、窗套凸线等部位的金属饰面时，裁板尺寸应准确，边角整齐光滑，搭接尺寸及方向应正确。

第 7.6.6 条　板材安装时严禁采用对接。搭接长度应符合设计要求，不得有透缝现象。

第 7.6.7 条　外饰面板安装时应挂线施工，做到表面平整、垂直，线条通顺清晰。

第 7.6.8 条　阴阳角宜采用预制角装饰板安装，角板与大面搭接方向应与主导风向一致，严禁逆向安装。

第 7.6.9 条　当外墙内侧骨架安装完后，应及时浇注混凝土导墙，其高度、厚度及混凝土强度等级应符合设计要求。若设计无要求时，可按踢脚作法处理。

第 7.6.10 条　保温材料的品种、堆集密度应符合设计要求，并应填塞饱满，不留空隙。

第七节　工　程　验　收

第 7.7.1 条　检查数量室外，以 4m 左右高为一检查层，每 20m 长抽查 1 处（每处 3 延长米），但不少于 3 处；室内，按有代表性的自然间抽查 10%，过道按 10 延长米，礼堂、厂房等大间按两轴线为 1 间，但不少于 3 间。

第 7.7.2 条　饰面板（砖）的品种、规格、颜色和图案必须符合设计要求。

第 7.7.3 条　饰面板（砖）安装（镶贴）必须牢固，无歪斜、缺棱掉角和裂缝等缺陷。

第 7.7.4 条　饰面板（砖）表面应平整、洁净，色泽协调，无变色、泛碱、污痕和显著的光泽受损处。

第 7.7.5 条　饰面板（砖）接缝应填嵌密实、平直、宽窄均匀、颜色一致。阴阳角处的板（砖）搭接方向正确，非整砖使用部位适宜。

第 7.7.6 条　突出物周围的板（砖）用整砖套割吻合、边缘整齐；墙裙、贴脸等突出墙面的厚度一致。

第 7.7.7 条　流水坡向正确，滴水线（槽）顺直。

第 7.7.8 条　饰面工程质量允许偏差应符合表 7.7.8 的规定。

表 7.7.8　　饰面工程质量允许偏差

项次	项目		允许偏差/mm											检验方法
			天然石			人造石			饰面砖			金属饰面板		
			光面镜面	粗糙面麻面条纹面	天然石	大理石	水磨石	水刷石	外墙面砖		面砖	陶瓷锦砖	铝合金板	压型钢板	
1	立面垂直	室内	2	3	—	2	2	4	2		2	2	2	2	用 2m 托线板检查
		室外	3	6	—	3	3	4	3		3	3	3	3	
2	表面平整		1	3	—	1	2	4	2		2	2	3	3	用 2m 靠尺和楔形塞尺检查
3	阳角方正		2	4	—	2	2	—	2		2	2	3	3	用 2m 方尺检查
4	接缝平直		2	4	5	2	3	4	3		2	2	0.5	1	拉 5m 线检查，不足 5m 拉通线检查
5	墙裙上口平直		2	3	3	2	2	3	2		2	2	2	3	
6	接缝高低		0.3	3	—	0.5	0.5	3	室内	0.5	0.5	0.5	1	1	用直尺和楔形塞尺检查
									室外	1	1	1			
7	接缝宽度		0.5	1	2	0.5	0.5	2	+0.5		+0.5	+0.5	—	—	用尺检查

第八章　涂　料　工　程

第一节　一　般　规　定

第 8.1.1 条　本章适用于室内外各种水性涂料、乳液型涂料、溶剂型涂料（包括油性涂料）、清漆以及美术涂饰等涂料工程的施工及验收。

注：刷涂大漆和硝基喷漆等，应按有关规定执行。

第 8.1.2 条　涂料工程的等级和产品的品种应符合设计要求和现行有关产品国家标准的规定。

第 8.1.3 条　涂料工程基体或基层的含水率：混凝土和抹灰表面施涂溶剂型涂料时，含水率不得大于 8%，施涂水性和乳液涂料时，含水率不得大于 10%；木料制品含水率不得大于 12%。

第 8.1.4 条　涂料干燥前，应防止雨淋、尘土玷污和热空气的侵袭。

第 8.1.5 条　涂料工程使用的腻子，应坚实牢固，不得粉化、起皮和裂纹。腻子干燥后，应打磨平整光滑，并清理干净。

外墙、厨房、浴室及厕所等需要使用涂料的部位和木地（楼）板表面需使用涂料时，应使用具有耐水性能的腻子。

第 8.1.6 条　涂料的工作黏度或稠度，必须加以控制，使其在涂料施涂时不流坠、不显刷纹。施涂过程中不得任意稀释。

第 8.1.7 条　双组分或多组分涂料在施涂前，应按产品说明规定的配合比，根据使用情况分批混合，并在规定的时间内用完。所有涂料在施涂前和施涂过程中，均应充分搅拌。

第 8.1.8 条　施涂溶剂型涂料时，后一遍涂料必须在前一遍涂料干燥后进行；施涂水性和乳液涂料时，后一遍涂料必须在前一遍涂料表干后进行。每一遍涂料应施涂均匀，各层必须结合牢固。

第 8.1.9 条　水性和乳液涂料施涂时的环境温度，应按产品说明书的温度控制。冬期室内施涂涂料时，应在采暖条件下进行，室温应保持均衡，不得突然变化。

第 8.1.10 条　建筑物中的细木制品、金属构件和制品，如为工厂制作组装，其涂料宜在生产制作阶段施涂，最后一遍涂料宜在安装后施涂；如为现场制作组装，组装前应先施涂一遍底子油（干性油、防锈涂料），安装后再施涂涂料。

第 8.1.11 条　采用机械喷涂涂料时，应将不喷涂的部位遮盖，以防玷污。

第 8.1.12 条　施涂工具使用完毕后，应及时清洗或浸泡在相应的溶剂中。

第二节　材 料 质 量 要 求

第 8.2.1 条　涂料工程所用的涂料和半成品（包括施涂现场配制的），均应有品名、种类、颜色、制作时间、贮存有效期、使用说明和产品合格证。

第 8.2.2 条　外墙涂料应使用具有耐碱和耐光性能的颜料。

第 8.2.3 条　涂料工程所用腻子的塑性和易涂性应满足施工要求，干燥后应坚固，并按基层、底涂料和面涂料的性能配套使用。

第三节　混凝土表面和抹灰表面施涂

第 8.3.1 条　本节适用于混凝土表面和抹灰表面施涂薄涂料、厚涂料和复层建筑涂料等涂料工程。

注：①薄涂料有水性薄涂料、合成树脂乳液薄涂料、溶剂型（包括油性）薄涂料、无机薄涂料等；

②厚涂料有合成树脂乳液厚涂料、合成树脂乳液砂壁状涂料、合成树脂乳液轻质厚涂料和无机厚涂料等；

③复层建筑涂料有水泥系复层涂料、合成树脂乳液系复层涂料、硅溶胶系复层涂料和反应固化型合成树脂乳液系复层涂料。

第 8.3.2 条　施涂前应将基体或基层的缺棱掉角处，用 1：3 的水泥砂浆（或聚合物水泥砂浆）修补；表面麻面及缝隙应用腻子填补齐平。基层表面上的灰尘、污垢、溅沫和砂浆流痕应清除干净。

第 8.3.3 条　外墙涂料工程分段进行时，应以分格缝、墙的阴角处或水落管等为分界线。

第 8.3.4 条　外墙涂料工程，同一墙面应用同一批号的涂料；每遍涂料不宜施涂过厚；涂层应均匀，颜色一致。

第 8.3.5 条　混凝土及抹灰内墙、顶棚表面薄涂料工程按质量要求分为普通、中级和高级三级，主要工序见表 8.3.5。

表 8.3.5　　混凝土及抹灰内墙、顶棚表面薄涂料工程的主要工序

项次	工序名称	水性薄涂料		乳液薄涂料			溶剂型薄涂料			无机薄涂料	
		普通	中级	普通	中级	高级	普通	中级	高级	普通	中级
1	清扫	√	√	√	√	√	√	√	√	√	√
2	填补缝隙、局部刮腻子	√	√	√	√	√	√	√	√	√	√
3	磨平	√	√	√	√	√	√	√	√	√	√
4	第一遍满刮腻子	√	√	√	√	√	√	√	√	√	√
5	磨平	√	√	√	√	√	√	√	√	√	√
6	第二遍满刮腻子		√		√	√		√	√		√
7	磨平		√		√	√		√	√		√
8	干性油打底						√	√	√		
9	第一遍涂料		√		√	√		√	√		√
10	复补腻子		√		√	√		√	√		√
11	磨平		√		√	√		√	√		√
12	第二遍涂料	√	√	√	√	√	√	√	√	√	√
13	磨平（光）					√		√	√		
14	第三遍涂料					√		√	√		
15	磨平（光）								√		
16	第四遍涂料								√		

注　1. 表中“√”号表示应进行的工序。

2. 机械喷涂可不受表中施涂遍数的限制，以达到质量要求为准。

3. 高级内墙、顶棚薄涂料工程，必要时可增加刮腻子的遍数及1～2遍涂料。

4. 石膏板内墙、顶棚表面薄涂料工程的主要工序除板缝处理外，其他工序同表8.3.5。

5. 湿度较高或局部遇明水的房间，应用耐水性的腻子和涂料。

第8.3.6条　混凝土及抹灰外墙表面薄涂料工程的主要工序见表8.3.6。

表 8.3.6　　混凝土及抹灰外墙表面薄涂料工程的主要工序

项次	工序名称	乳液薄涂料	溶剂型薄涂料	无机薄涂料
1	修补	√	√	√
2	清扫	√	√	√
3	填补缝隙、局部刮腻子	√	√	√
4	磨平	√	√	√
5	第一遍涂料	√	√	√
6	第二遍涂料	√	√	√

注　1. 表中“√”号表示应进行的工序。

2. 机械喷涂可不受表中涂料遍数的限制，以达到质量要求为准。

3. 如施涂二遍涂料后，装饰效果不理想时，可增加1～2遍涂料。

第 8.3.7 条　混凝土及抹灰室内顶棚表面轻质厚涂料工程按质量要求分为普通、中级和高级三级，主要工序见表 8.3.7。

表 8.3.7　　混凝土及抹灰室内顶棚表面轻质厚涂料工程的主要工序

项次	工序名称	珍珠岩粉厚涂料		聚苯乙烯泡沫塑料粒子厚涂料		蛭石厚涂料	
		普通	中级	普通	中级	普通	中级
1	清扫	√	√	√	√	√	√
2	填补缝隙、局部刮腻子	√	√	√	√	√	√
3	磨平	√	√	√	√	√	√
4	第一遍满刮腻子	√	√	√	√	√	√
5	磨平	√	√	√	√	√	√
6	第二遍满刮腻子		√	√	√	√	√
7	磨平		√	√	√	√	√
8	第一遍喷涂厚涂料	√	√	√	√	√	√
9	第二遍喷涂厚涂料				√		√
10	局部喷涂厚涂料		√	√	√	√	√

注　1. 表中"√"号表示应进行的工序。

2. 高级顶棚轻质厚涂料装饰，必要时增加一遍满喷厚涂料后，再进行局部喷涂厚涂料。

3. 合成树脂乳液轻质厚涂料有珍珠岩粉厚涂料、聚苯乙烯泡沫塑料粒子厚涂料和蛭石厚涂料等。

4. 石膏板室内顶棚表面轻质厚涂料工程的主要工序，除板缝处理外，其他工序同表 8.3.7。

第 8.3.8 条　混凝土及抹灰外墙表面厚涂料工程的主要工序见表 8.3.8。

表 8.3.8　　混凝土及抹灰外墙表面厚涂料工程的主要工序

项次	工序名称	合成树脂乳液厚涂料合成树脂乳液砂壁状涂料	无机厚涂料
1	修补	√	√
2	清扫	√	√
3	填补缝隙、局部刮腻子	√	√
4	磨平	√	√
5	第一遍厚涂料	√	√
6	第二遍厚涂料	√	√

注　1. 表中"√"号表示应进行的工序。

2. 机械喷涂可不受表中涂料遍数的限制，以达到质量要求为准。

3. 合成树脂乳液和无机厚涂料有云母状、砂粒状。

4. 砂壁状建筑涂料必须采用机械喷涂方法施涂，否则将影响装饰效果。砂粒状厚涂料宜采用喷涂方法施涂。

第 8.3.9 条　混凝土及抹灰内墙、顶棚表面复层建筑涂料工程的主要工序见表 8.3.9。

表 8.3.9　　混凝土及抹灰内墙、顶棚表面复层涂料工程的主要工序

项次	工序名称	合成树脂乳液复层涂料	硅溶胶类复层涂料	水泥系复层涂料	反应固化型复层涂料
1	清扫	√	√	√	√
2	填补缝隙、局部刮腻子	√	√	√	√
3	磨平	√	√	√	√
4	第一遍满刮腻子	√	√	√	√
5	磨平	√	√	√	√
6	第二遍满刮腻子		√	√	√
7	磨平		√	√	√
8	施涂封底涂料	√	√	√	√
9	施涂主层涂料	√	√	√	√
10	滚压	√	√	√	√
11	第一遍罩面涂料	√	√	√	√
12	第二遍罩面涂料	√	√	√	√

注　1. 表中“√”号表示应进行的工序。

2. 如需要半球面点状造型时，可不进行滚压工序。

3. 石膏板的室内内墙、顶棚表面复层涂料工程的主要工序，除板缝处理外，其他工序同表 8.3.9。

第 8.3.10 条　混凝土及抹灰外墙表面复层建筑涂料工程的主要工序见表 8.3.10。

表 8.3.10　　混凝土及抹灰外墙表面复层涂料工程的主要工序

项次	工序名称	合成树脂乳液复层涂料	硅溶胶类复层涂料	水泥系复层涂料	反应固化型复层涂料
1	清扫	√	√	√	√
2	填补缝隙、局部刮腻子	√	√	√	√
3	磨平	√	√	√	√
4	磨平		√	√	√
5	施涂封底涂料	√	√	√	√
6	施涂主层涂料	√	√	√	√
7	滚压	√	√	√	√
8	第一遍罩面涂料	√	√	√	√
9	第二遍罩面涂料	√	√	√	√

注　1. 表中“√”号表示应进行的工序。

2. 如需要半球面点状造型时，可不进行滚压工序。

第 8.3.11 条　施涂复层涂料尚应符合下列规定。

(1) 复层涂料一般是以封底涂料、主层涂料和罩面涂料组成。施涂时应先喷涂或刷涂封底涂料，待其干燥后再喷涂主层涂料，干燥后再施涂两遍罩面涂料。

(2) 喷涂主层涂料时，其点状大小和疏密程度应均匀一致，不得连成片状。

(3) 水泥系主层涂料喷涂后，应先干燥 12h，然后洒水养护 24h，再干燥 12h 后，才能施涂罩面涂料。

(4) 施涂罩面涂料时，不得有漏涂和流坠现象，待第一遍罩面涂料干燥后，才能施涂第二遍罩面涂料。

第四节　木料表面施涂

第 8.4.1 条　木料表面施涂溶剂型混色涂料，按质量要求分为普通、中级和高级三级，主要工序见表 8.4.1。

表 8.4.1　木料表面施涂溶剂型混色涂料的主要工序

项次	工序名称	普通涂料	中级涂料	高级涂料
1	清扫、起钉子、除油污等	√	√	√
2	铲去脂囊、修补平整	√	√	√
3	磨砂纸	√	√	√
4	节疤处点漆片	√	√	√
5	干性油或带色干性油打底	√	√	√
6	局部刮腻子、磨光	√	√	√
7	腻子处涂干性油	√		
8	第一遍满刮腻子		√	√
9	磨光		√	√
10	第二遍满刮腻子			√
11	磨光			√
12	涂刷底涂料		√	√
13	第一遍涂料	√	√	√
14	复修腻子	√	√	√
15	磨光	√	√	√
16	湿布擦净		√	√
17	第二遍涂料	√	√	√
18	磨光（高级涂料用水砂纸）		√	√
19	湿布擦净		√	√
20	第三遍涂料		√	√

注　1. 表中“√”号表示应进行的工序。

2. 高级涂料做磨退时，宜用醇酸树脂涂料刷涂，并根据涂膜厚度增加 1～2 遍涂料和磨光、打砂蜡、打油蜡、擦亮的工序。

3. 木料及胶合板内墙、顶棚表面施涂溶剂型混色涂料的主要工序同上表。

第 8.4.2 条　木料表面施涂清漆，按质量要求分为中级和高级两级，主要工序见表 8.4.2。

表 8.4.2　　木料表面施涂清漆的主要工序

项次	工序名称	中级清漆	高级清漆
1	清扫、起钉子、除油污等	√	√
2	磨砂纸	√	√
3	润粉	√	√
4	磨砂纸	√	√
5	第一遍满刮腻子	√	√
6	磨光	√	√
7	第二遍满刮腻子		√
8	磨光		√
9	刷油色	√	√
10	第一遍清漆	√	√
11	拼色	√	√
12	复补腻子	√	√
13	磨光	√	√
14	第二遍清漆	√	√
15	磨光	√	√
16	第三遍清漆	√	√

注　表中“√”号表示应进行的工序。

参 考 文 献

[1] 杨天佑．简明装饰装修工程施工与质量验收手册［M］．北京：中国建筑工业出版社，2004.

[2] 中国建筑工程总公司．建筑装饰施工工艺标准［S］．北京：中国建筑工业出版社，2003.

[3] 孔晓泊．建筑装饰工程施工技术［M］．北京：中国建筑工业出版社，2010.

[4] 马有占．建筑装饰施工技术［M］．北京：机械工业出版社，2004.

[5] 李竹梅，赵占军．装饰施工技术［M］．北京：科学出版社，2006.

[6] 本书编委会．建筑装饰装修工人培训教程［M］．北京：时代传播音像出版社，机械工业出版社，2009.

[7] 冯美宇．建筑装饰装修构造［M］．北京：机械工业出版社，2005.

[8] 张若美．建筑装饰施工技术［M］．武汉：武汉理工大学出版社，2004.

[9] 叶刚．住宅建筑装饰装修设计与施工（修订版）［M］．北京：金盾出版社，2005.

[10] 中国建筑装饰协会培训中心．建筑装饰装修木工（初、中级工）［M］．北京：中国建筑工业出版社，2003.

[11] 中国建筑装饰协会培训中心．建筑装饰装修木工（高级工）［M］．北京：中国建筑工业出版社，2003.